JN025093

初心者でも今すぐ使える！

Wixでホームページ制作

2020年版

一般社団法人 日本ワークパフォーマンス協会◉著

本書は2020年1月までのWix.comの情報をもとに執筆されています。今後のアップデートなどにより、本書の記述とWix.comの実際の動作に食い違いが発生する可能性があることを予めご了承ください。

はじめに

Wix.com は、世界 190 カ国、1 億 6000 万人以上が利用しているウェブ制作のプラットフォームです。プログラミングは不要、しかもクオリティの高いデザインで、サイトに様々な機能を追加できるアプリケーションも豊富に用意されています。

ウェブデザインにおける簡易性と自由度のバランスのとれたツールです。Editor X というプロ向けの機能も追加され、ウェブ制作ツールとしての存在感が高まっています。

本書では、初心者の方でも Wix.com でホームページの制作ができるように、チュートリアル形式で架空の飲食店のサイトを作り上げていきます。プロのウェブ制作者が業務用に使うソフトなどは使用せずに完成できる内容にしました。

Wix.com は、ホームページ制作のコストを抑えたいと考えている中小企業、スモールビジネスに是非知っていただきたいツールです。本書を通じて皆様のビジネスのお役に立てれば幸いです。

一般社団法人日本ワークパフォーマンス協会　神戸洋平

この本の使い方・読み方

本書では基本編と応用編に分けて、チュートリアル形式で架空の飲食店のホームページを制作しながら Wix の機能や編集方法を学んでいきます。主な機能としてメニュー表、マップ、お問い合わせフォーム、SNS、ネットショップ、ギャラリー、ムービーなどを盛り込み、完成時には以下のようなホームページが仕上がります。
サンプルサイトは以下の URL から確認できます。

https://jwppor.wixsite.com/sample01

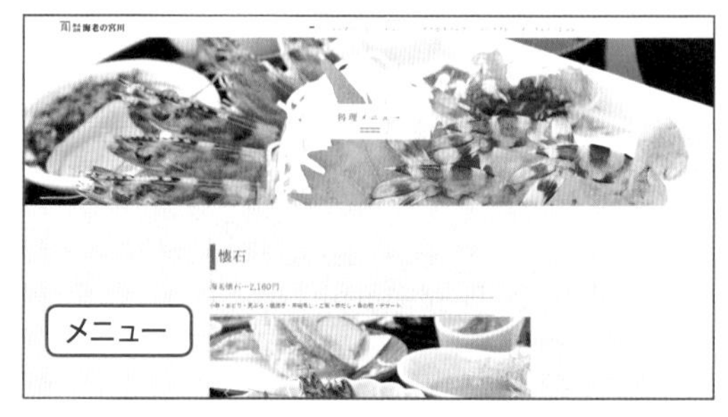

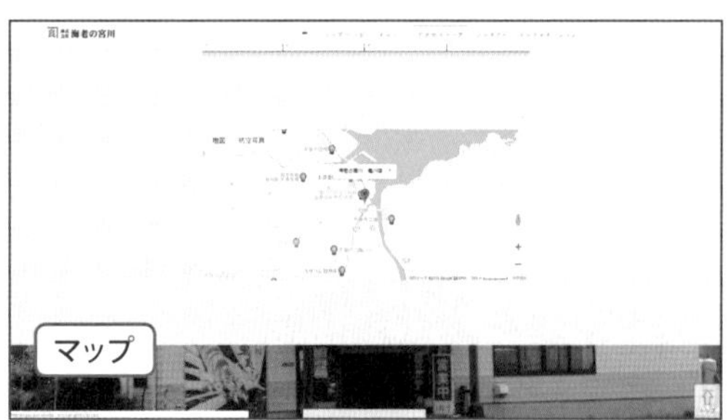

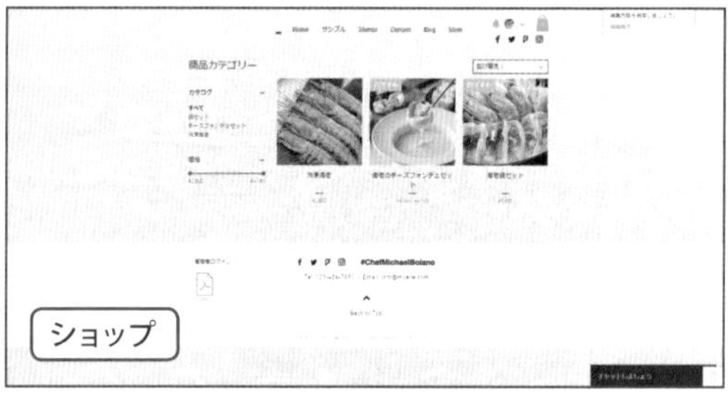

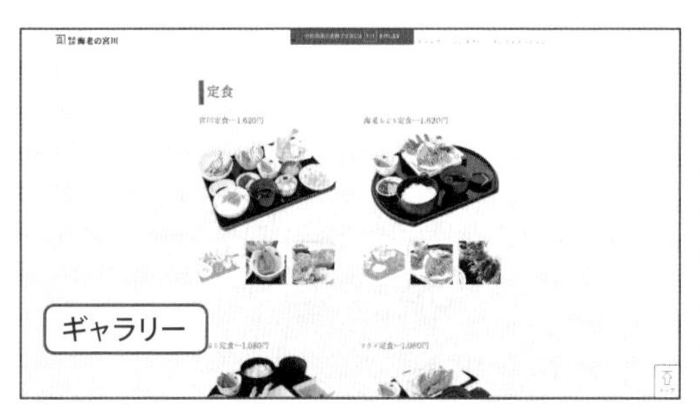

本書で使用するアイコンの種類

注意！・・・作業上の注意点

ポイント

ポイント・・・抑えておくべきポイント

チェック

チェック!・・・プレビューモードで表示や動作の確認を行いましょう。

本書で制作するホームページの設定

本書ではチュートリアル形式で、飲食店のホームページを制作していきます。

飲食店の設定

業種：飲食店（日本料理）

店名：海老の宮川

ホームページの要件設定

サイトの目的：新規顧客の獲得、リピーターの獲得

ターゲット：ファミリー、カップル、宴会客、お一人様

ホーム　背景動画を設定してスクロールが楽しくなるデザインにします

店舗情報　ページの下段へジャンプさせてページアンカーの概念を学びます

メニュー　料理のメニューをリストで分かりやすく伝えます

お問合せ　会員登録を行うと、お問合せフォームが表示されます

ブログ ブログを設置して日々の情報発信に利用します

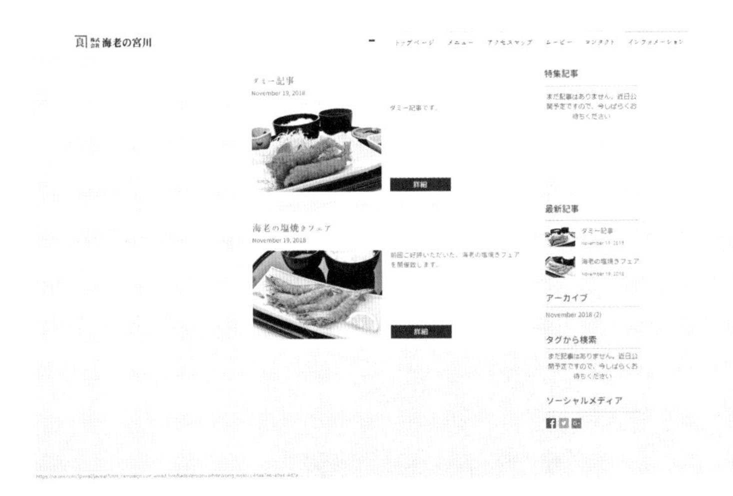

ショップ 通販のための商品ギャラリーとカートを実装します

Wix とは

Wix は CMS（コンテンツ・マネジメント・システム）の 1 つで、従来ホームページを制作するために必須の知識であった HTML や CSS、JavaScript などの各種プログラム類を使用せずに、最新の技術で驚くほど簡単にウェブサイトが作れるサービスです。

ビジネスやサービスとしてのページ、デザイナーやアーティストのポートフォリオ、趣味としてのページなど多種多様な、しかもデザイン性の優れたテンプレートを用意しており、オンライン上で誰でも簡単に、無料でホームページを持つことができます。

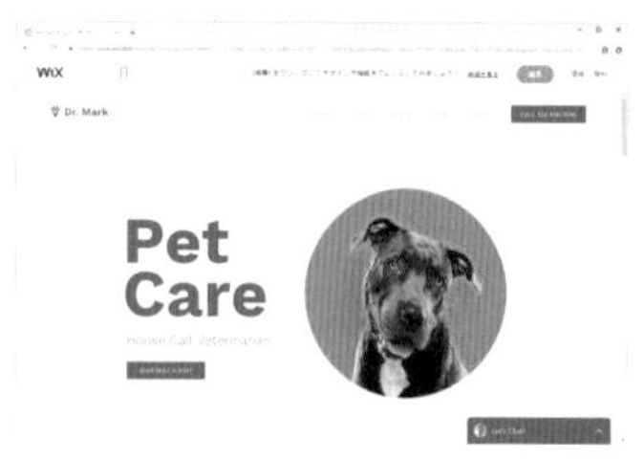

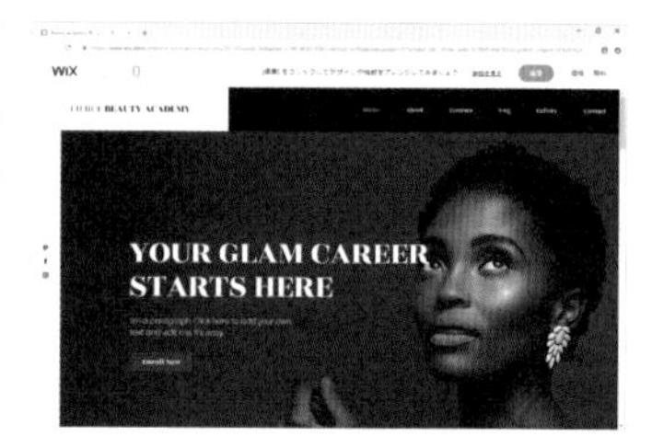

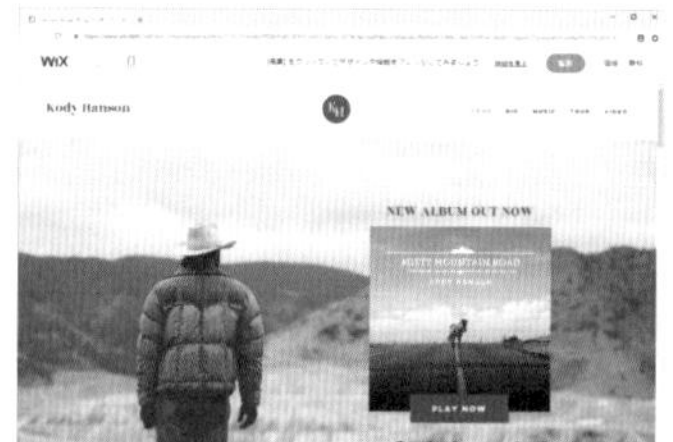

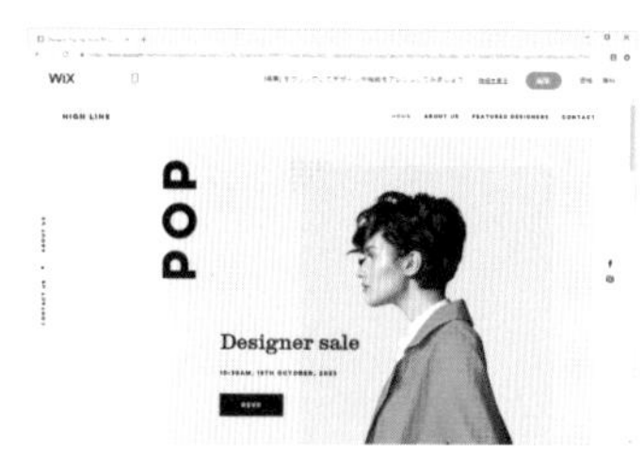

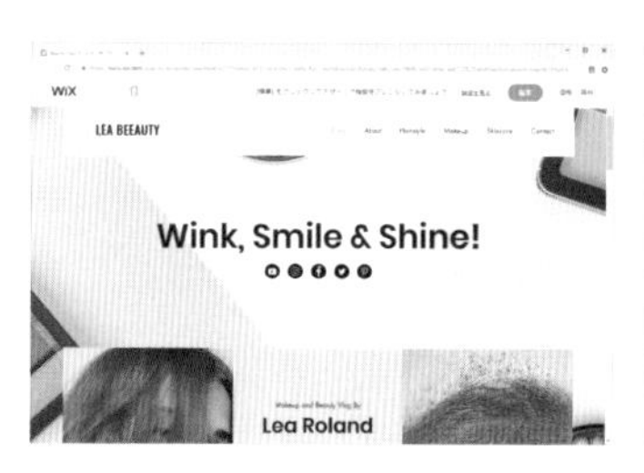

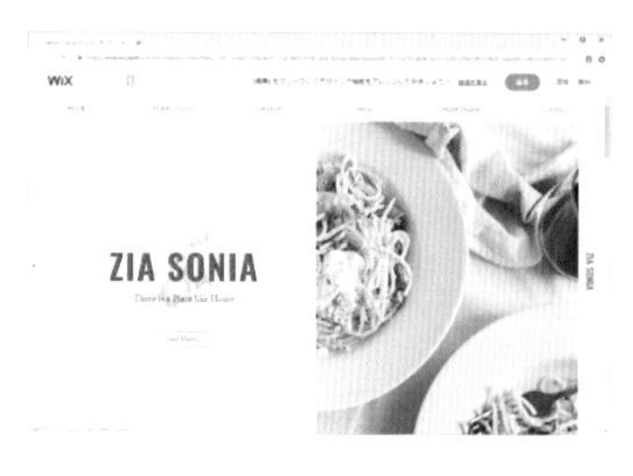

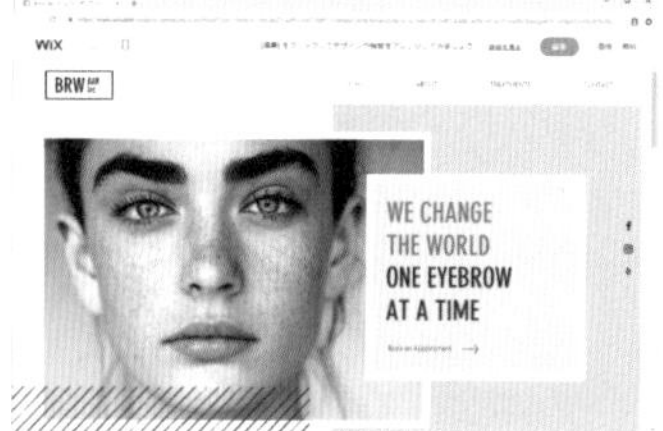

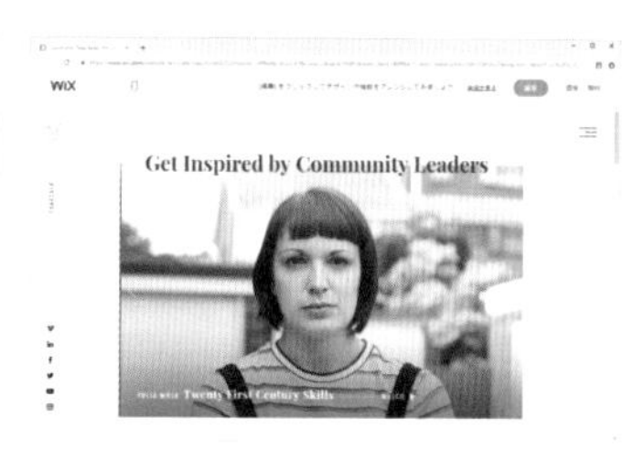

Wixは、最新のブラウザさえあれば無料で使えるオンラインエディタで、スマホ対応も標準装備されています。基本的な操作はドラッグ＆ドロップで行え、直観的なウェブデザインが可能です。また、Wix Appという専用のアプリケーションを追加することで、フォトギャラリーや動画なども簡単に追加できます。ウェブサイトに欠かせない問合せフォームやマップ、FacebookやTwitterなどのSNSの実装、ブログの実装によるコミュニケーションスタイルも自在に制作可能です。また、これまで「ホームページを持つ」ためには、ドメインの取得やサーバースペースの確保、ウェブサイト制作のためのソフトウェアなど、初期制作コストとランニングコストが必要でした。しかし、Wixは制作から公開までの全てを無料で行うことが可能なのです。

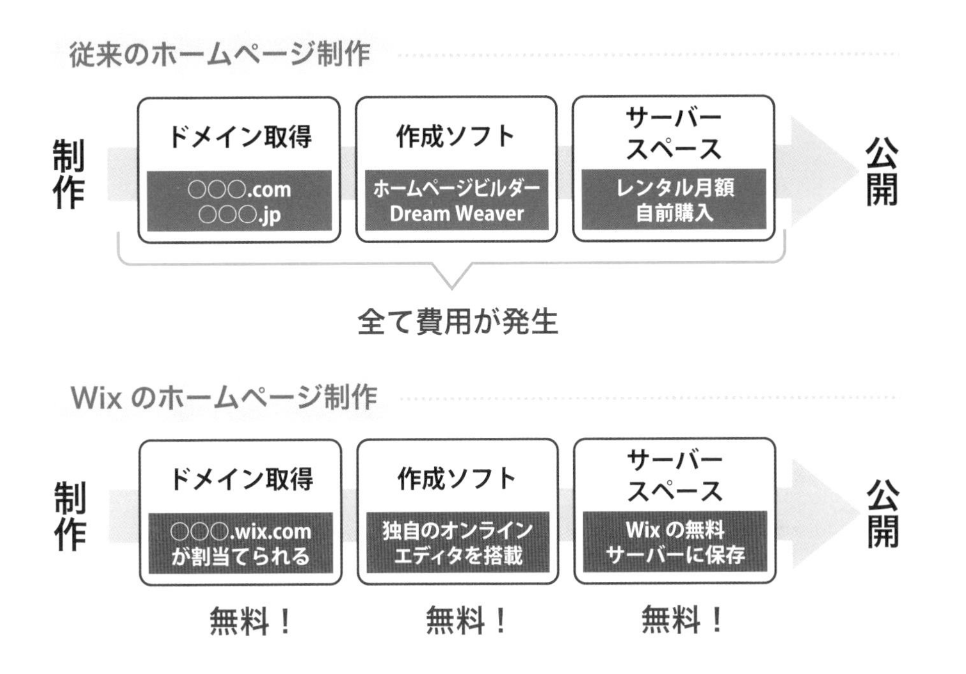

Wixは本社をイスラエルのテルアビブに置き、アメリカのニューヨークとサンフランシスコ、ウクライナのドニプロペトロウシクなどに拠点を持つ世界企業です。アビシャイ・アブラハミと2名の共同創設者はサイト構築の複雑さに疑問を感じたことをきっかけにWixを創設し、今では世界190カ国で約1億6000万人以上が利用しています（Wixオフィシャルサイト　2020年1月現在）。また、ニューヨークヤンキースのオフィシャルスポンサーであったり、ハリウッド俳優のジェイソン・ステイサムをCMに起用するなど、世界的にもポピュラーな存在です。日本語化は2012年11月に行われ、2019年にはWix.com Japanとして日本法人が設立され、日本国内でのシェアは日々拡大しています。アプリケーションの一部では完全に日本語化が済んでいない部分もありますが、それでも十分にデザイン性の高い最新のウェブサイトを持つことを容易にしてくれます。

制作をプロに依頼するのは、作業の手間という部分も大きいでしょうが、デザインや機能を重視したホームページ制作にはプログラミングなどの専門的な知識が必要だという理由が大きいでしょう。こうした専門知識を持たなくても簡単に高機能でプロ仕様のデザインのホームページが無料で作れるWixは、世界中でそうであったように、日本のウェブ制作を根幹から変えるような革新的なツールなのです。

Wixのメリット・デメリット

Wixでのホームページ制作は驚くほど簡単です。しかし、「制作が楽」=「型が決まっていて簡易的」=「自由度が低い部分もある」といったような長所短所など、Wixの特性を理解してホームページ制作にあたりましょう。

1 Wixのメリット

Wixでは、これまでウェブ制作から公開までに必要だった技術と設備が無料で提供されています。

- 技術面
  - HTML、CSS、JavaScriptといったプログラミング知識が不要
  - ボタン1つで「保存」「公開」が可能なので、FTPによるアップロードが不要
  - サイトにアプリケーション（Wix App）で簡単に機能を追加できる
  - モバイルサイトもドラッグ & ドロップで編集できる
  - Googleとパートナーシップを結んでおり、インデックスが速くSEOにも有利
  - ダッシュボードからメルマガ、顧客管理や宿泊予約、ネットショップなどのビジネスに必要な機能を一元管理できる
  - Wix SEO Wizで改善箇所をレポート。初心者でも簡単に対策できる
  - Corvid by Wixでデータベースを利用し、大規模なポータルサイト構築もできる
  - Wix ADIで人工知能を使い、更に簡単にウェブデザインができる

- 設備面
  - オンラインでいつでもどこからでも制作・更新ができる
  - エディタを装備しているのでウェブ制作の専用ソフトが不要
  - 別でサーバーを用意する必要がない
  - ドメイン取得不要（無料プランの場合）
  - 独自ドメインもWixから取得できる

Wixと同様のサービスでJimdoやブログなどがありますが、デザイン面ではWixの方が自由度が高く、カスタマイズも可能です。機能面においても、ショッピング機能やSNS機能など拡張が可能です（一部有料）。無料版のドメインは登録時のメールアドレスがベースになりますが変更も可能ですし、外部で取得した独自ドメインへの接続や、アップグレードによるWix上での独自ドメイン取得も可能です。

また、実際の制作で使用するエディタは、メールやエクセル、パワーポイントで画像やテキストを配置していくのと同じ感覚で操作でき、HTMLなどの知識を必要としません。一般的なアプリケーションを扱える程度のスキルレベルで十分に使いこなすことができます。

CMSのなかでも特にWixは、デザイン性の高さと操作の容易さを兼ね備えた、初心者にうってつけのサービスといえます。

2 こんなサイトにおすすめ

- HTMLなどの知識をお持ちでない方
- 更新頻度が高く、自分で更新したい方
- ホームページに多少広告が入ってもかまわない方（有料版で広告は削除可）
- 制作費用をかけたくないので自分で作りたい方
- 最新のデザインを求める方

メニュー表を頻繁に更新する飲食店や、イベントなどを行うアパレルショップ、逆にページ数も少なく、ほとんど更新不要で名刺代わりに持っておきたい中小企業のサイトなどにもおすすめです。

また、特にこれから起業したいが予算をかけたくないといった方には、Wixをマスターしていただき最大限に活用していただければ、大変重宝するツールとなるはずです。Wixには画像の編集機能まであり、素取りした写真の明暗やコントラストの変更、様々な効果やテキストの追加なども可能です。Wix 1つでクオリティーの高いサイトが簡単に作れます。

3 Wixのデメリット

- Internet Explorer（バージョン10以上）、Firefox、Google Chrome、Safari（Safari 7以上）に対応（Internet Explorerの旧バージョンを使用している訪問者には、サイトを正常に閲覧するためブラウザをアップグレードすることを勧めるバナーが表示される）
- ページ構造は2階層まで
- 無料プランの場合、広告表示・アナリティクスを使用できない
- サイトファイルから他サーバーへの移転不可
- モバイルサイト自動作成の場合、モバイルサイトでは独立したパーツは設置できず、すべてPCサイトからの流用となる

4 こんなサイトには不向き

- 完全に自由なデザインを求める場合
- サーバー移管する予定がある場合

従来のHTMLでタグを打ってウェブ制作する方法が「まっさらなノート」とするなら、CMSは「システム手帳」といったところでしょうか。システム手帳はページごとに決まったレイアウトで情報は整理されていますが、一つのページにアドレスや日程やメモなどの様々な情報を記載するには自由度が低くなり、ノートの方が優位になります。

自由度と簡易性の両方の側面からWixの特性を理解してご利用いただくことをお勧めします。

また、先々サーバーの移動が発生する場合は従来の方法では対応できません。全ページをコピー

した上でプログラムを書き出す必要があるので、事実上エクスポートはできないと考えてください。

Wix でのサイト制作の流れ

著者が実際に行っている Wix でサイトを制作する場合の流れについて紹介します。

1 おおまかな流れ

1. 登録してアカウントを取得
2. ログイン
3. テンプレートを選択
4. 不要なページの削除
5. 配色・レイアウトの編集
6. フォントスタイルの設定
7. ページの追加、複製とページ名の編集
8. テキスト・画像・動画などの編集
9. サイトへ各種機能の追加
10. サイト名をつけて保存
11. テキストや画像などの見直し
12. ページ SEO の編集
13. モバイルレイアウトの調整
14. サイトを公開（必要に応じて有料プランにアップグレード）

2 テンプレート選びが作業効率の最大のポイント

時間をかけずに素早くサイトを制作したい場合、この中で最もポイントとなる手順は、上記の「3. テンプレートを選択」です。あらかじめ用意されたテンプレートを活用すれば、Wix でのホームページ制作はスピーディーに行うことが可能です。しかし、テンプレート選びを誤ってしまうとデザインは迷走したり、大幅な編集が必要となってしまいます。完成後のイメージをより具体化してテンプレートを選択しましょう。また、デザインされたテンプレートに理想のものが無ければ白紙テンプレートも選択できます。

3 土台づくりが面倒な手間を減らす

上記の手順「4. 不要なページの削除」、「5. 配色・レイアウトの編集」、「6. フォントスタイルの設定」、「7. ページの追加、複製とページ名の編集」はサイト制作を開始する上での土台づくりです。上記の手順を守らずに、いきなりテキストの編集を開始してフォントを変更してしまった場合、後に複数あるテキストを一つずつフォントの設定が必要になってしまったり、先にページ追加を行ってしまうと同じレイアウトのページを複製すれば簡単にできることを 1 ページずつ変更する手間が発生してしまいます。4 ～ 7 の項目は効率よく作業ができる手順です。

4 ホームページは画像とテキストと動画が基本

ウェブ制作において「高級感」や「安心感」が出せるかは写真やイラストなどの画像と動画で決まってきます。逆を言えばこれらがお粗末だと販売サイトであれば商品が安っぽく見えたり、飲食店の場合は不味そうに見えてしまいますので力の入れどころです。撮影、画像加工はプロに任せても良いですが、スマートフォンのカメラでも十分な撮影は可能ですし、アプリを使用して明度やコントラストの調整、テキストの埋め込みなどの加工もできます。

また、最近のデジタル一眼レフカメラは素人でも自動設定で良い写真が撮れるので、チャレンジしてみるのも良いでしょう。適正な解像度での撮影や、構図などカメラの撮影テクニックも向上心を持って取り組まれることを望みます。

テキストデータは文章力というよりも、まずは正確なものを入力しておかないと、いろいろなトラブルになりかねません。制作時に文章を考えながら直接入力するのではなく、きちんと原文をデータやペーパーで準備する、公開前には見直しをするなどしてミスを防ぎましょう。

5 確認作業も可能な限り行おう

通常、ウェブ制作する場合にはアップロードによる公開処理や複数のブラウザ・メディアでのテストなど様々な工程が必要となりますが、Wix の場合にはそうした作業の必要がなかったり、簡略して行うことができます。以前 Wix で制作したサイトを Internet Explorer 8 でブラウジングテストした際に、Google Map のアプリを追加したら、指定した座標が表示されず、アメリカのサンフランシスコが表示されるという現象がありました。このようにマップなど一部の機能は旧バージョンのブラウザでは正常に動作しないこともあります。パソコンでの制作時にはきちんと表示されていたにもかかわらず、他のモバイル端末で見てみたらレイアウトが崩れていた、ということもあります。複数のデバイスを用いてブラウジングテストも可能な限り行ってみましょう。

Wix で、このような不具合などを発見した場合は、サポートフォーラムで改善要求をすることも可能です。

Wix ヘルプセンター　https://support.wix.com/ja/

6 PC 版の編集が終わってからモバイル編集

Wix エディタでは PC 版とモバイル版をボタン一つで切り替えて編集を行うことができます。しかし、PC の後にモバイルという順番を守らないと作業が 2 度手間になってしまうことがあります。PC 版の編集はモバイル版に影響を与えますが、逆は無いためです。

7 広告を削除し、独自ドメインをつかう

Wix は無料と有料のプランが用意されており、有料プランを利用すると広告が削除され、独自ドメインが利用できます。有料プランへのアップグレードを行うタイミングには注意が必要です。有料プランは手続きを完了した日から 1 か月や 1 年の期間をカウントされます。そのため、サイト制作は無料プランで行い、完成後にアップグレードすることで有料期間を無駄なく利用しましょう。

目次

第 2 章　サイトの管理……177

第 3 章　もっと Wix App!……205

第 4 章　モバイルサイトの編集……237

第 5 章　アップグレード……253

第 6 章　ドメインとメール……259

第 7 章　Wix ADI と Corvid by Wix……277

第1章

基本操作

画像やテキストの編集、公開処理までの主要な機能をチュートリアル形式で学んでいきます。テンプレートを活用することでスピーディーな制作が可能です。Wix の基本操作をマスターしてオリジナルのホームページを制作しましょう。

Wix への登録・テンプレートの選択

事前準備するのはメールアドレスだけ。登録はいたってシンプル。プロがデザインしたテンプレートは見るだけでも参考になります。
参照ページ URL　https://ja.wix.com/

1 Wix への登録

(1) https://ja.wix.com/ へアクセスし［今すぐはじめる］をクリックします。

(2) ログイン／新規登録の画面へ切り替わります。

(3)［無料新規登録はこちら］をクリックしてEメールアドレスと希望のパスワードを入力し、［新規登録］をクリックします。

※登録したメールアドレス宛にWixチームからメールが届きますが、このメールに関係なく先へ進むことが可能です。また、Facebookもしくは、Googleのアカウントを使用して登録を行うことも可能です。

注意

パスワードは4文字以上15文字未満

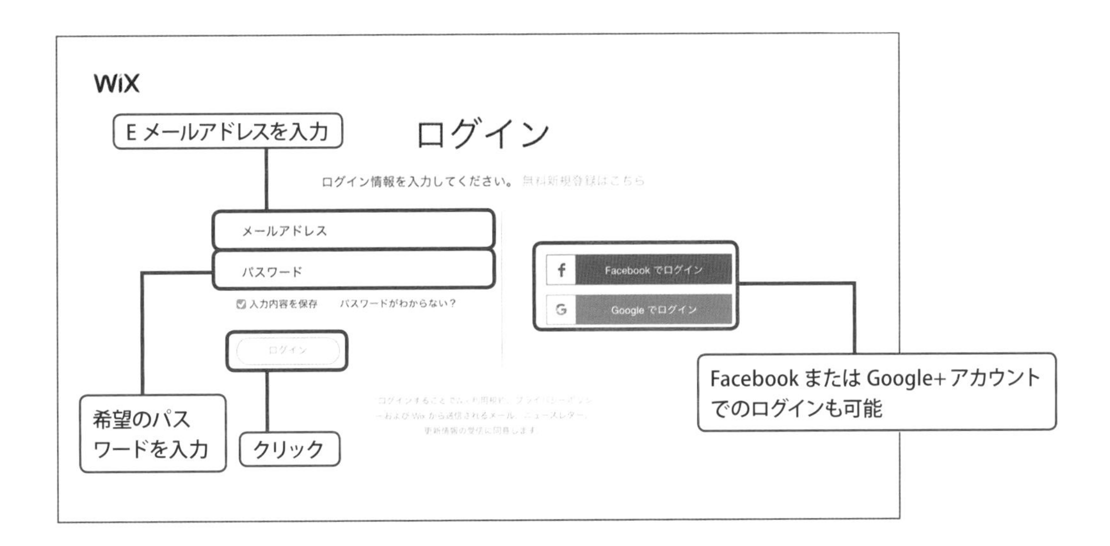

2 テンプレートの選択

今回は飲食店を想定したホームページ制作を行うので、テンプレート選択の画面では［飲食店&グルメ］を選択します。

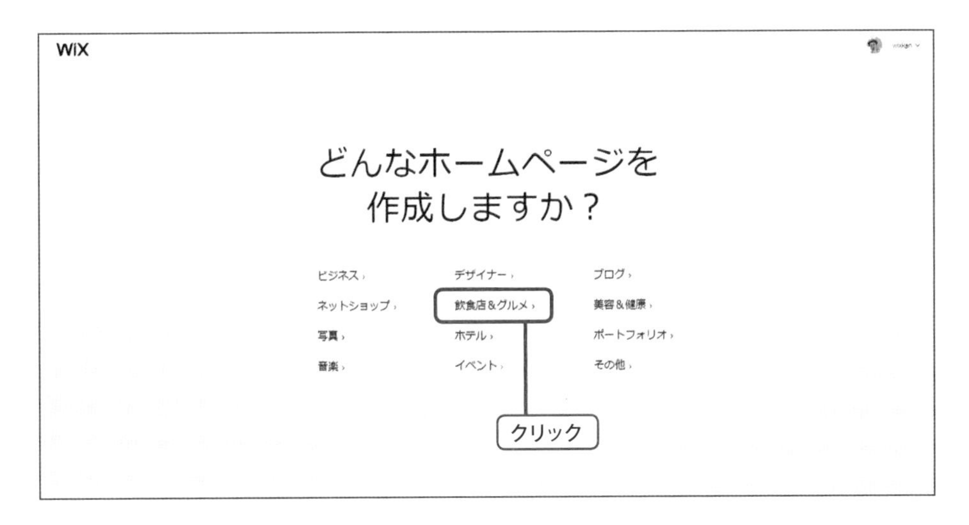

次に、「Wix エディタ」で作成の［テンプレートを選ぶ］をクリックします。
※ Wix ADI で自動作成の場合は 279 ページを参照

［飲食店 & グルメ］テンプレートのカテゴリの中から［レストラン］を選択します。

画面左の一覧からジャンル分けされた様々なテンプレートを確認できます。

サンプルサイトのページ遷移やスライドショーを使っているテンプレートの場合は、サンプル画像下の［表示］から、実際の動きを確認することが可能です。

［表示］で確認したテンプレートの編集を決定した場合は上部の［編集］でエディタ画面へ進みます。
※本チュートリアルでは「シェフ」のテンプレートを使用します

読み込みが完了すると、このようなエディタ画面が表示されます。

エディタ画面の構成

テンプレートを編集する上での基礎となる部分です。各部の役割を覚えて正確かつスピーディーな編集を可能にしましょう。

1 メニューとボタンとツールバー

画面上段の白い［メニュー］と［ボタン］と［ツールバー］の３か所に分かれています。

2 メニュー

メニューは主にデザイン以外のページの切り替えや設定、保存などの編集を行うためのものです。

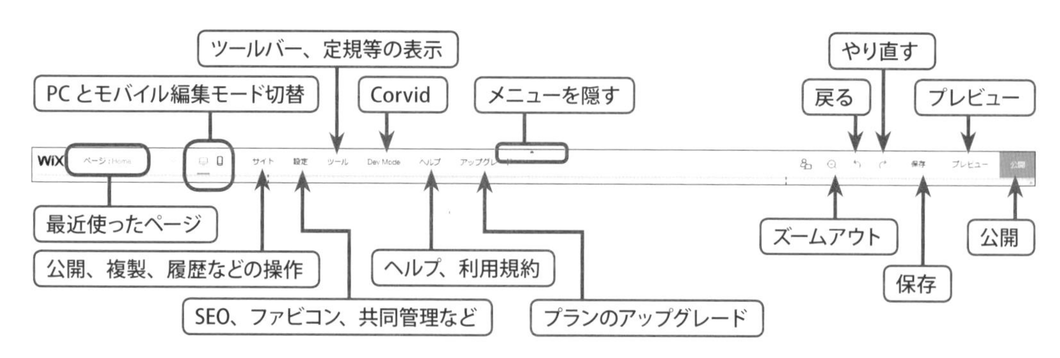

3 メニュー各部

ページ　　最近閲覧したページ、ページの切り替え、ページの管理

デスクトップ　　デスクトップからアクセスした時に表示される「デスクトップエディタ」に切り替え

モバイルエディタに切り替え　　スマホからアクセスしたときに表示されるサイトを編集する「モバイルエディタ」に切り替え

サイト　　編集内容の保存やプレビュー、公開、編集履歴など

設定　　ドメインを接続、メールアカウントを作成、SEO レポートやアクセス解析など

ツール　　ツールバーやガイド線、スナップの表示と非表示など

コード　Wix Corvid はプロ向けのデータベースやプログラミングが可能なツール

ヘルプ　エディタのヘルプ、ショートカットの一覧など

アップグレード　プレミアムプランへのアップグレード

ズームアウト／並び替え

元に戻す　　作業を 1 単位戻します

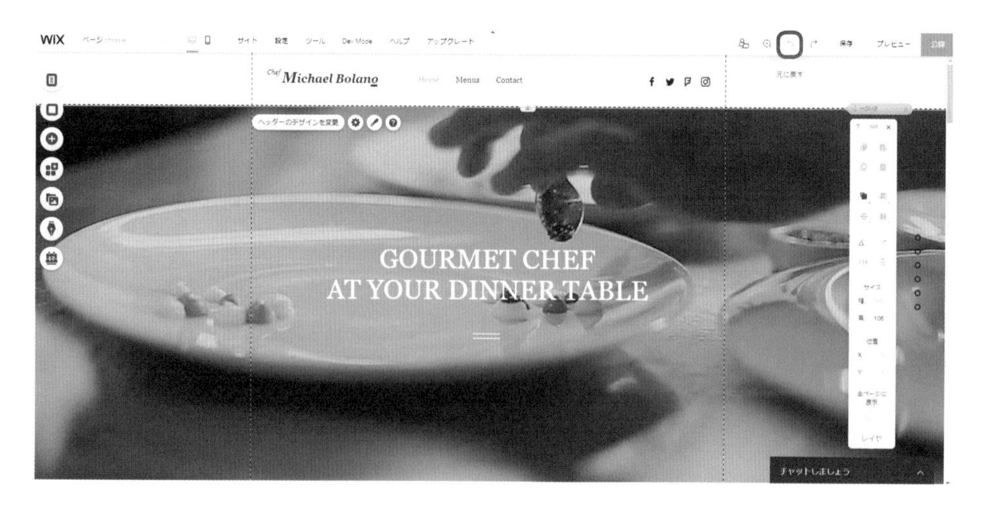

やり直す　　作業を 1 単位進めます

保存　サイトの編集内容を保存

プレビュー　公開した場合の動作確認を行うプレビューモードの切り替え

公開　サイトをインターネット上に公開

4 ボタン

画面左側の各種ボタン。編集作業のほとんどはここから行います。

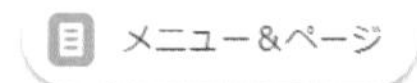

メニュー&ページ	サイトメニュー各ページの設定
背景	単色・画像・動画から背景を選択
追加	テキスト・画像などパーツの追加
アプリ	Wix App Market の各種アプリケーションの一覧を表示
メディア	文書・画像・音楽ファイルを追加
オンライン予約	オンライン予約機能を追加（テンプレートの種類によっては非表示）
ブログ	ブログ設置時に表示されるボタン（テンプレートの種類によっては非表示）

ページの追加・削除

ホームページの構成を決めてページの追加と削除を行います。ナビゲーションメニューとも連携しているのでしっかりと設計してから編集しましょう。

1 ページ機能

(1)［ページ］をクリックし、［ページを管理］の順にクリック、さらに［サイトメニュー］の右の（…）をクリック、［設定］をクリックすると各ページの機能設定ができる画面が展開します。

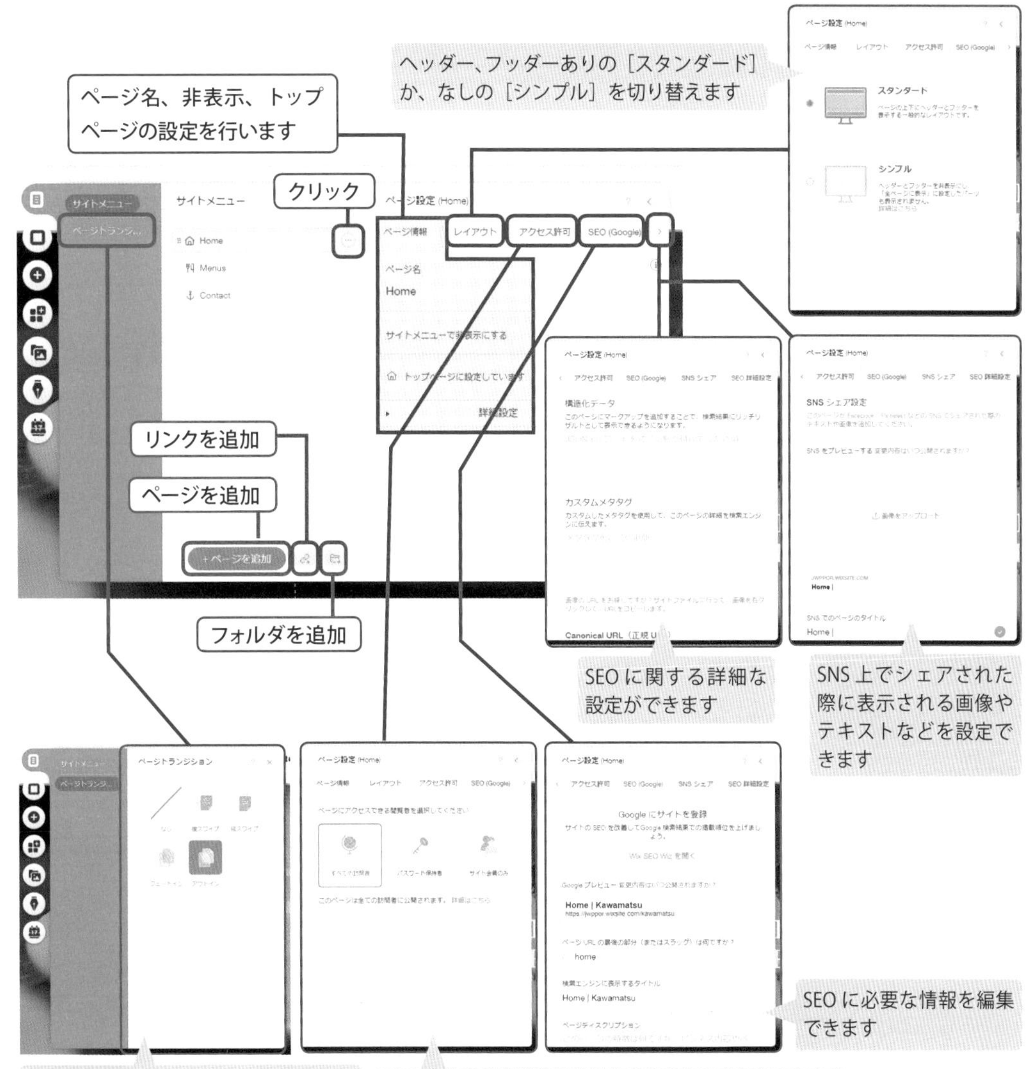

2 ページの修正・削除

(1) テンプレートを活かして［ページ名］と［ページ アドレス］を変更します。ページ名、ページアドレスは Google などの検索エンジンでの検索結果、ブラウザでの表示などに反映します。

ページ名
Home →トップページ
Menus →メニュー
Contact →（変更なし）

ページアドレス（初期値はすべて blank）
Home → home
Menus → menu
Contact →（変更なし）

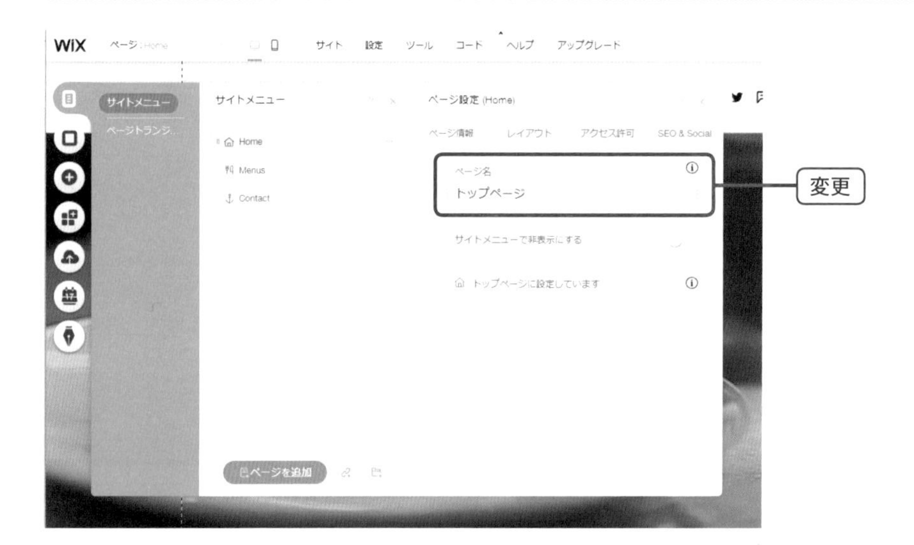

［名前を変更］または、［設定］＞［ページ情報］をクリックし［ページ名］で変更します。

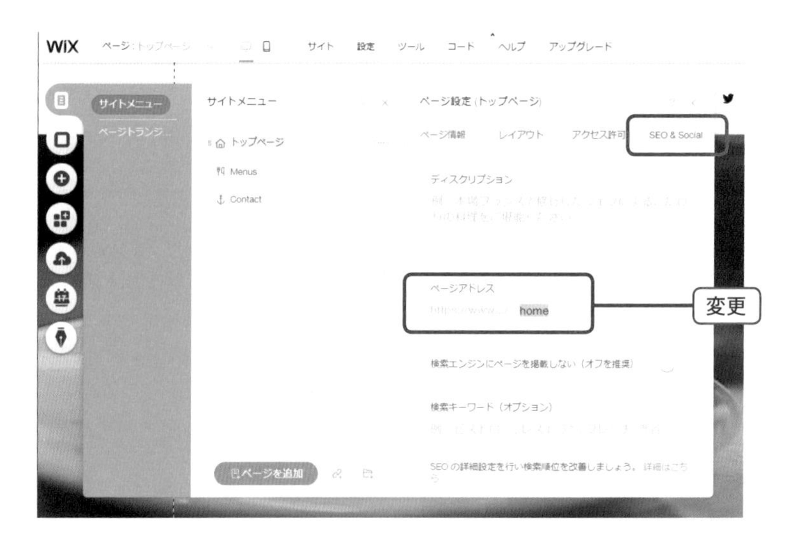

［SEO & Social］のタブに切替えて［ページアドレス］の欄を変更します。

(2) ページを削除する場合はページ名横の設定（…）ボタンをクリックして［削除］をクリックします。（リンクではなくページの場合は、［ページを削除］の「「○○」ページを削除してもよろしいですか？」で［ページを削除］をクリックします。）

ポイント

ページを丸ごとコピーしたい場合は、ページ名横の設定（…）ボタンをクリックして［複製］から行えます。

3 ページの追加

(1)［ページを追加］をクリックし空白のページを追加します。つづけて［ページ名］を［アクセスマップ］に変更します。

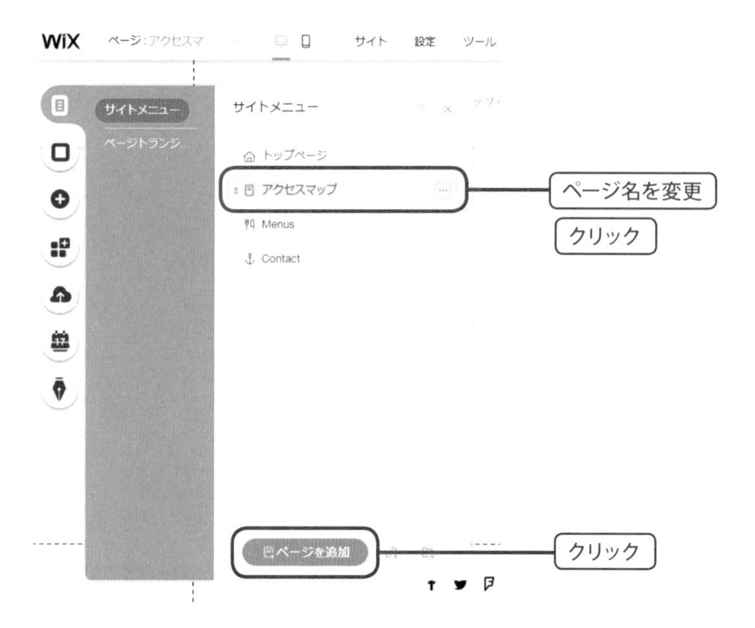

ポイント

ページを移動する場合は、上下にドラッグして変更します。サブページにする場合は、右方向へドラッグします。

4 メニューにリンクを追加

「メニュー」のページにリンクを追加します。リンク先はサイト内部のアンカー（ページの指定位置）や、外部サイト、メールアドレスなどから選択できます。今回は外部サイトへのリンクを追加します。

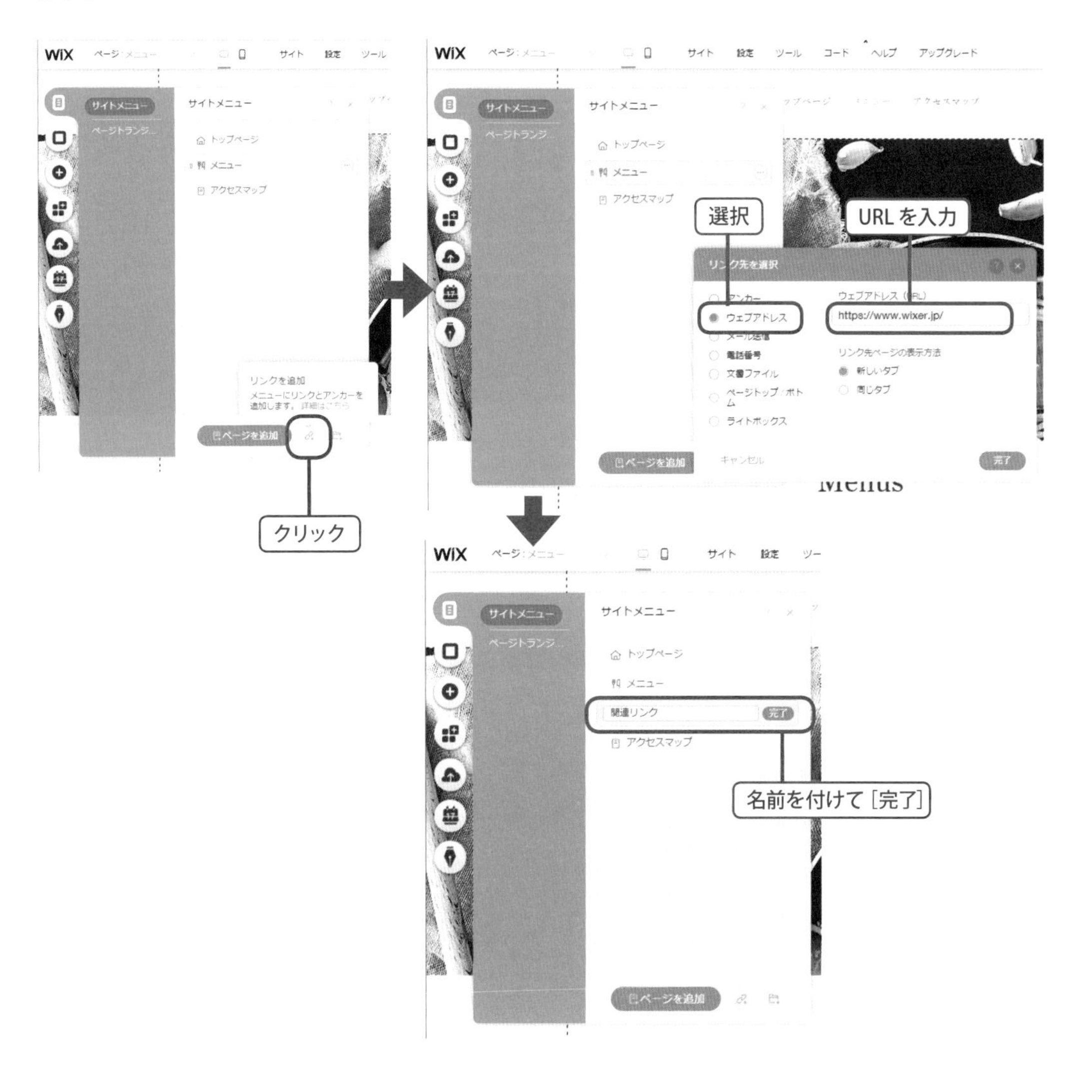

5 メニューにフォルダを追加

(1)［フォルダを追加］でドロップダウンタイプのメニューを追加できます。この機能は公開後のサイトで親になるメニューはクリックできず、サブページをまとめるための機能です。

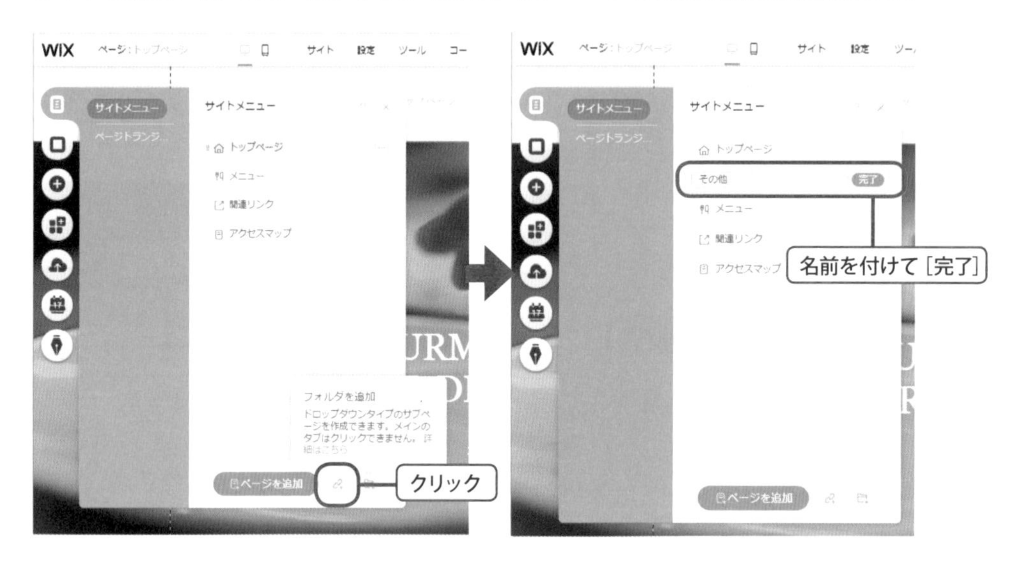

(2) フォルダそのものはクリックすることができないので、2 階層目となるサブページを追加して利用します。サブページにしたいページをドラックして追加したフォルダの右下に移動します。プレビューで確認するとオンマウス時にサブページが表示されます。

6 ページのトランジション

サイト閲覧者がメニューをクリックしてページ遷移（トランジション）をするときの効果を選ぶことができます。動作はプレビューで確認してみましょう。

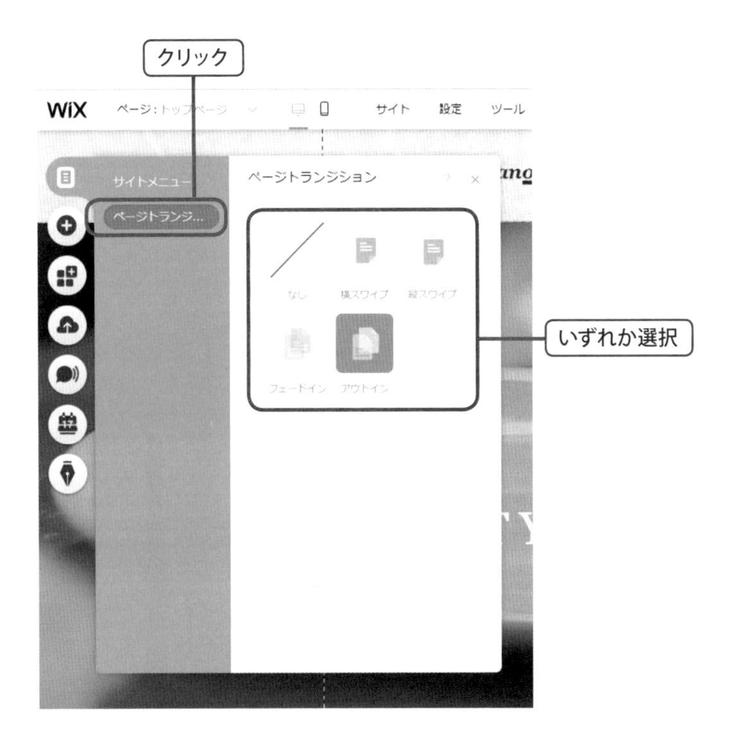

04

保存と公開

編集作業の保存を行います。エディタでの編集内容が Wix のサーバーに保存され、公開はされません。

1 保存方法

(1) 画面右上のメニューバーから［保存］をクリックしてください。

(2) 英数半角 4 文字以上を適宜入力し、［保存して続行］をクリックします。※無料ドメインから独自ドメインへの変更や、ドメイン名の変更は後からでも行えます。

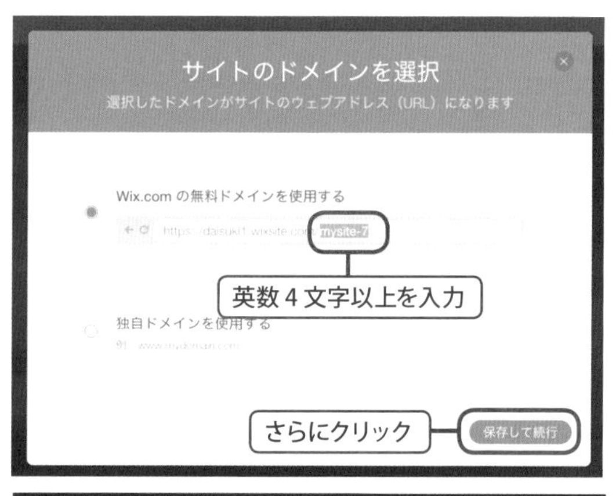

(3)［サイトを保存しました］というメッセージが表示されれば保存完了です。本チュートリアルではこのまま作成を続けたいので、現状は公開しません。［閉じる］でメッセージを閉じましょう。

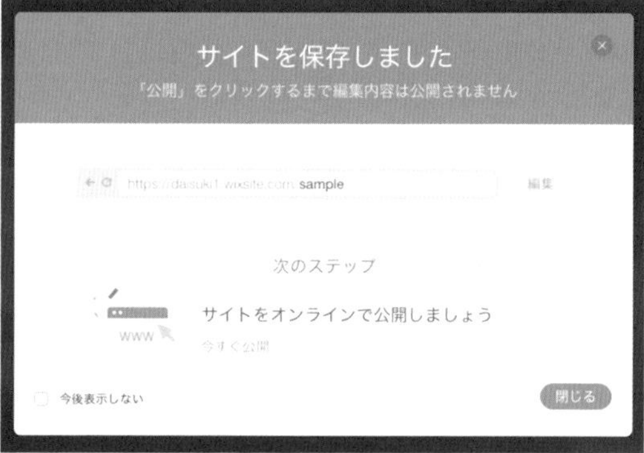

注意

Wix はオンライン保存なので、作業途中に適宜、保存を行うと安心です。インターネット接続が切れた場合でも作業ができることもありますが、保存のタイミングによってはこれまでの作業データを失う可能性もあります。編集の際のインターネット接続環境にはご注意ください。

2 公開方法

(1) インターネット上に公開したい場合はメニューバーの［公開］をクリックします。

(2) 編集内容が適用され、サイトがオンラインに公開されます。公開されたサイトを確認したい場合は［サイトを見る］をクリックします。編集を続ける場合は［閉じる］でメッセージを閉じましょう。

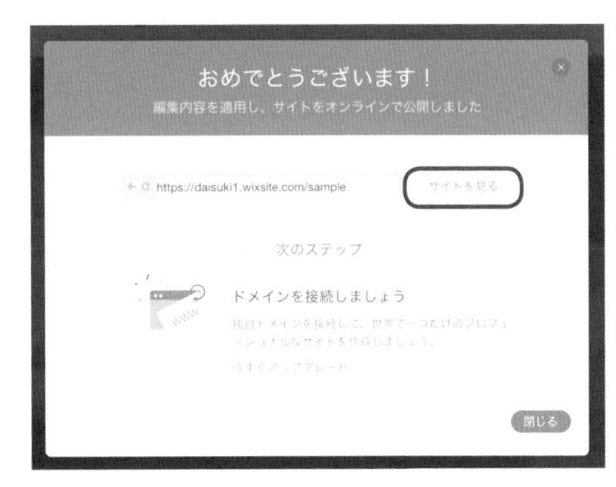

ポイント

サイトを Google などの検索エンジンにインデックスさせたくない場合は、［公開］を押す前にあらかじめ［ダッシュボード］→［設定］の［SEO］→［SEO 設定状況］で［検索エンジンにサイトを掲載する］を OFF にしておきます。

ログイン・ログアウト

Wix は、ログイン情報さえあればオンライン環境の PC のブラウザから、いつでも、どこからでも編集が可能です。

1 ログアウト

(1) エディタ画面は保存、または公開後にブラウザのタブで閉じて問題ありません。ログアウトはダッシュボード、またはマイサイトの画面から行います。画面の右上のアカウントのアイコンにオンマウスをすると表示される［ログアウト］でログアウトすると、Wix のトップページ画面へ戻ります。

2 ログイン

(1) ログインする場合も、ログアウト後の画面と同様に、http://ja.wix.com から行います。画面右上の［ログイン／新規登録］でログイン画面が開きます。

(2) メールアドレスとパスワードを入力します（ログイン状態を保存したい場合は［入力内容を保存］にチェック）。

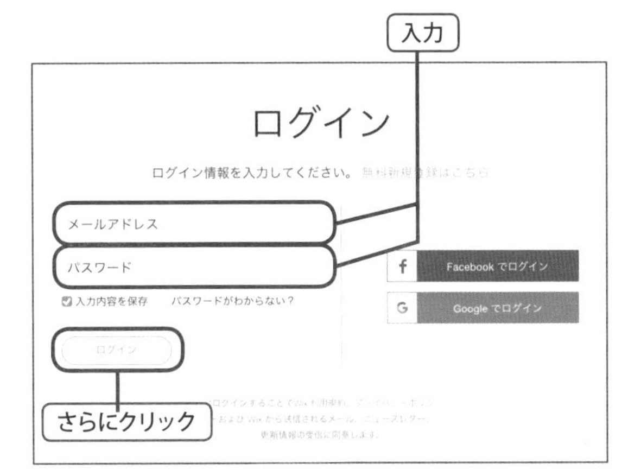

ポイント

Facebook または Google アカウントでもログインが可能です。それぞれの SNS に登録されているメールアドレスが利用されます。

(3) 複数のサイトを管理している場合は任意のサイトを選択し、編集を続けるには［サイトを編集］をクリックするとエディタ画面へ進みます。

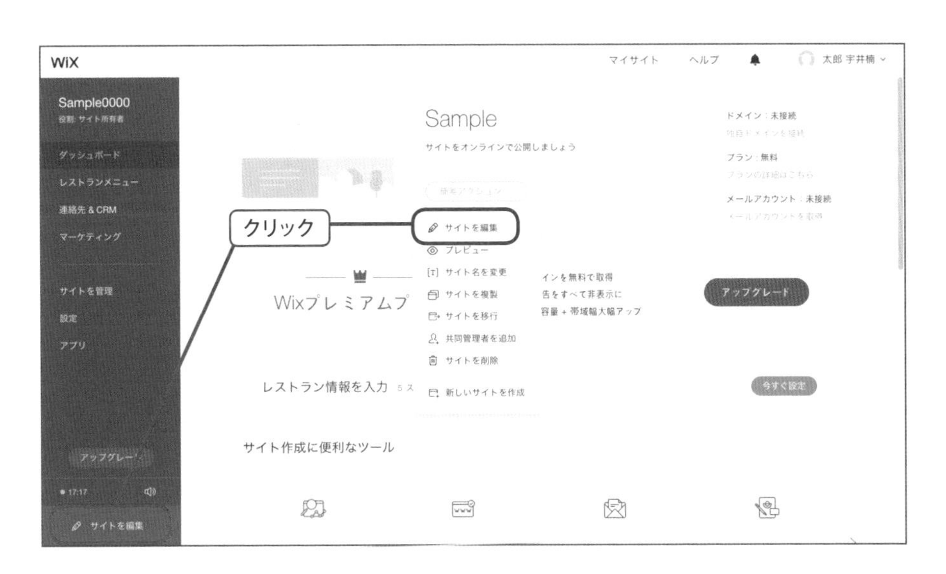

背景

テンプレートであらかじめ配置されている料理の背景を、独自のものに変更します。
サンプルページ URL　https://jwppor.wixsite.com/sample01

1 背景の設定

(1) 背景部分（本テンプレートのトップページでは隠れているので上部ストリップを少し下にずらして背景を表示させます）を右クリックして［ページ背景を変更］ボタンをクリックするとページ背景のパネルが展開されます。

(2) 一覧から選択して変更も可能ですが、今回は画像背景を追加しますので、［画像］をクリックします。

(3) オリジナルの背景を設定する場合は続けて［アップロード］をクリックして画像ファイルを選択してアップロードします。

(4) アップロードが完了したら画像ファイルを選択し、［背景を変更］をクリックしましょう。サイト背景が任意の画像に変更されます。

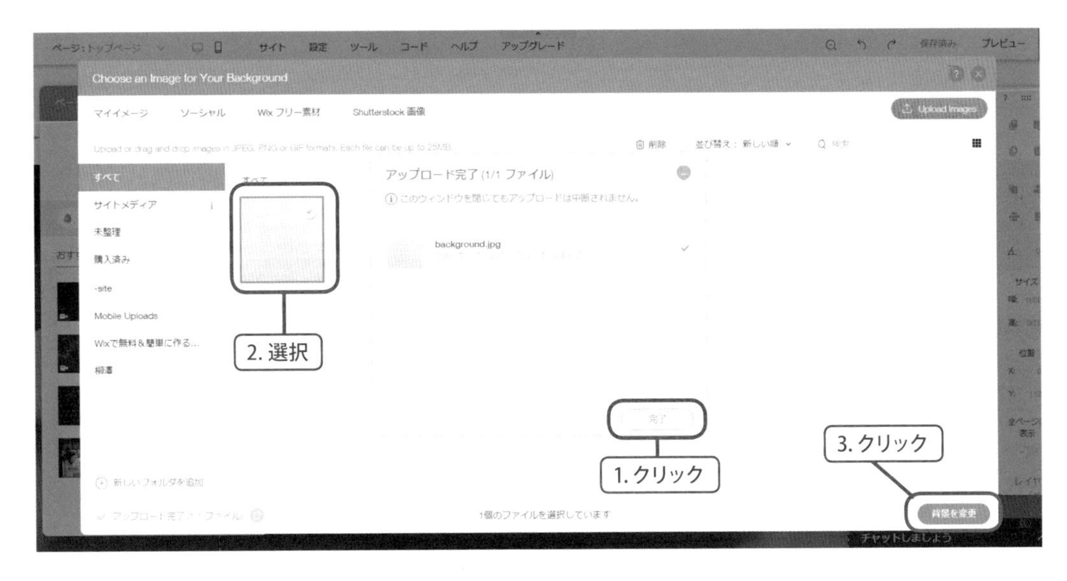

ポイント

背景は単色、画像、動画に変更できます。画像と動画は利用できる拡張子が決まっています。

画像ファイル形式：.jpg、.png、.gif
動画ファイル形式：.avi、.mpeg、.mpg、.mpe、.mp4、.mkv、.webm、.mov、.ogv、.vob、.m4v、.3gp、.divx、.xvid
動画ファイルサイズ：250 MB まで
推奨解像度：1920 × 1080 ピクセル

※モバイル版が表示されるスマホ、タブレットでは背景動画は表示されません。

(5) Wix があらかじめ用意している動画は、[Wix 画像·動画素材] [Shutterstock] [Unsplash] タブから同様に追加することが可能です。

2 背景の設定

(1) 背景部分で右クリックし、[ページ背景] をクリックします。開いたパネルの [設定] をクリックします。ここでは不透明度を 80 に設定します。

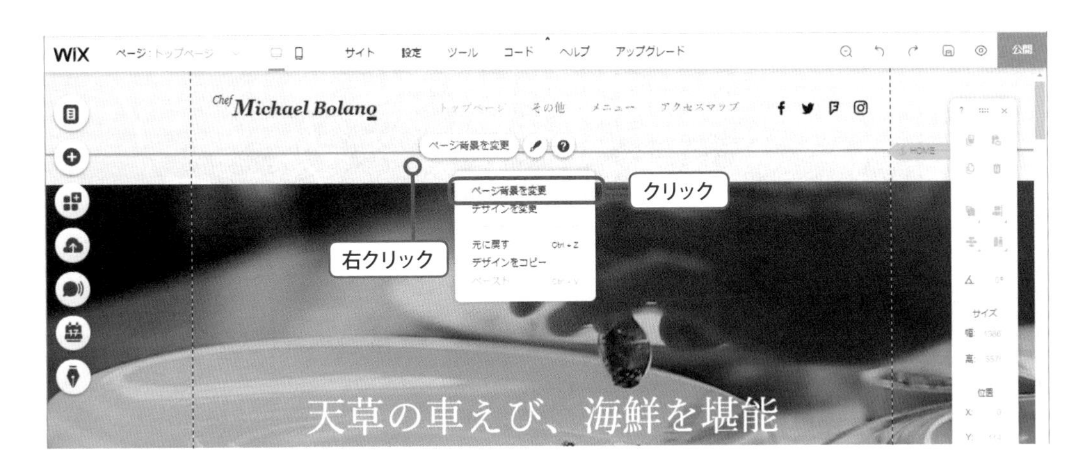

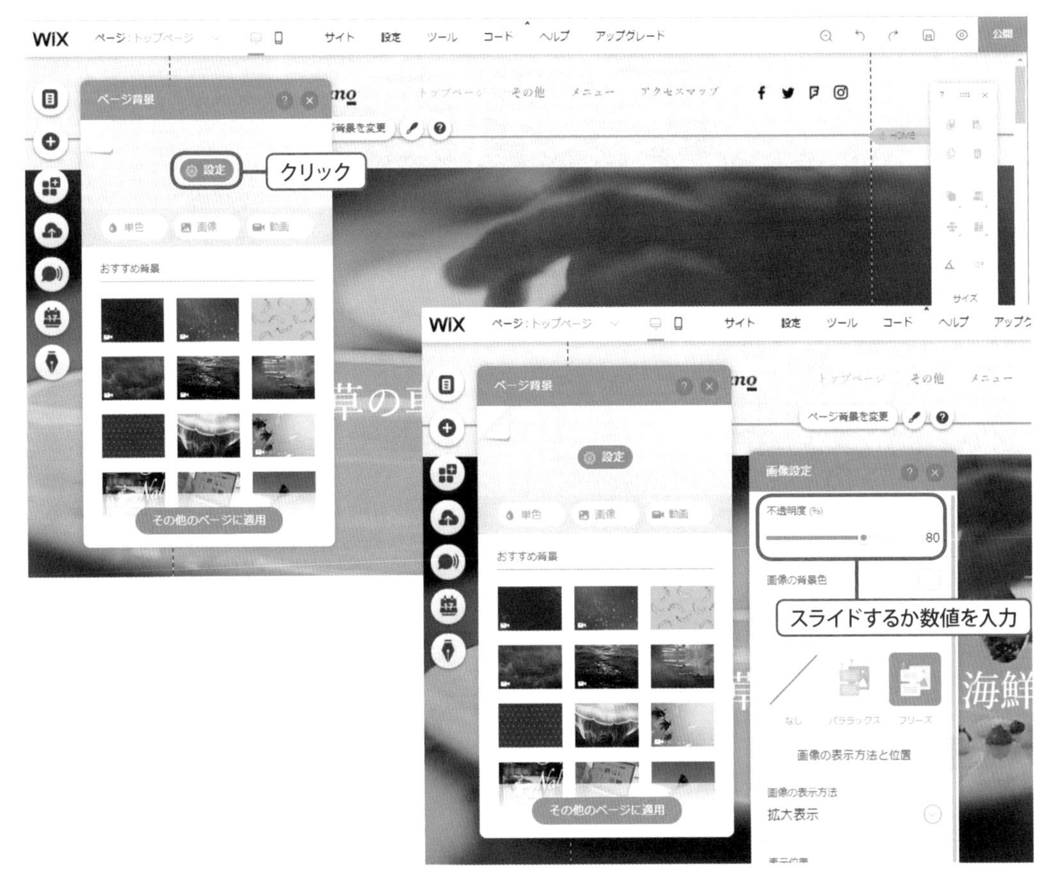

(2) 画像設定パネルでは不透明度以外に背景色やスクロールエフェクト、画像の表示方法は原寸表示、拡大表示、繰り返しのタイル表示などから選択可能です。表示位置は画像を上下左右どの位置に合わせるのかを選択できます。

3 他ページへ背景を適用

(1) 背景部分で右クリックし［ページ背景を変更］を選択し「ページ背景」のパネルを開きます。

第1章 基本操作

(2)［その他のページに適用］をクリックします。［ページ背景］で［すべてのページ］にチェック、または適用させたいページにチェックを入れます。

(3) 適用させたページをプレビューで確認しましょう。

ポイント

他ページへの背景の適用は、まず適用させたいページに移動して背景を設定してから行いましょう。

4 背景を画像に変更

(1)［ページ］で追加した［アクセスマップ］のページへ移動します。

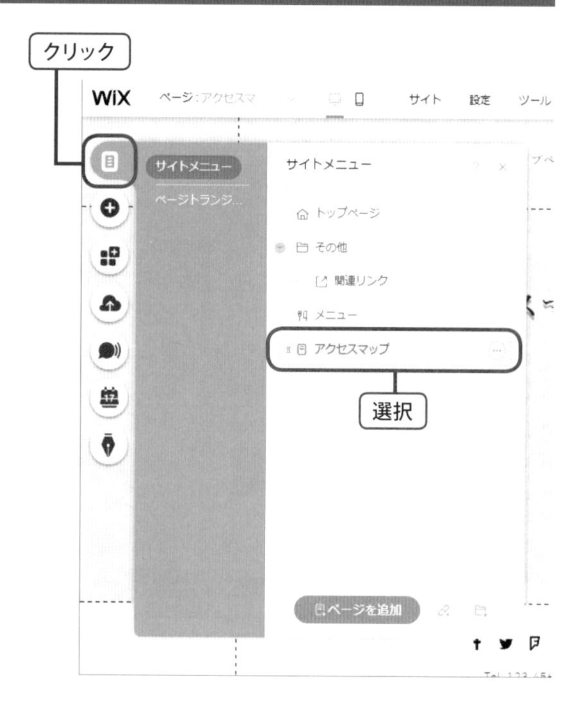

(2) グリッドで囲まれたページ部分を右クリックして［デザインを変更］をクリックします。ページデザインのパネルが開くので「おすすめデザイン」から選択しましょう。
※背景はそのままで、中央のページ部分だけが変化します。

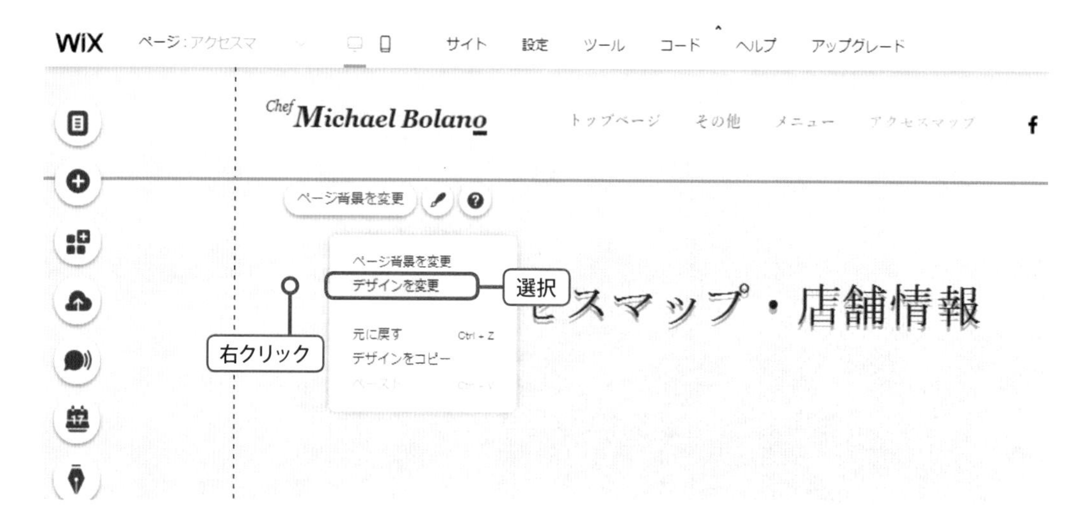

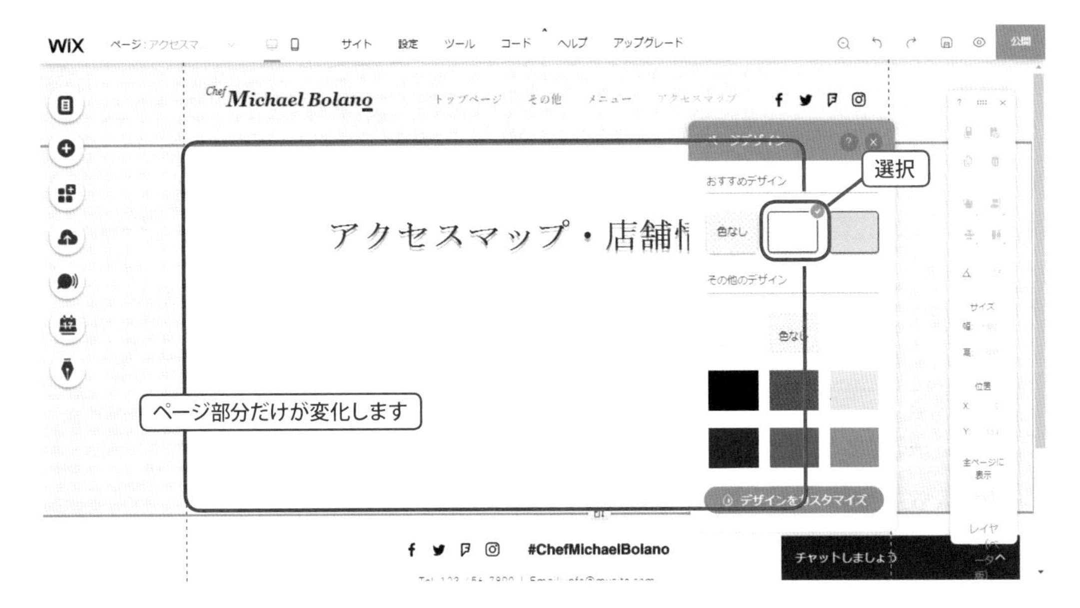

(3) 更に［デザインをカスタマイズ］をクリックしてから、不透明度を50%に変更しましょう。

ポイント

グリッドで囲まれた画面中央部分のみのデザインが変更されました。「ページのデザイン」と「ページ背景のデザイン」との違いをしっかり押さえておきましょう。

5 ヘッダーとフッダーのデザイン

(1) ページのデザインと同様に、ヘッダーとフッダーも変更が可能です。グリッドの上下のヘッダーまたはフッダーの部分でクリックし、［ヘッダーのデザインを変更］または［フッダーのデザインを変更］をクリックします。

※選択する位置を誤ると［ヘッダーのデザインを変更］と表示されず、他のボタンが表示されます。

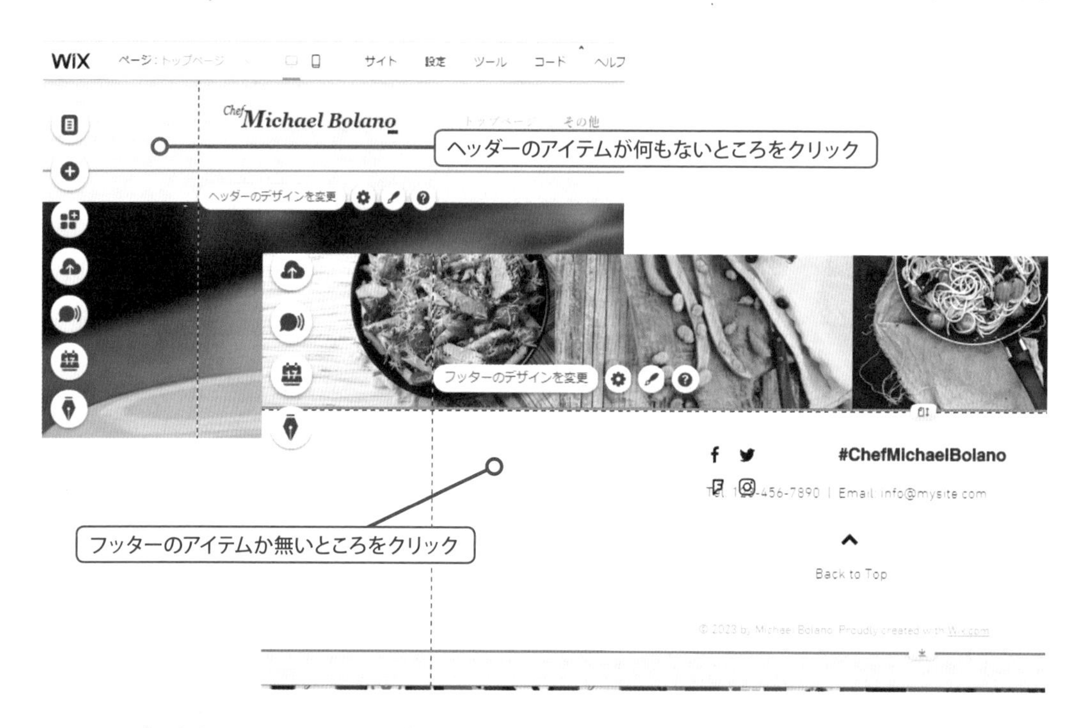

(2) ヘッダーを編集します。［ヘッダーのデザインを変更］をクリックし、［デザインをカスタマイズ］をクリックします。

(3) スキンを選択し、不透明度・色、枠線、角、影を編集します。

07 テキスト

ここではテキストの追加や編集の方法を学びます。サイトのメイン情報でもあり、SEOにも関わる最も重要なパーツです。

1 テキストの編集

(1) ［ページ］から［ホーム］ページに移動し、テキストを選択して［テキストを編集］をクリックします。「GOURMET CHEF AT YOUR DINNER TABLE」を「天草の車えび、海鮮を堪能」に書き換えます。

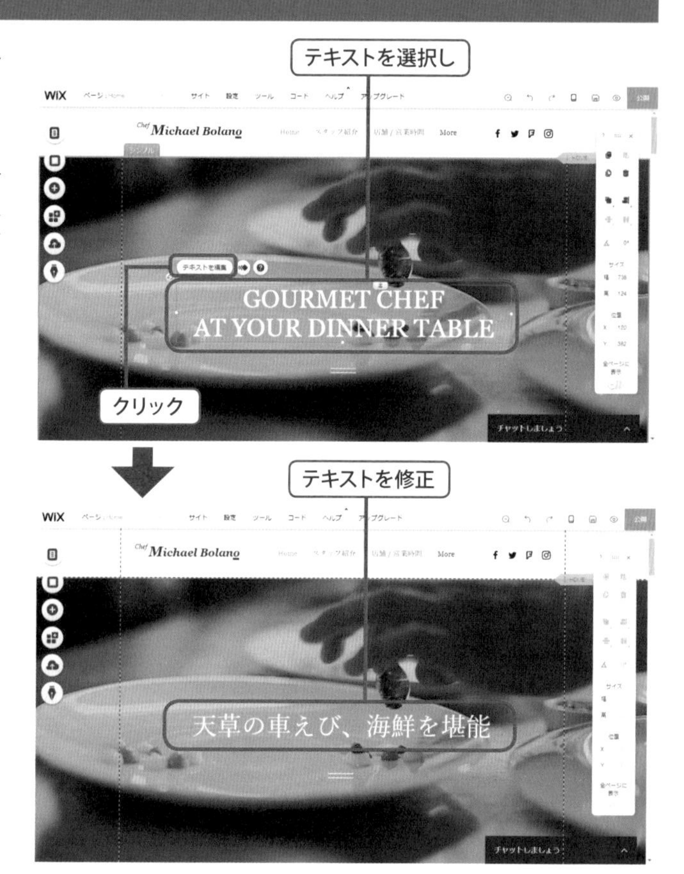

(2) 同様に「I'm a paragraph. Click here ～」のテキストを適当な日本語のテキストに書き換えます。

(3) 編集したテキストを選択して［テキスト設定］パネルでフォントを［Meiryo］に変更、文字色を白に、文字サイズを 16 に、間隔の行間隔をカスタマイズで 2.2 に設定します。

2 テキスト設定

［テキスト設定］パネルを見ていきましょう。実際には、下部はスクロールして表示します。

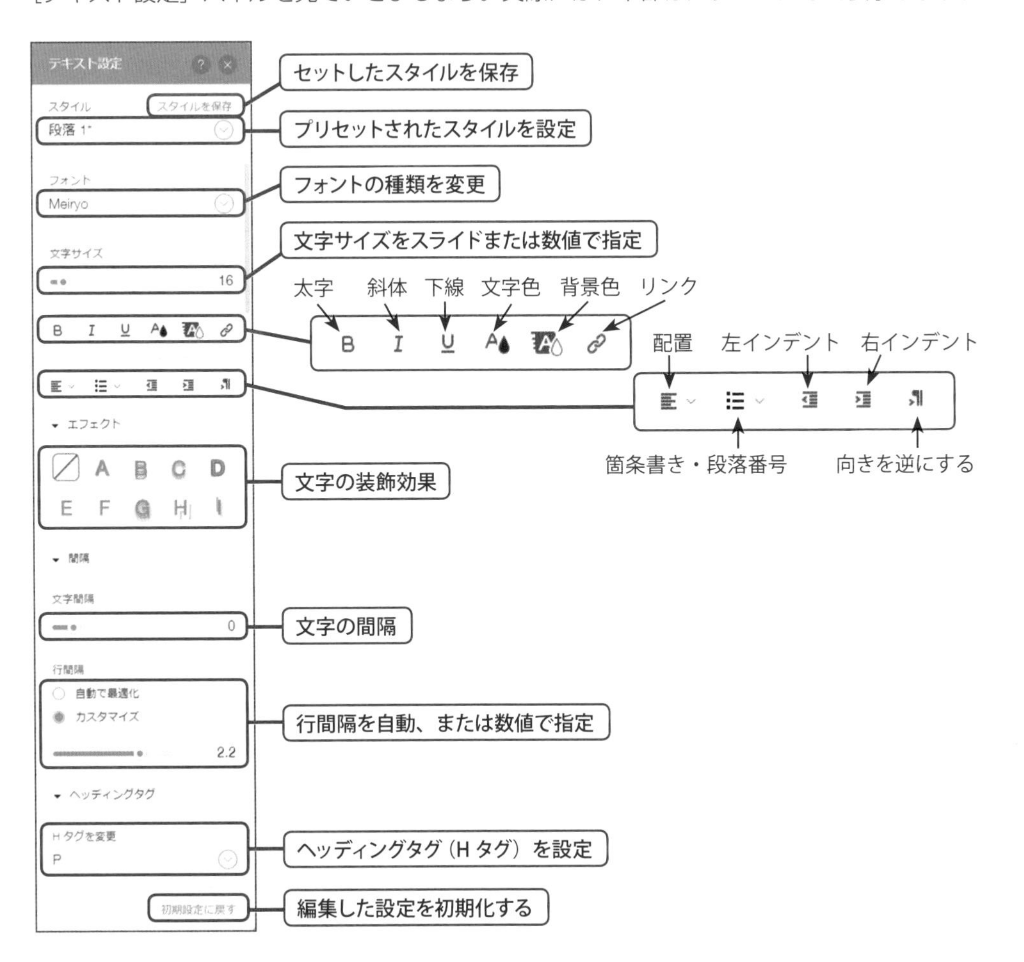

3 テキストの追加

(1) [ページ] から [アクセスマップ] ページへ移動します。

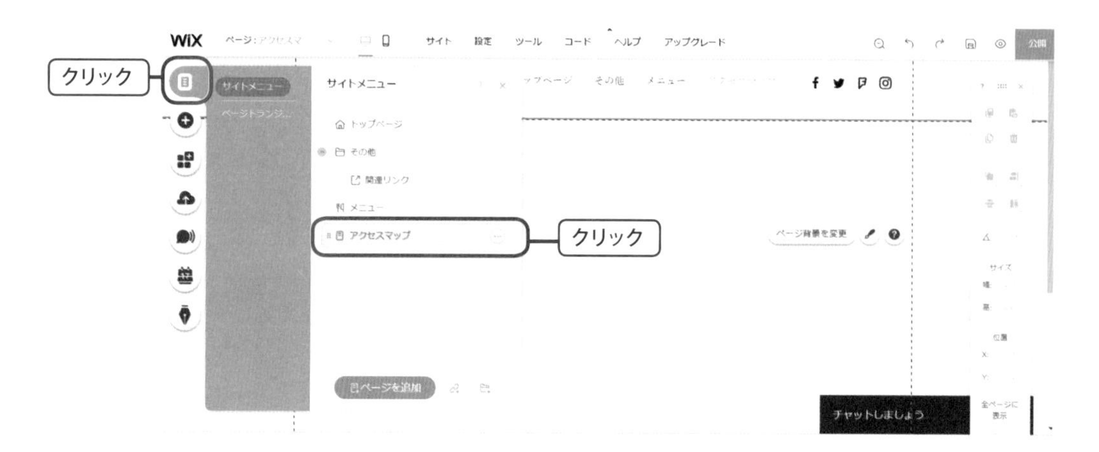

(2) [追加] ボタンで [テキスト] をクリックし、[ヘッディング2] をクリックします。

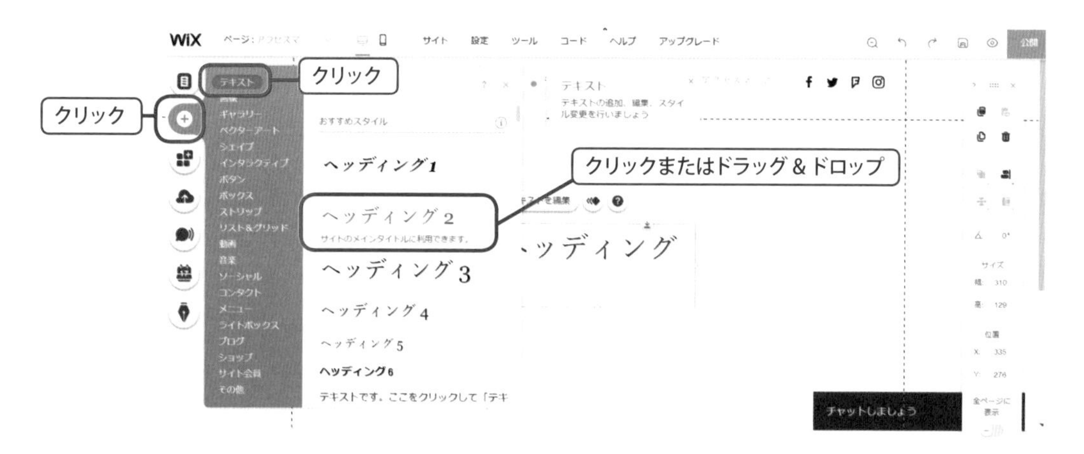

(3) ドラッグ＆ドロップで適当な位置に移動し、角のポイントをドラッグしてサイズを調整します。

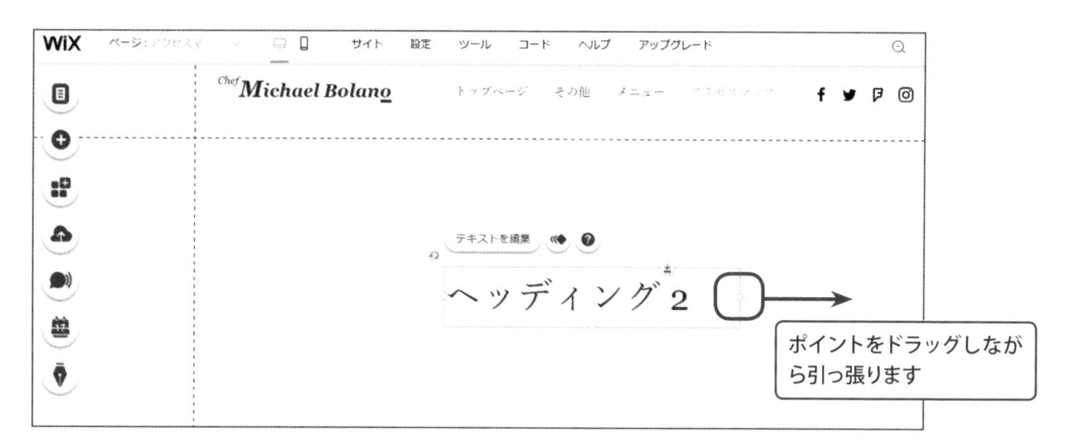

(4) テキストを選択して［テキストを編集］をクリックし、テキストを「アクセスマップ･店舗情報」と書き換え、フォントで［MS Mincho］を選択し、太字をクリック、配置は中央を選択し、エフェクトをかけます。

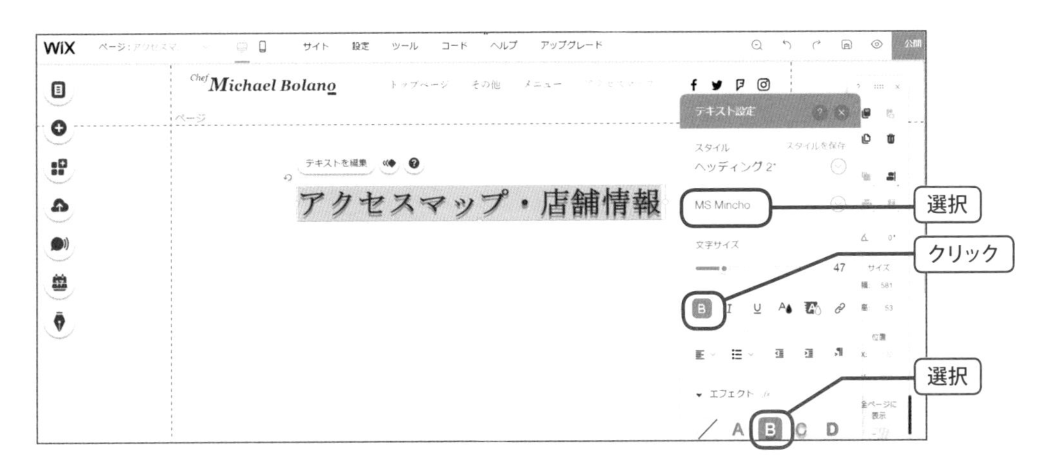

4 テキストの削除

テキストをパーツごと削除する場合は 2 通りの方法があります。また、テキストを問わず他のパーツでも同様の動作で削除されます。

- パーツを選択し、ツールバーの［削除］をクリックする。
- パーツを選択し、BackSpace キー、または Delete キーを押す。

5 スタイルの保存とタグの概念

まずはスタイルの「プリセット（前もってセットをすること）」の概念を学びましょう。スタイルではテキストのフォントの種類とサイズとカラーを設定し、複数のテキストを効率よく編集できます。

(1)［トップページ］の中段の「Tasting Menu」をダブルクリックし、テキスト設定のパネルを開きます。スタイルが［ヘッディング4］になっていることが確認できます。

(2) フォントをMS Minchoに変更します。

(3) テキスト内の一部を選択しなおします。するとテキスト設定パネルのスタイルの横に［スタイルを保存］が表示されるのでクリックして保存します。この操作の時点でスタイルが［ヘッディング 4］になっているテキストで、フォントが変更されます。

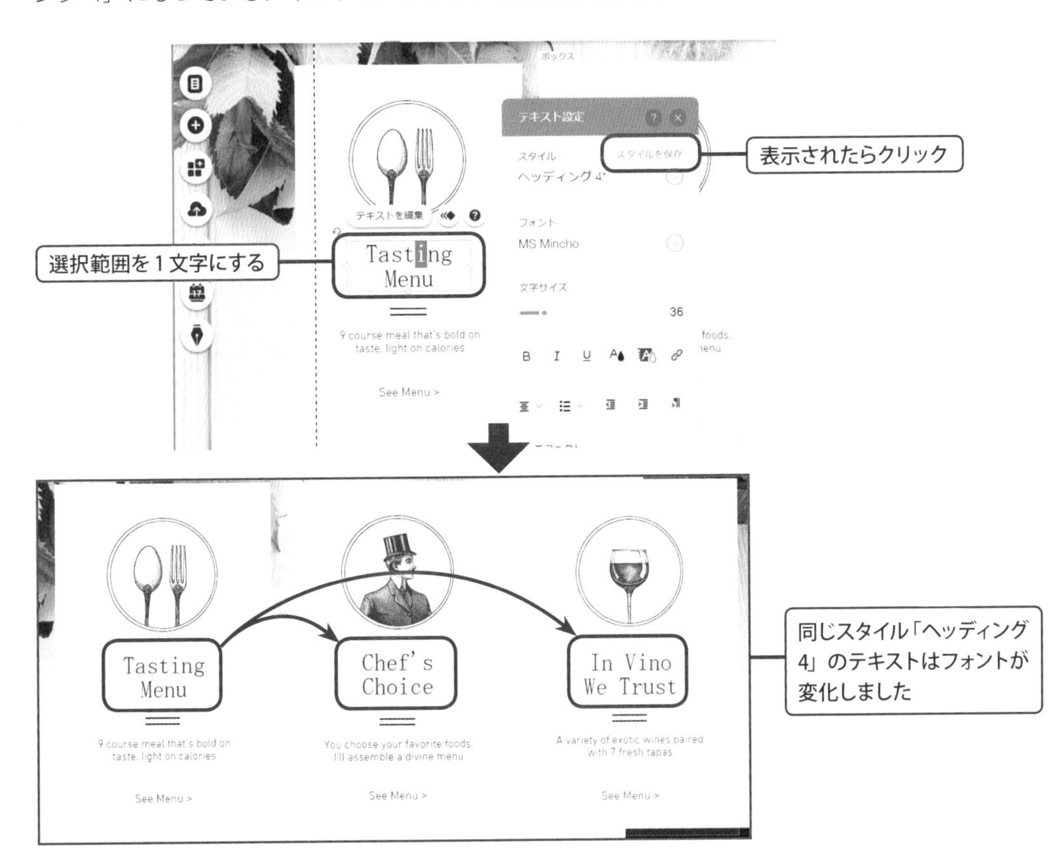

(4) つづいて隣のテキストをダブルクリックしてみるとスタイルがヘッディング 4 であることが確認できます。

07 テキスト

ポイント

これでヘッディング 4 のテキストは全て (2) で設定したフォントの設定に変更されました。別ページのテキストも確認してみましょう。ただし、スタイルとして設定できるのはフォントの種類、サイズ、色などだけで、文字の間隔、行間、エフェクトなどは反映されません。

ポイント

スタイルの操作はサイトのテキストを一括でデザイン変更する場合に役立ちます。また、SEO の観点から、テキストの目的に合わせたスタイルの使い分けが必要です。
スタイル名、タグ（HTML におけるタグ）、使い方を示します。

スタイル名	タグ	使い方
ヘッディング 1	<h1>	サイトに 1 つ
ヘッディング 2	<h2>	ページに 1 つ
ヘッディング 3	<h3>	<h1><h2> 以下、順に任意で配置
ヘッディング 4	<h4>	<h1><h2> 以下、順に任意で配置
ヘッディング 5	<h5>	<h1><h2> 以下、順に任意で配置
ヘッディング 6	<h6>	<h1><h2> 以下、順に任意で配置
段落 1	<p>	<h1><h2> 以下、順に任意で配置
段落 2	<p>	<h1><h2> 以下、順に任意で配置
段落 3	<p>	<h1><h2> 以下、順に任意で配置

画像

画像の追加や編集の方法を解説します。Wix があらかじめ用意している画像やイラストなど制作者にとってうれしい機能も紹介します。

1 オリジナル画像の追加

(1)［トップページ］で編集を行います。［追加］ボタンをクリックし、［画像］をクリック、［画像をアップロード］をクリックします。

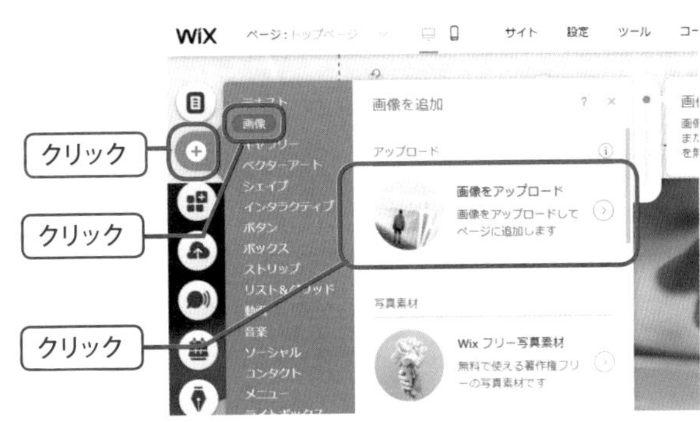

(2)［追加］から挿入できる画像の種類を見ていきましょう。

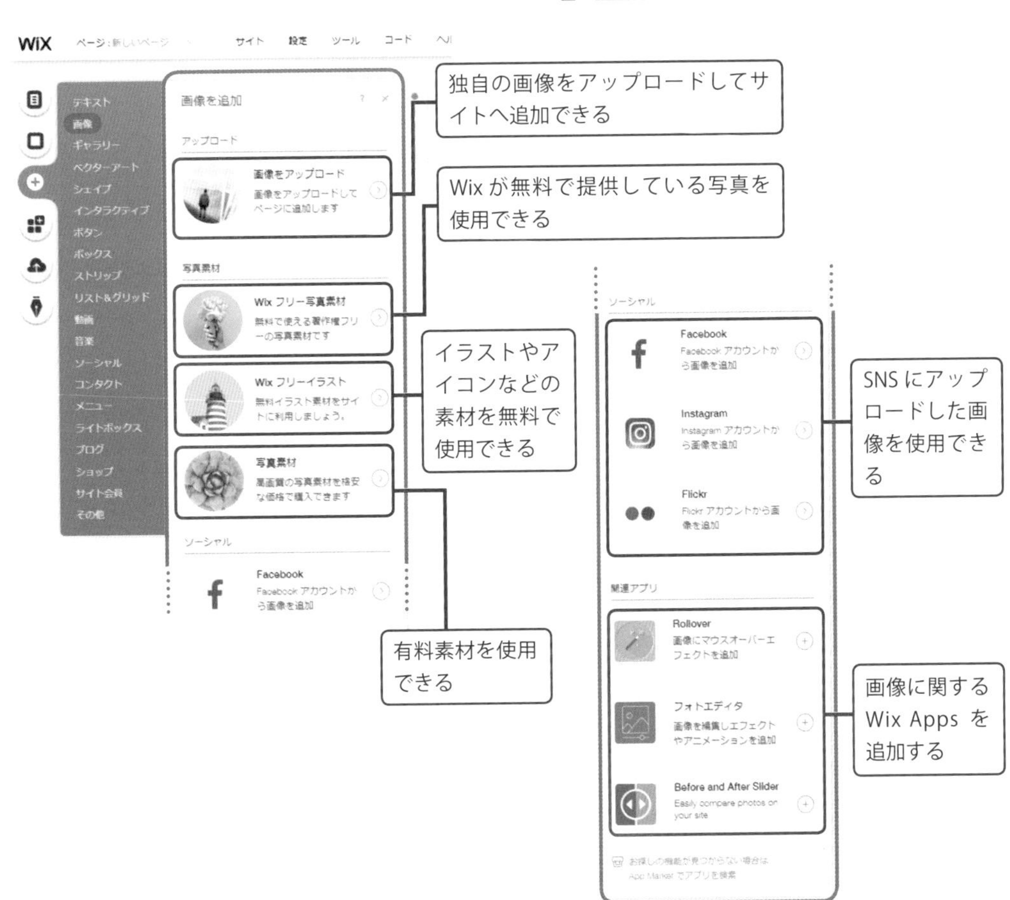

(3) [画像をアップロード] をクリックしてファイルを選択します。追加できるファイルの形式は背景の画像と同じです。

ポイント

[マイイメージ] で管理されている画像は、背景、ギャラリー、ストリップなど、その他の画像を使用するパーツと共有されています。

(4) ［マイイメージ］に画像のアップロードが完了したら、画像を選択して［ページに追加］をクリックします。

(5) 追加された画像はドラッグ＆ドロップで移動し、角のポイントをドラッグしてサイズを変更して適宜配置しましょう。

08 画像

2 画像の変更

(1) 画像を選択し、[画像を変更] をクリックします。

(2) [Wix 画像・動画素材] タブをクリックして、無料素材から選びます。例として今回は「海老」で検索します。画像を選択したら [画像を選択] をクリックします。

3 画像の設定

(1) 画像を選択して［設定］をクリックします。

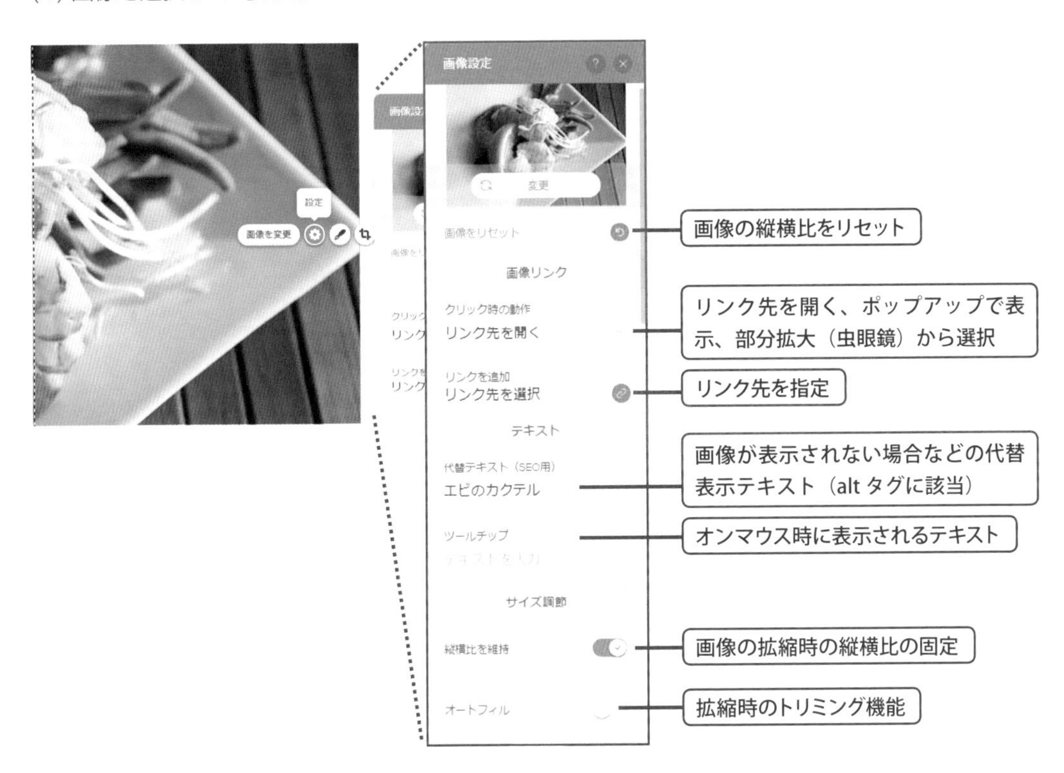

(2)［クリック時の動作］を［なし］に設定し、［ツールチップ］に「えびのカクテル」と入力します

08
画像

チェック

プレビューで動作を確認してみましょう。

4 デザインの変更

(1) 画像を選択し、[デザインを変更] ボタンをクリックして、[画像フレームデザイン] で [デザインをカスタマイズ] をクリックします。

(2) 横にスクロールさせて、枠付きのスタイルを選択します。「影」の設定を行うには、[影を表示する] をオンにします。まずは、「影」の [角度] と [位置] を設定します。今回はそれぞれ 232°、12 に設定します。

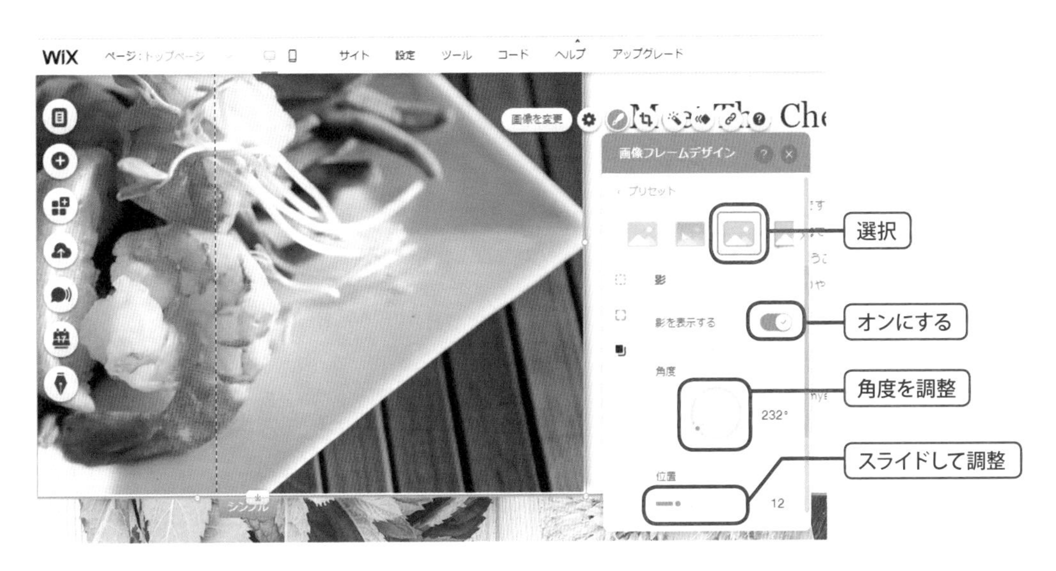

(3) 続けて下へスクロールし、[ぼかし] と [不透明度・色] を設定すれば完了です。今回はそれぞれ 12、27%に設定します。

08 画像

5 画像の編集

(1) [画像選択 (Choose Images)] ウィンドウで画像にマウスオーバーすると、[画像を編集] (ハケのアイコン) が表示されるので、それをクリックします。

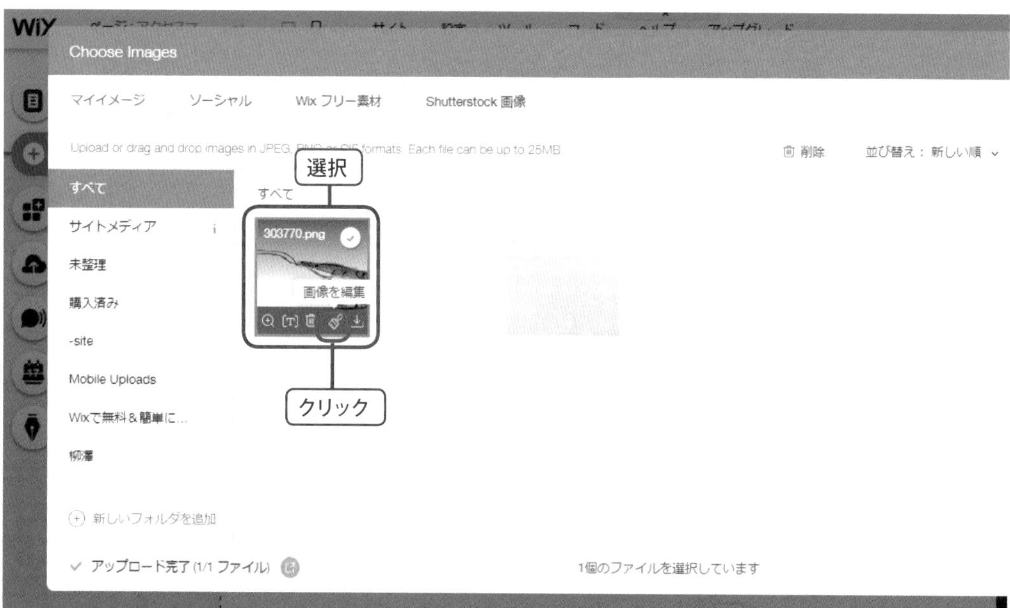

第1章 基本操作

(2)［画像を編集］ウィンドウが開くので、各種編集を行い、［適用］をクリックします。次に［保存］をクリックすると編集が反映されます。編集した内容は複製として保存され、オリジナルは残ります。

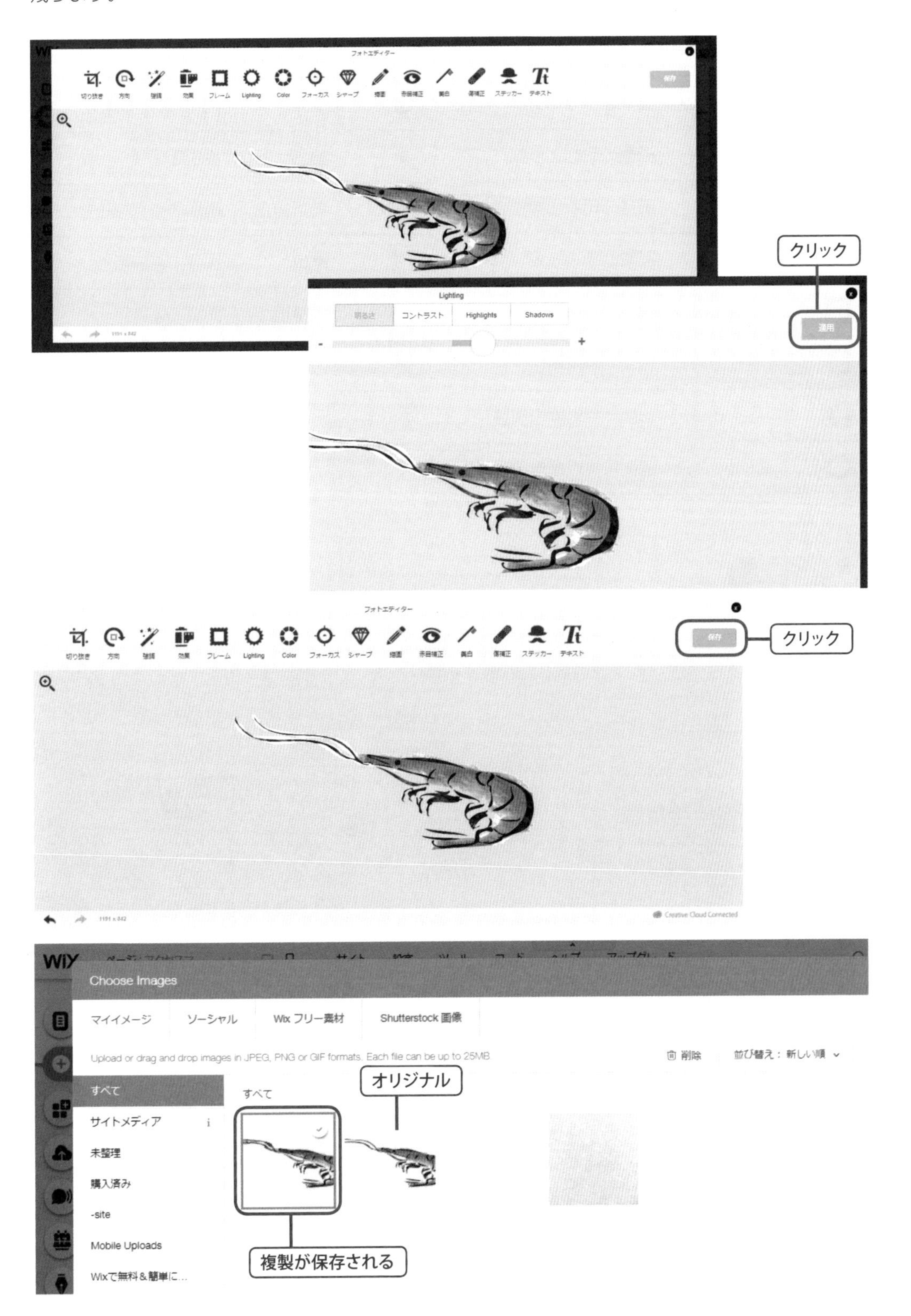

■［画像を編集］パネル

切り抜き　方向　強調　効果　フレーム　Lighting　Color　フォーカス　シャープ　描画　赤目補正　美白　傷補正　ステッカー　テキスト

アイコン	機能	説明
	切り抜き	画像をトリミング
	方向	画像の回転と反転
	強調	画像の明るさ補正
	効果	画像カラー効果
	フレーム	画像フレーム
	明るさ	画像の明度調整
	カラー	彩度、色温度の調整
	フォーカス	画像に焦点を当てる
	シャープ	画像の鮮明度調整
	描画	手描き追加
	赤目補正	画像の赤目補正
	美白	画像の美白機能
	傷補正	画像の傷補正
	ステッカー	スタンプ追加
Tt	テキスト	テキスト追加

ポイント

追加した画像がテキストの下に重なるように配置したいので、アイテムの重ね順を入れ替えます。ツールバーの［アレンジ］で、アイテムの位置を最前面、前面、背面、最背面に移動させることができます。［アレンジ］は画像を選択した状態で右クリックしても表示されます。

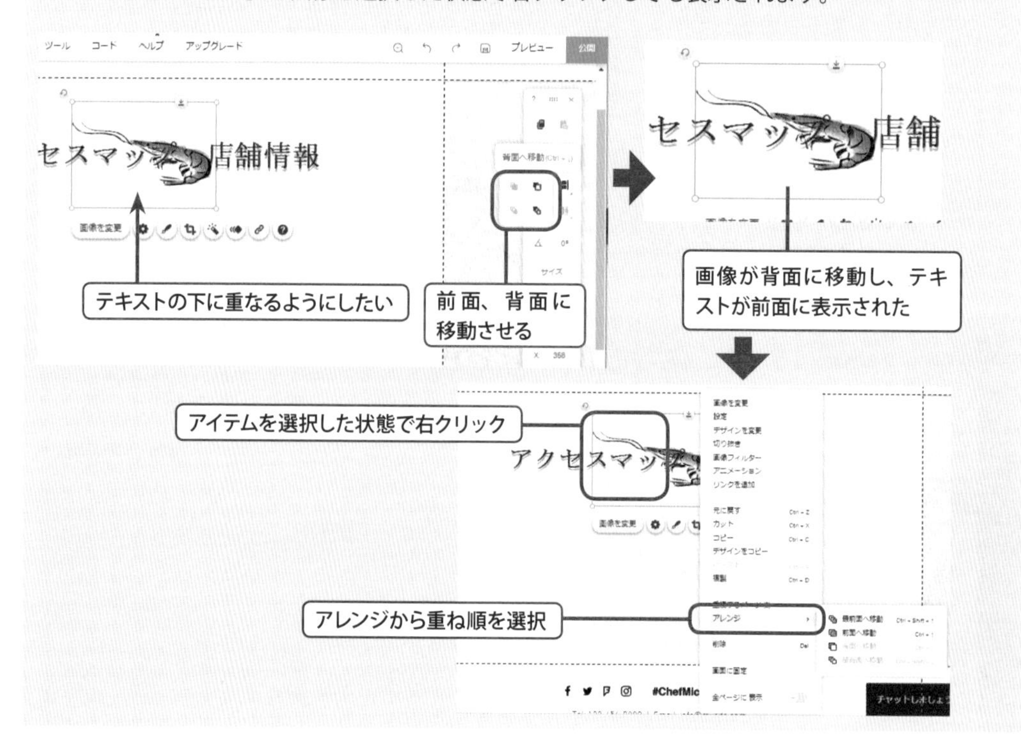

ギャラリー

ギャラリーでは、複数の画像や動画をまとめて表示したり、動きのあるスライドや 3D で表示したりすることができます。トップページのアイキャッチや商品一覧などに活用できます。

1 ギャラリーの追加

(1)「トップページ」で、[追加] ボタンから [ギャラリー] を選択します。[ショーケース（プロギャラリー)] をクリックして追加します。

(2) まずはギャラリーを配置するための空白をつくります。空白をつくりたい場所にあるパーツをドラッグハンドルで移動させます。ドラッグハンドルを動かすと選択したパーツの下部にあるパーツも同時に上下します。空白ができたら、追加したギャラリーをドラッグ＆ドロップで移動させます。

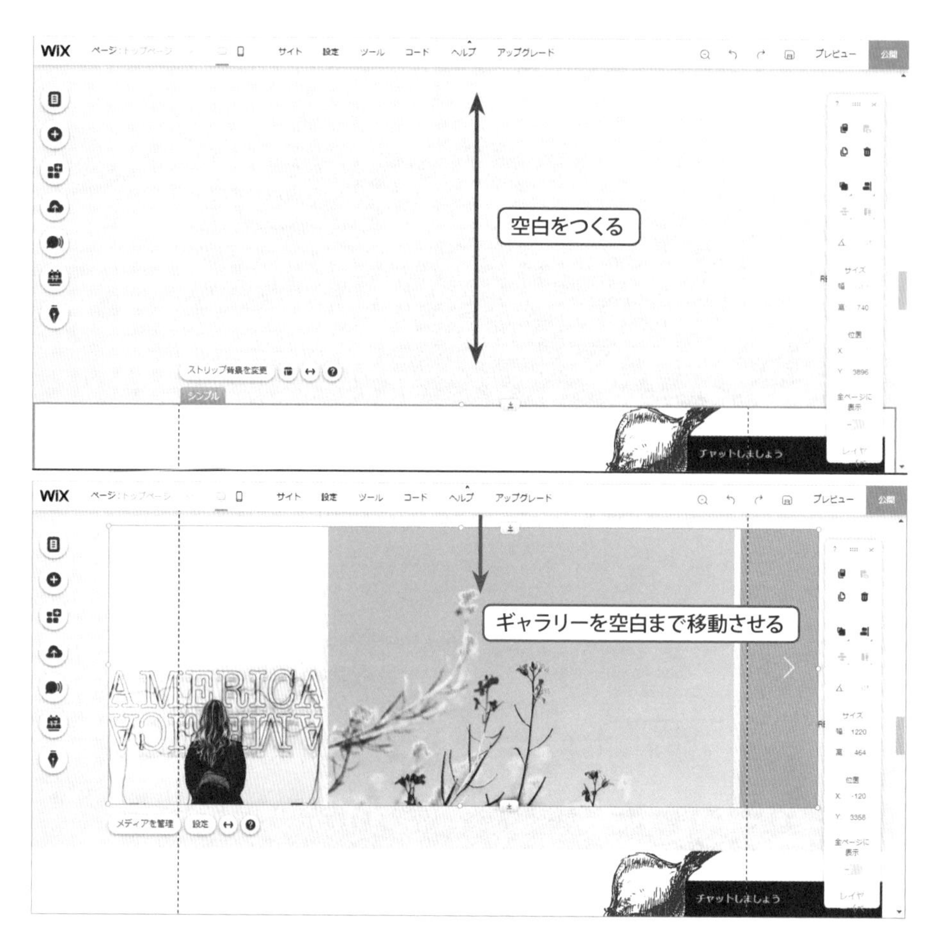

注意

ギャラリーやその他のアイテムをドラッグ＆ドロップで移動させているときに表示されなくなる場合があります。ほとんどの場合は移動させているものより大きいアイテムの下に隠れているのでマウスオーバーで探しましょう。そして右クリック、［重複するパーツ］で選択して移動させるか、右クリックの［アレンジ］で重ね順を前面にして表示させましょう。

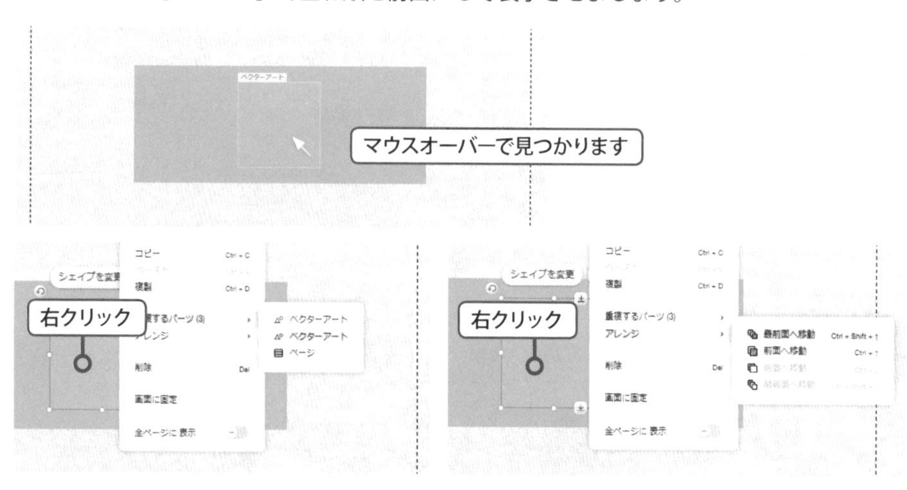

(3) ギャラリーを選択し［メディアを管理］をクリックして［ギャラリーを整理］ウィンドウを開きます。

(4)［すべて選択］、［削除］の順で画像を全て削除します。各画像にオンマウスして［ギャラリーから削除］をクリックして削除することも可能です。

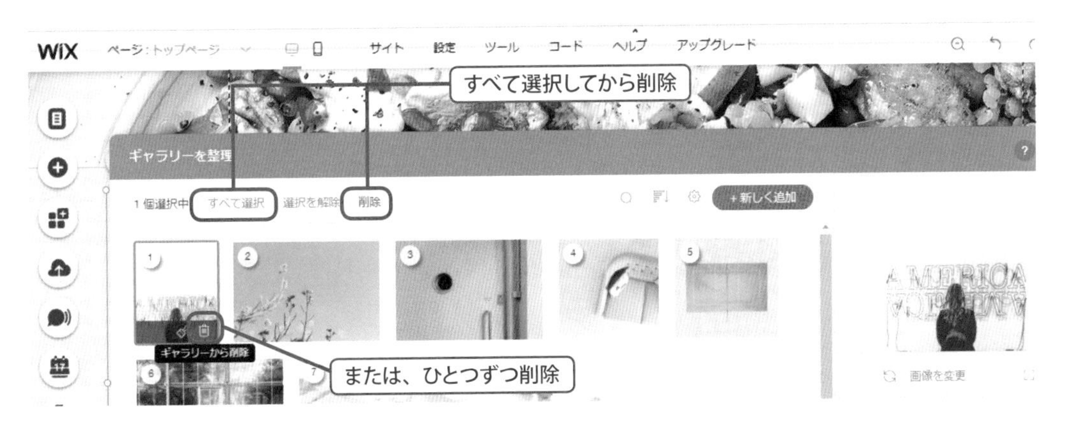

(5)［新しく追加］をクリックして［画像］を追加します。独自画像を追加する場合は、［Upload Images］から画像を［マイイメージ］へ追加します。

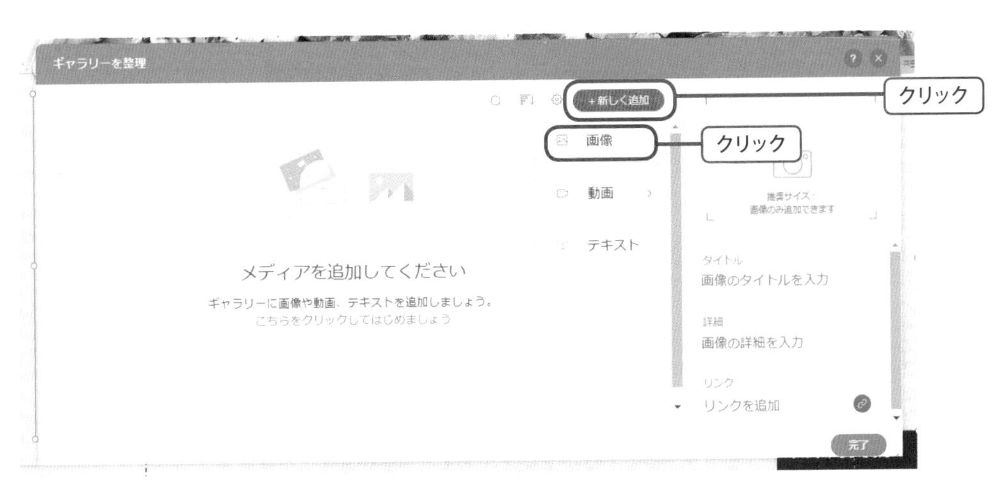

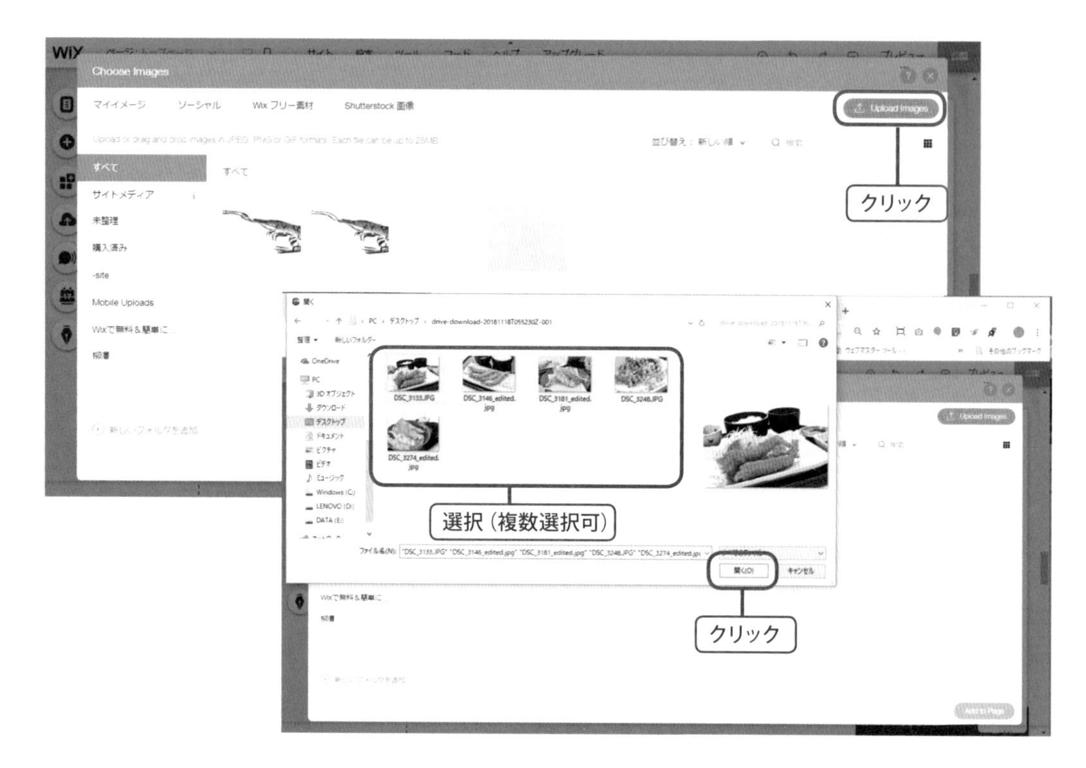

(6) 追加したい画像を複数選択（Ctrl キーまたは Command キーを押しながら選択）します。［Add to Page］をクリックすると、［ギャラリーを整理］ウィンドウに追加されました。

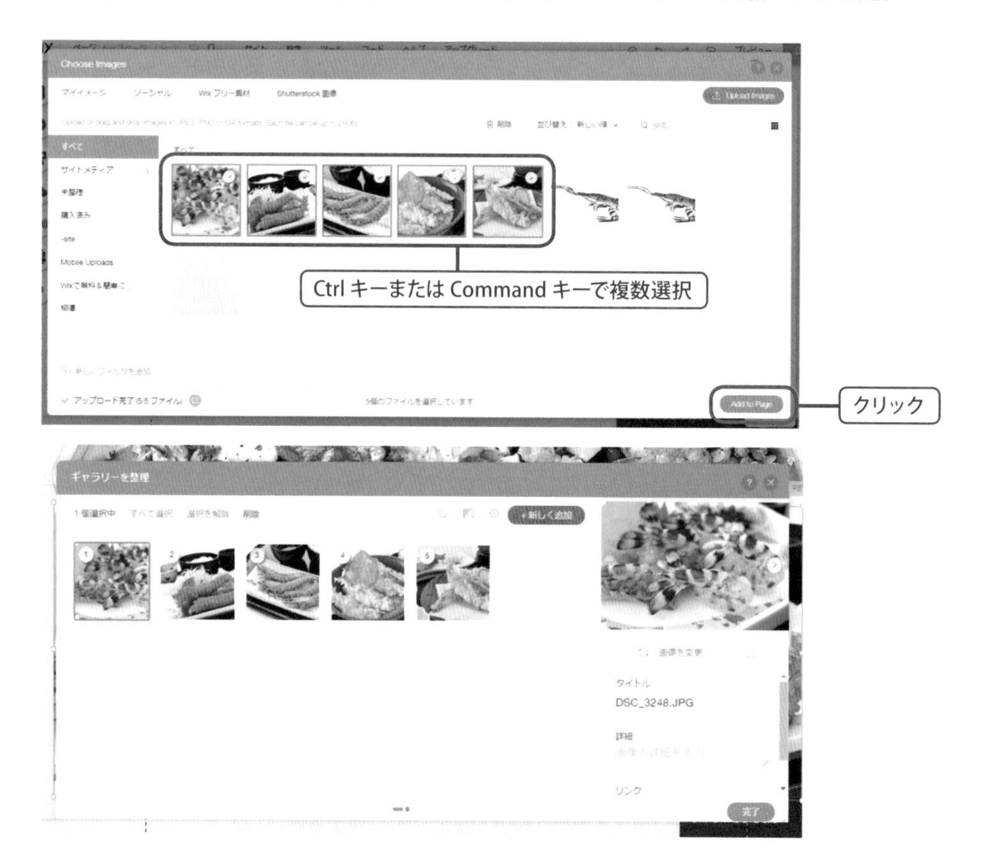

第1章　基本操作

(7) それぞれの画像を選択して［タイトル］、［詳細］、［リンク］を設定します。［設定］が終わったら［完了］します。

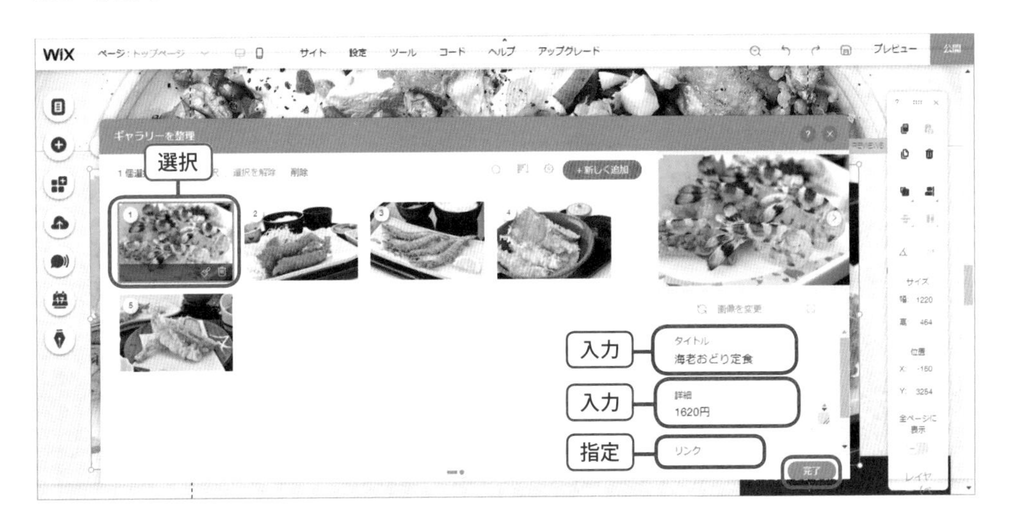

ポイント

ギャラリーには画像だけでなく動画やテキストを追加できる「Wix プロギャラリー」と画像のみの「その他のギャラリー」2 種類があります。本書ではプロギャラリーについて解説していますが、それぞれ設定画面が異なります。

2 ギャラリーの設定

(1) ギャラリーを選択し、［設定］ボタンをクリックします。

ギャラリーの［設定］からはレイアウトやデザインなどの設定が行えます。

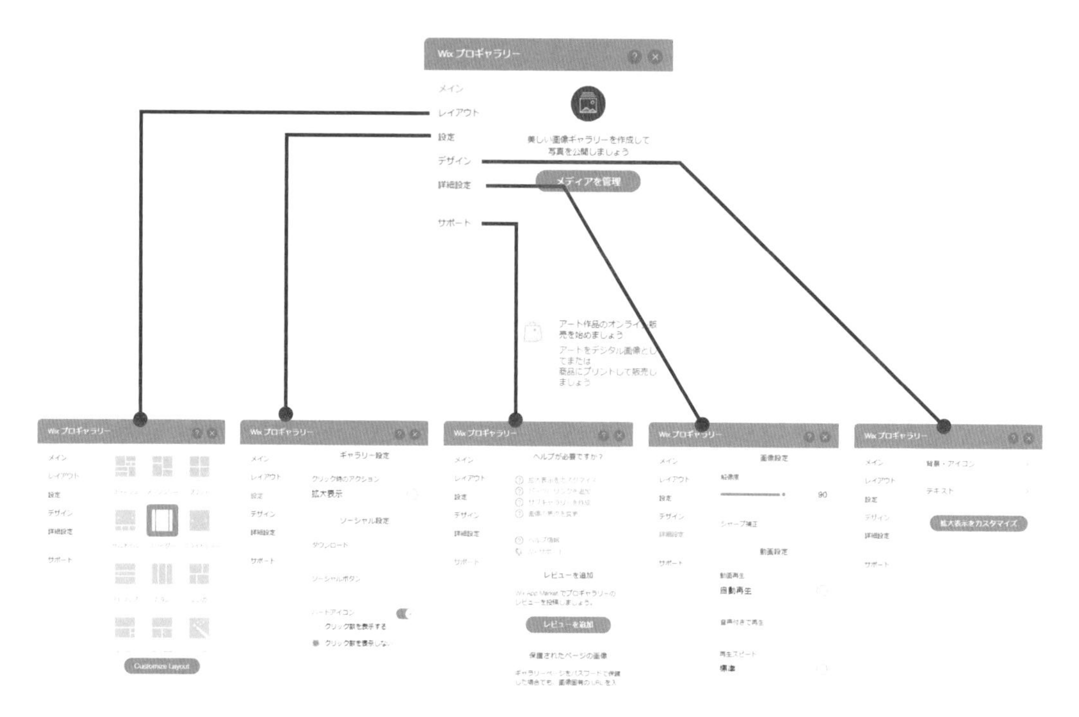

(2) ここでは［デザイン］から［オーバーレイの色］を 25%に、［矢印のサイズ］を 45 にします。

第1章　基本操作

3 ギャラリーのストレッチ

(1) ギャラリーを選択し、[ストレッチ] ボタンをクリックします。

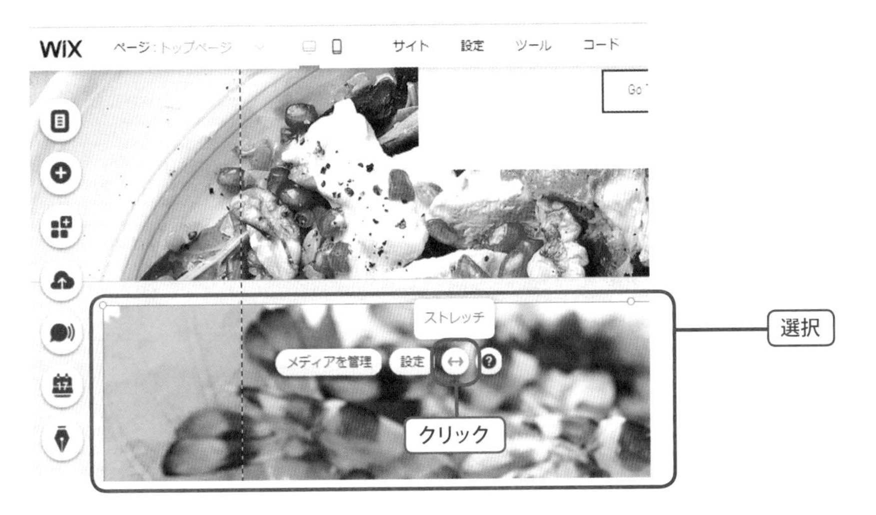

(2) ストレッチのパネルで [全幅に引き延ばす]をオンにしましょう。ギャラリーの横幅が画面いっぱいに拡がりました。

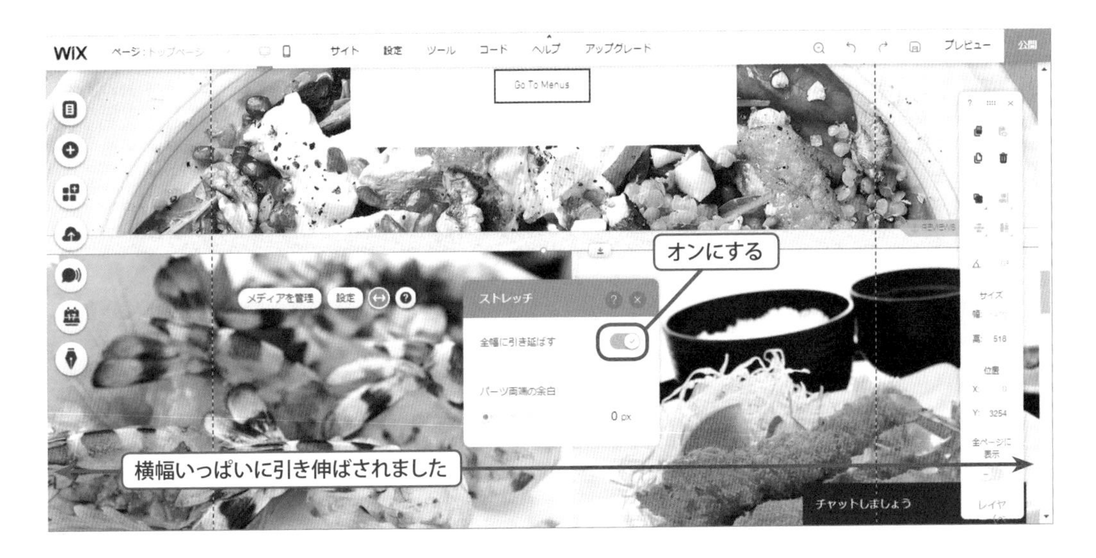

4 ギャラリーの種類

様々な表示と動きのギャラリーでサイトを賑やかに演出しましょう。

■ギャラリー

グリッド（プロギャラリー）

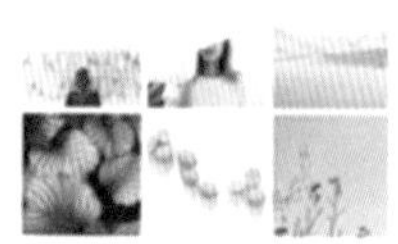

サムネイル（プロギャラリー）

ワイド（プロギャラリー）

タイル（プロギャラリー）

コラージュ（プロギャラリー）

ショーケース（プロギャラリー）

スライドショー

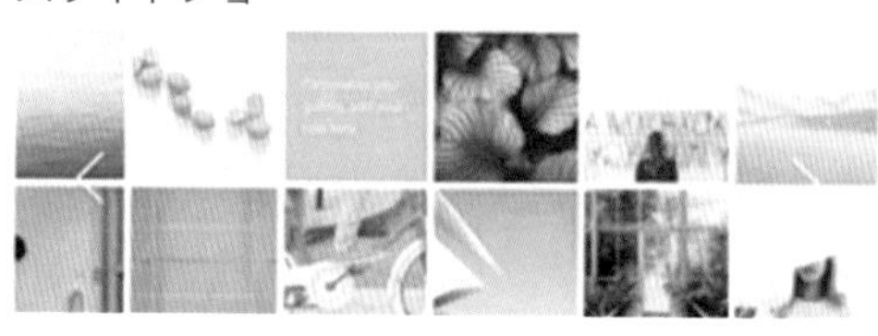

アコーディオン（プロギャラリー）

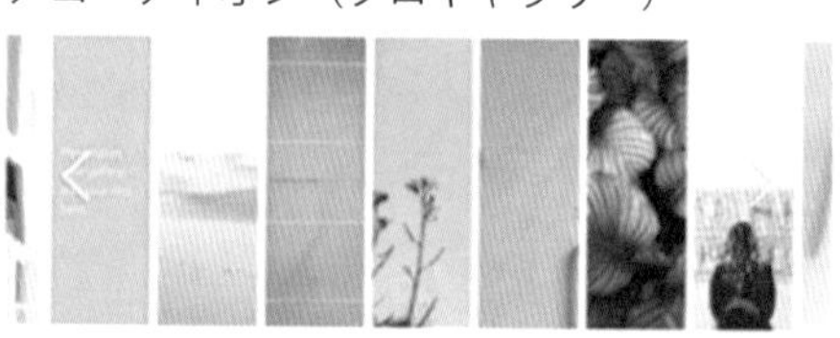

スライドギャラリー（プロギャラリー）

スライドギャラリー

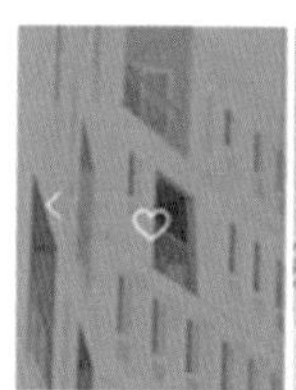

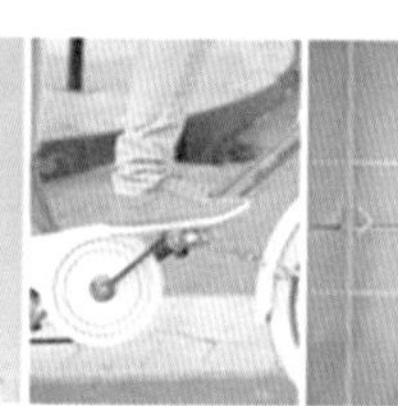

■グリッドギャラリー

メーソンリー

グリッド：ポートレート

グリッド：ポラロイド

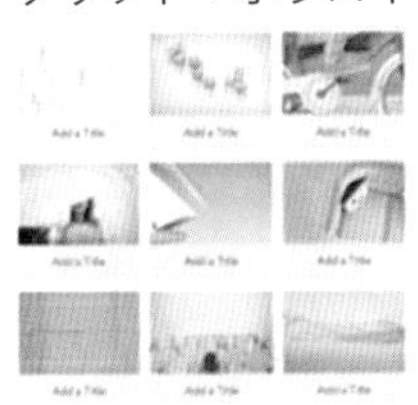

グリッド：ロールオーバー

■スライドショー

スライドショー（矢印）

ポストカード（スライダー）

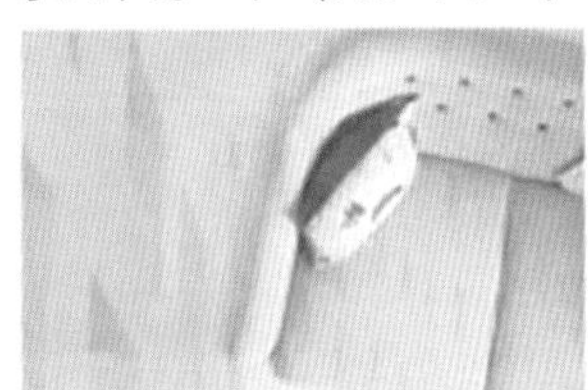

スクロール：ドット

■その他ギャラリー

ハニカム：ダイアモンド

ハニカム（トライアングル）

アニメーション

フリースタイル

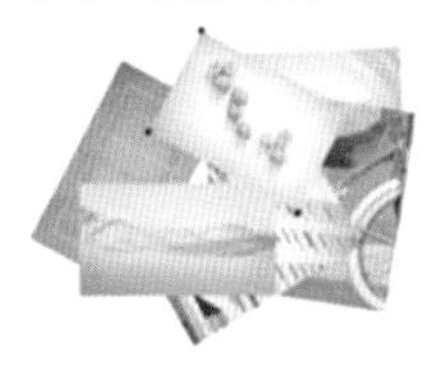

3D キューブギャラリー

3D 回転ギャラリー

■関連アプリ

Wix プロギャラリー

Wix アートストア

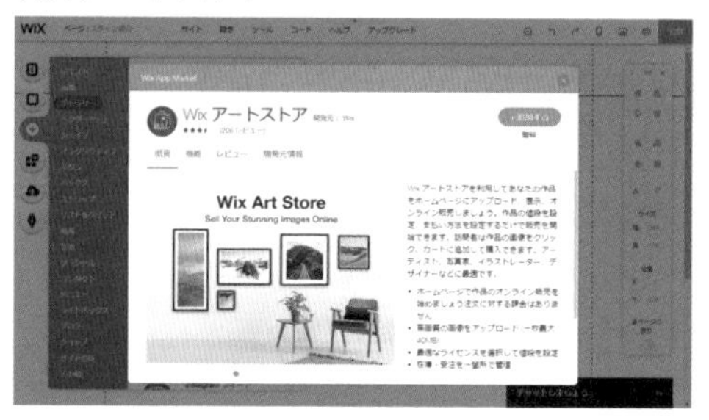

Instagram フィード

ギャラリー

Lumifish Timeline

Impressive slider

第1章 基本操作

ベクターアート

ベクターアートは拡大しても粗くならない、カクつかないイラストやアイコンです。部分的に色を変えることもできるので、よりサイトにあった配色にすることもできます。

1 ベクターアートの追加

(1)「トップページ」で［追加］ボタンから［ベクターアート］を選択。［全てのベクターアート］をクリックして［Choose Vector Art］が開きます。

(2) 左のカテゴリから［アイコン］を選択し、ベクターアートを選んで［Add to Page］をクリックして追加しましょう。

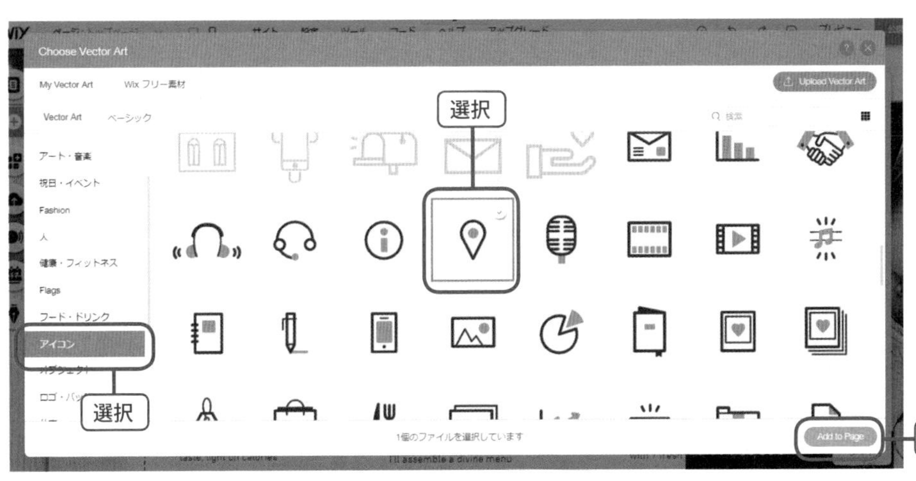

(3) 追加したベクターアートと入れ替えたいので、元の画像（スプーンとフォークの画像）は選択して削除します。次に、ベクターアートを配置してサイズを調整します。

2 ベクターアートの設定

(1) ベクターアートに「アクセス」ページへのリンクを張ります。ベクターアートを選択した状態で［設定］ボタンをクリック、「ベクターアートの設定」ウィンドウで［リンクを追加］をクリックします。

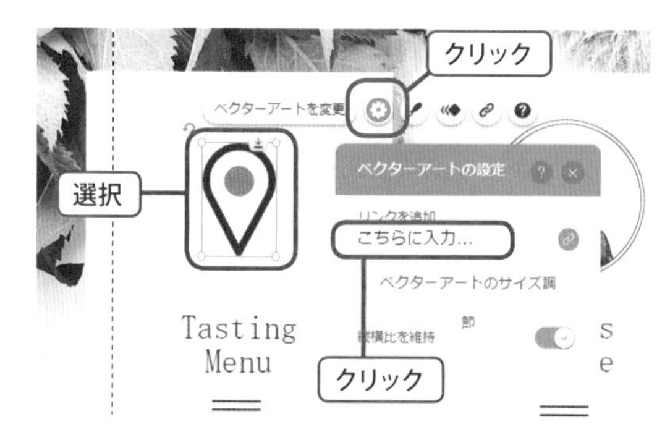

(2) ［ページ］を選択し［ページを選択］で「アクセスマップ」を選択、［完了］をクリックするとリンクが追加できました。［リンク］ボタンからも同様に設定が可能です。

3 ベクターアートのデザイン

ベクターアートを選択し、[デザインを変更] ボタンをクリック、[色を選択] でカラーを変更します。ここでは 2 色ですが、ベクターアートの種類によって色数が異なります。

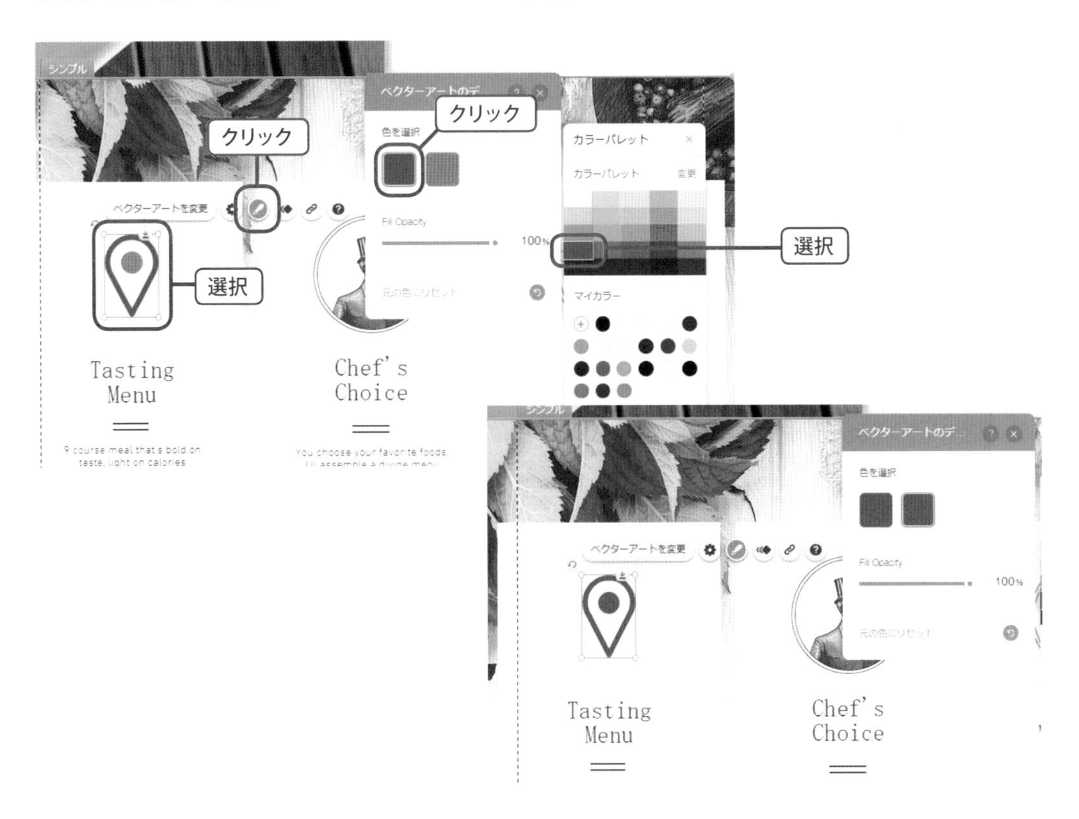

4 ベクターアートのアニメーション

(1) ベクターアートを選択し、[アニメーション] ボタンをクリック、アニメーション効果ウィンドウで [フェードイン] を選択します。

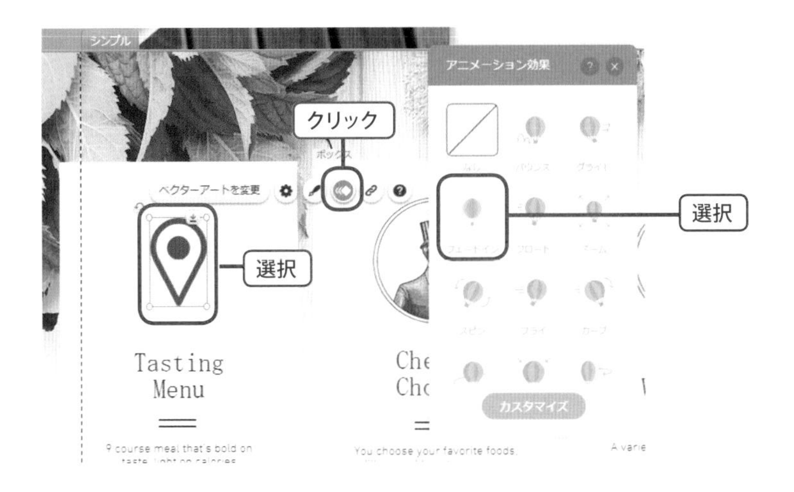

(2) アニメーションの動作をプレビューで確認しましょう。サンプルでは 3 つの画像を同様にベクターアートに変更しました。

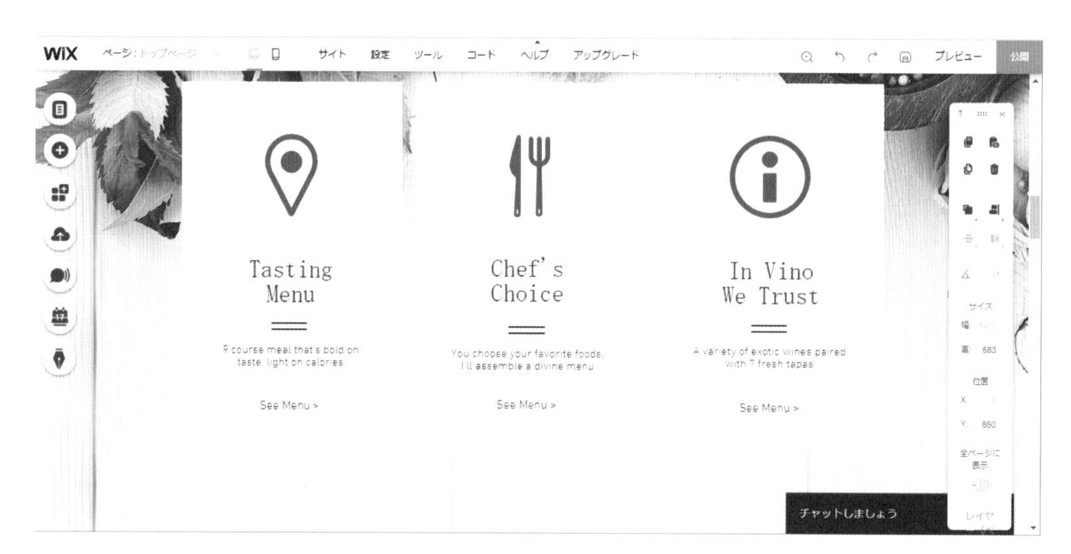

シェイプ

シェイプは色と線とサイズの編集が可能な図形です。サイトの装飾やアイコンとして活用しましょう。

1 シェイプの追加

［アクセス］ページで［追加］をクリックし、［シェイプ］で矢印を追加します。

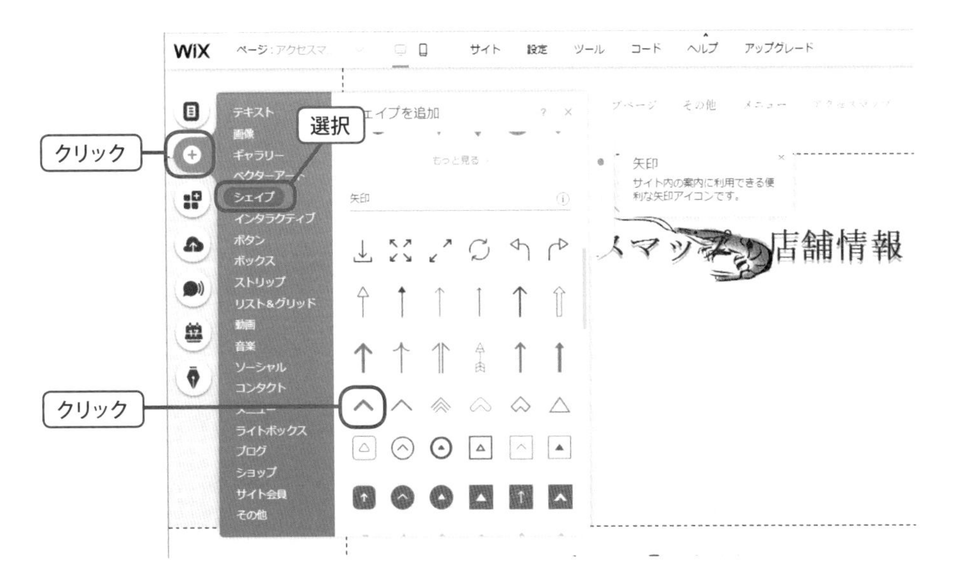

2 シェイプのデザインを変更

シェイプを選択し、［デザインを変更］をクリックします。［Fill Color］のカラーパレットを選択して、色を変更します。

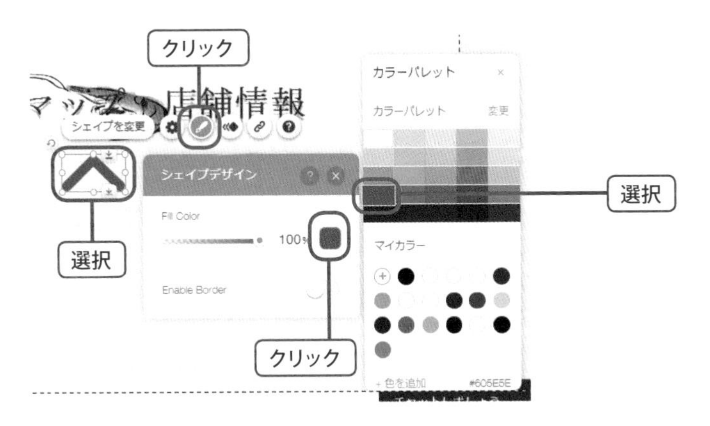

3 シェイプの変形

シェイプを選択し、回転ボタンをドラッグすると回転します。ここでは180°回転させました。ツールバーからも同様の操作が可能です。

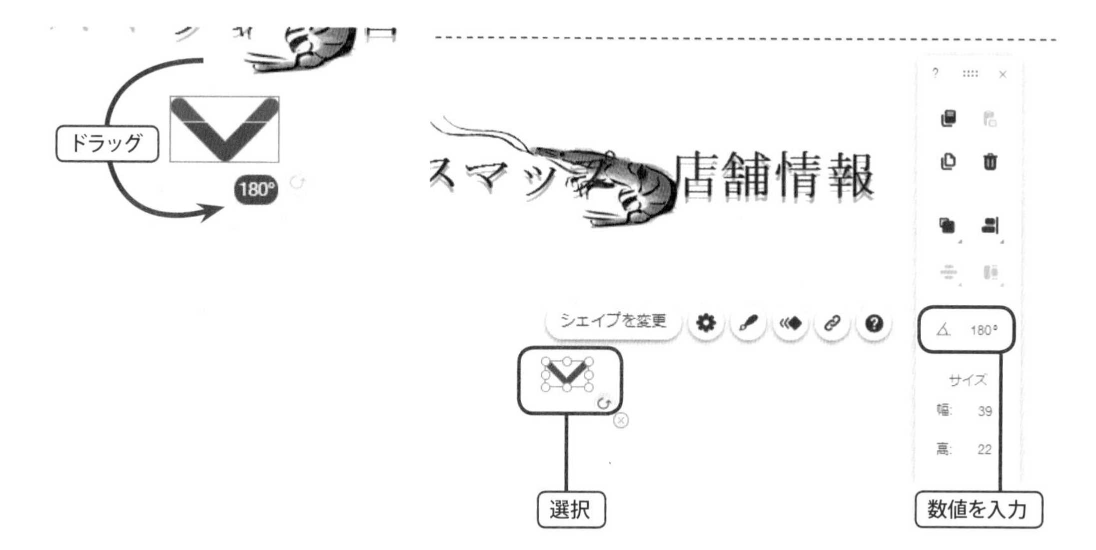

第1章 基本操作

インタラクティブ

スライドやインタラクティブパーツを使用すると、動きのあるアイテムをサイトに配置することができます。

1 全幅スライドショーの追加

［追加］ボタンをクリックし、［インタラクティブ］を選択します。全幅スライドショーの中から［About：ビジネス］を選択し、クリックして配置します。

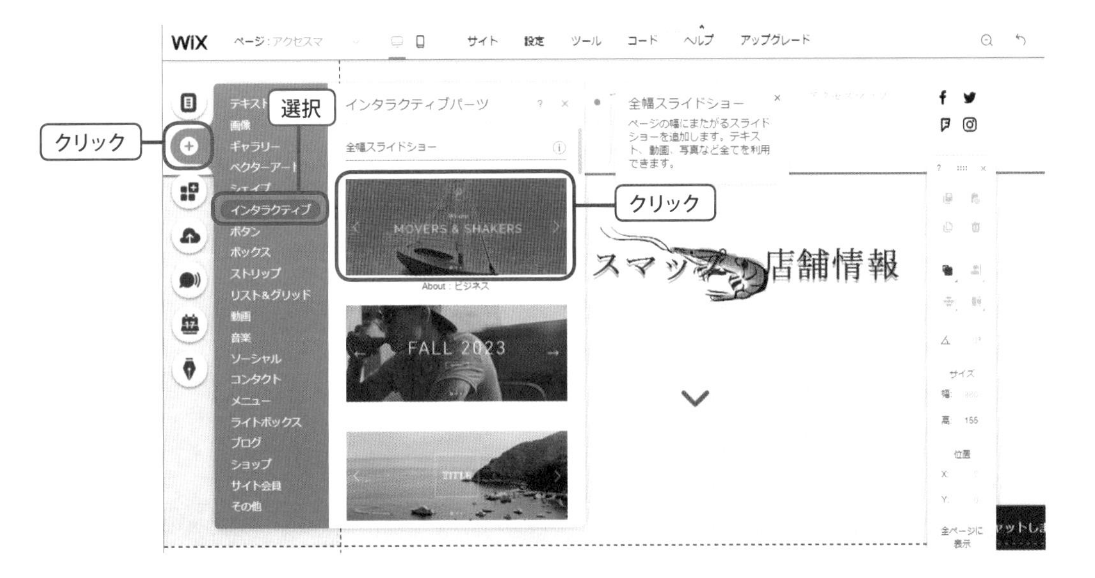

2 全幅スライドショーの背景とスライド内の編集

(1)［スライド背景を変更］をクリックし、［画像］をクリックします。

(2) [Upload images] をクリックし、画像をアップロードします。

(3) スライドを切り替えて (1)、(2) 同様に背景を変更します。スライドの切り替えは [スライドを管理] ボタンからも可能です。

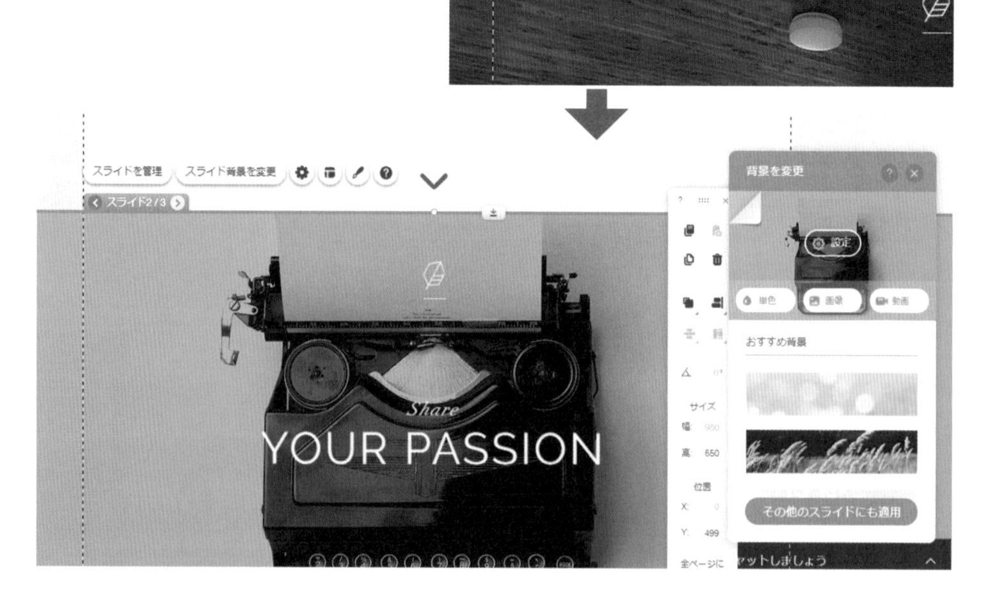

第1章　基本操作

(4) スライド内の不要なパーツを削除し、テキストを編集します。スライドよりも小さいパーツはスライド内側にドラッグすることで画像や動画、シェイプなど様々なものを配置することが可能です。各スライドを切り替えて編集しましょう。

3 全幅スライドショーの設定

全幅スライドショーを選択、[設定] ボタンをクリックして、[変換エフェクト] の設定を [フェードイン] にします。

4 全幅スライドショーのレイアウト

全幅スライドショーを選択、[レイアウト] ボタンをクリックして、スライドショーレイアウトの調整を行いましょう。矢印ボタンの [ボタンのサイズ] を 40 にします。

5 全幅スライドショーのデザイン

全幅スライドショーを選択、[デザインを変更] をクリックして、四角い枠付きの矢印のスタイルへ変更します。

6 ホバーボックスの追加

(1) ホバーボックスは通常時とオンマウス時でデザインが変化するので、アイコンなどに活用することができます。ここでは「FOLLOW US」と書かれたホバーボックスを追加します。

(2) ドラッグ＆ドロップで移動させましょう。

7 ホバーボックスの背景

(1) まず通常時について編集を行います。 ホバーボックスを選択し、[ホバーボックス背景] ウィンドウで [画像] をクリックします。画像を選択して [Change Background] をクリックすると背景を変更できます。

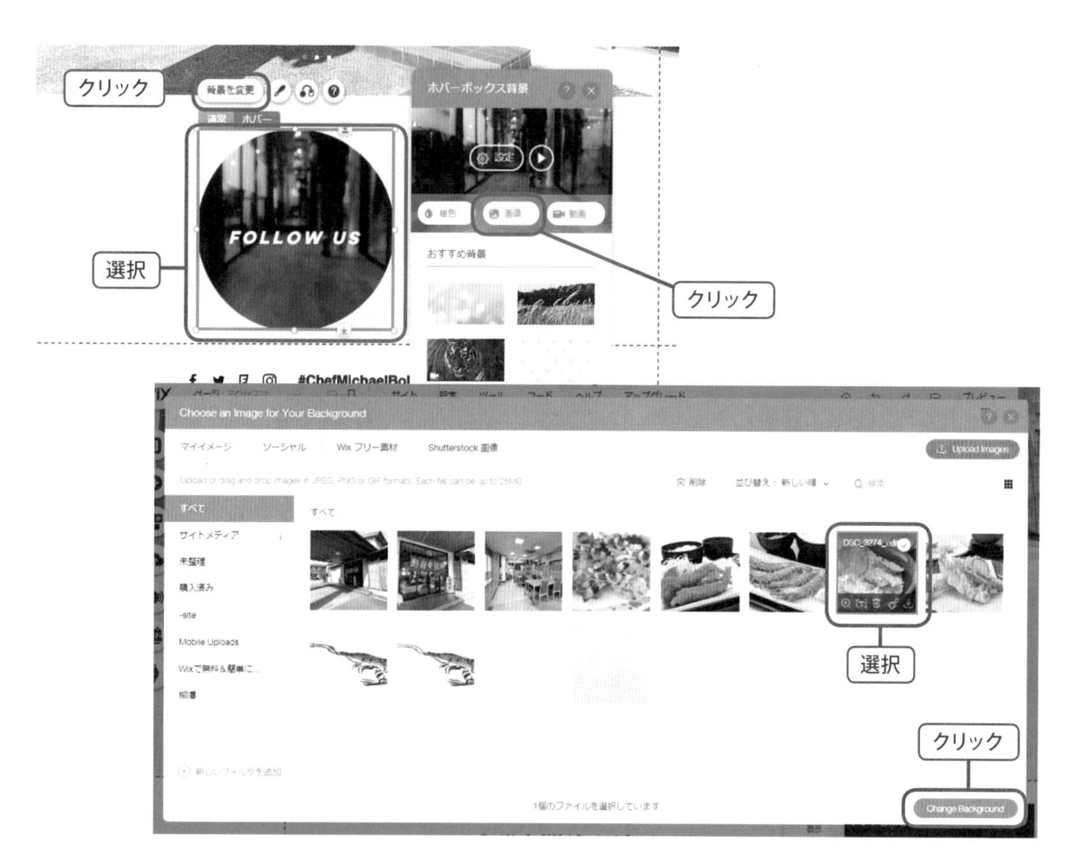

(2) ホバーボックス背景ウィンドウで [設定] をクリックします。

(3)［不透明度］を 70 に、［画像の背景色］を黒に設定しましょう。

8 ホバーボックス内の編集

ホバーボックス内のテキストをダブルクリックし、［テキスト設定］ウィンドウを開きます。［フォント］を MS Mincho、［文字サイズ］を 29 に設定します。これで通常時の設定が完了しました。

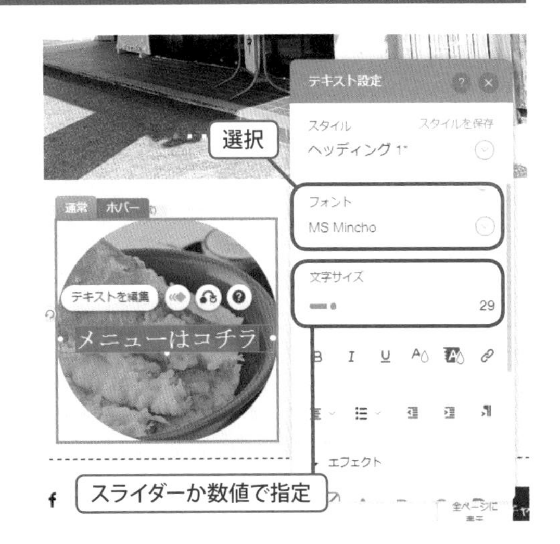

9 ホバーの編集

(1) 次に［ホバー］をクリックしてオンマウス時の設定をします。［背景を変更］をクリックし、［単色］でカラーパレットから色を選択します。

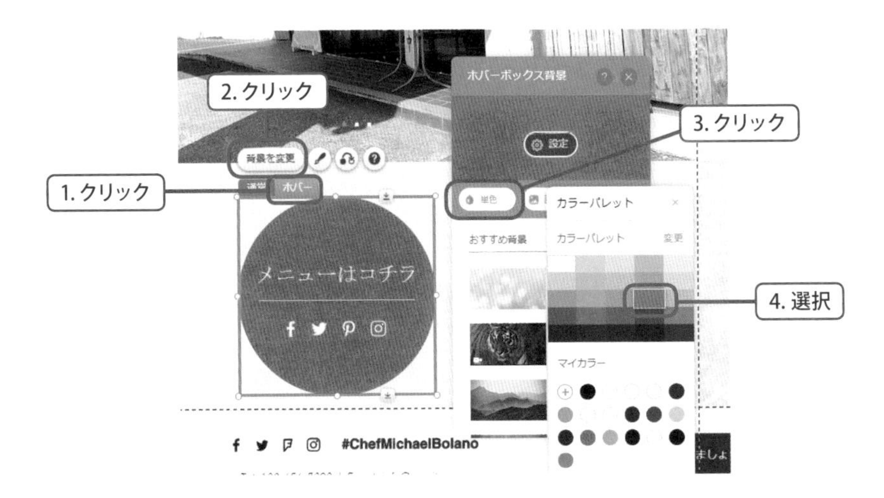

(2) プレビューに切り替え、オンマウスして動作を確認しましょう。

ポイント

［ホバー時のボタンに適用］をクリックすると、通常時とオンマウス時のデザインを同じものにすることができます。

ボタン

ページにボタンを設置すれば、クリック時にリンクを開くことはもちろん、音楽やドキュメントをダウンロードすることもできます。

1 アイコンボタン

(1) ［トップページ］ のページへ移動します。［追加］ から ［ボタン］ を選択します。アイコンボタンから設置したいものを選択し、追加します。ここでは、アクセスマップへのリンクを開くアイコンボタンを設置します。

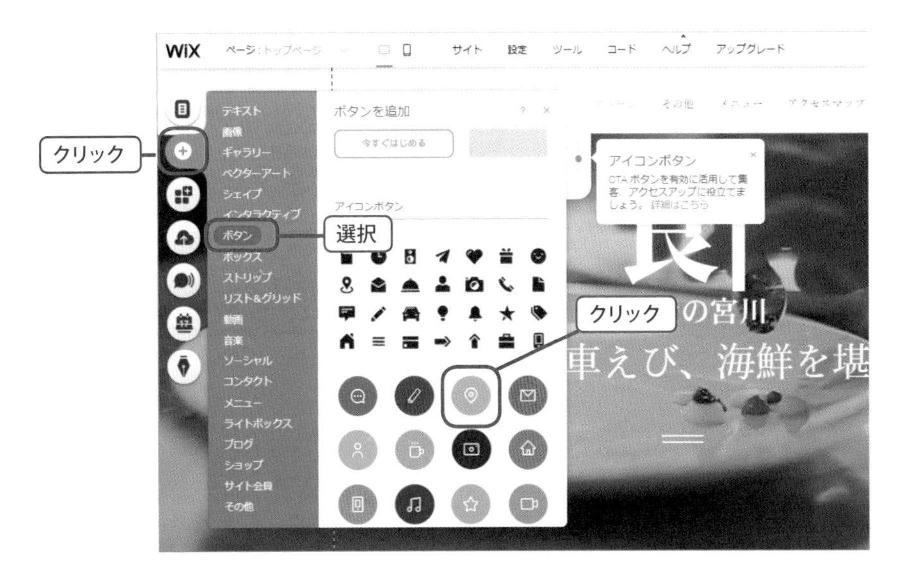

(2) ドラッグ＆ドロップで適当な位置に配置し、サイズを調整しましょう。

注意

例のようにヘッダーにボタンを追加すると、全てのページにボタンが表示されます。また、その点について注意を促す［ヘッダーに追加しました］という画面が表示されますので、［閉じる］をクリックします。

(3) 設置したアイコンボタンを選択して、［リンクを追加］をクリックします。［リンク先を選択］ウィンドウで［ページ］をチェックします。［ページを選択］から［アクセスマップ］を選び、［完了］をクリックします。これでアクセスマップへのリンクを開くアイコンボタンが設置されました。

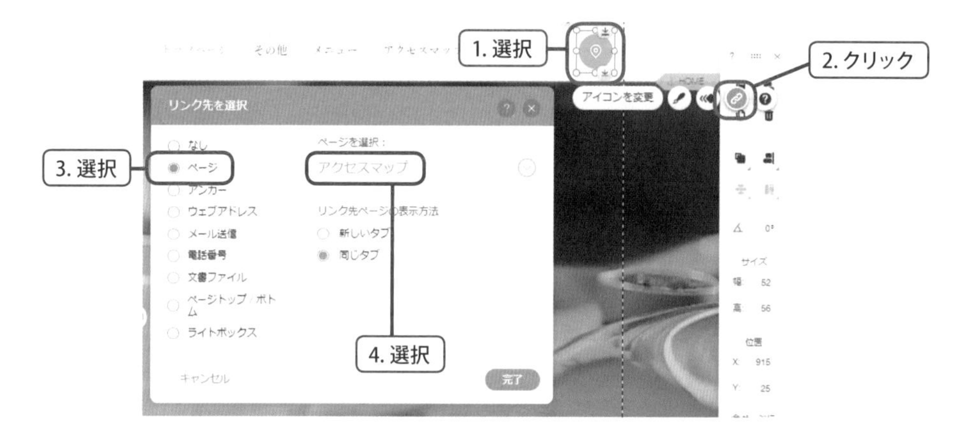

2 テキストボタン

(1) トップページで［追加］から［ボタン］を選択します。［ボタンを追加］を下へスクロールし、テキストボタンから設置したいものを選択します。［テキストを編集］をクリックし、［ボタンのテキスト］に「お問い合わせページへ」と入力します。

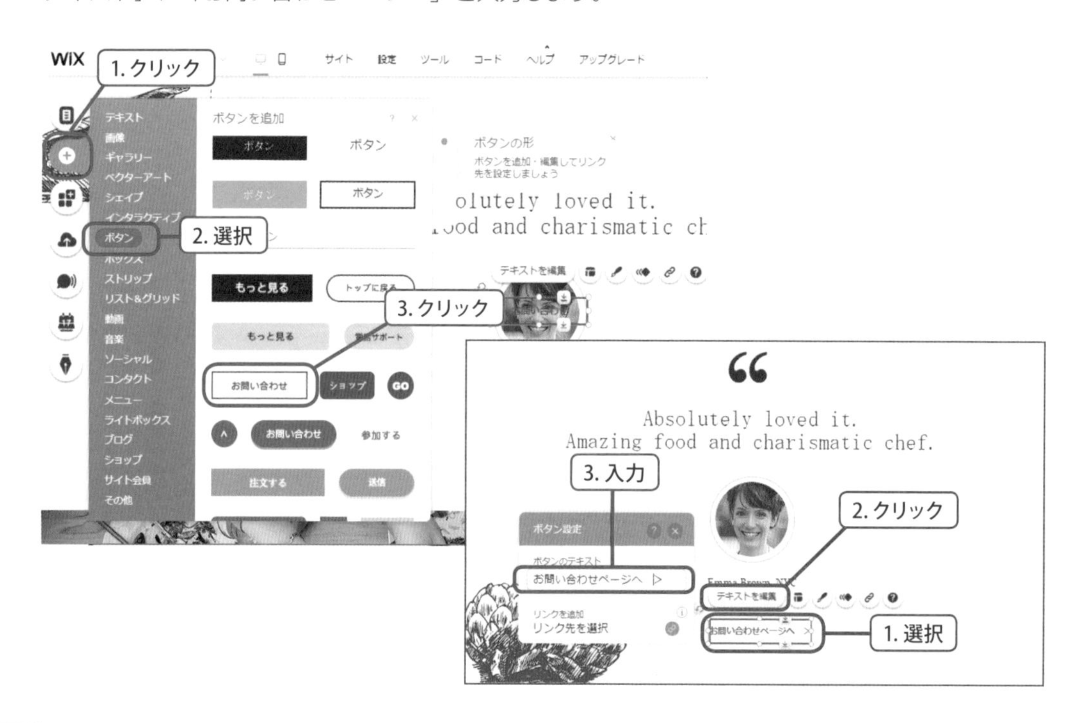

(2) 設置したテキストボタンを選択し、［デザインを変更］をクリックします。［デザインをカスタマイズ］からボタンの形や文字の色を自由に変更できます。ここでは、ボタンの形をホバーに設定します。

ボックス

様々なデザインに富んだボックスを使えば、各種コンテンツをグループ化できるので、効率的かつスタイリッシュに編集することが出来ます。

1 ボックスの追加

(1) まず新しいページを作成し、「コンタクト」という名前をつけます。［追加］ボタンをクリックし、［ボックス］を選択します。［ボックスを追加］から設置したいものをクリックして追加します。ここでは新しいページを作成し、「コンタクト」という名前をつけて、そこにボックスを設置します。

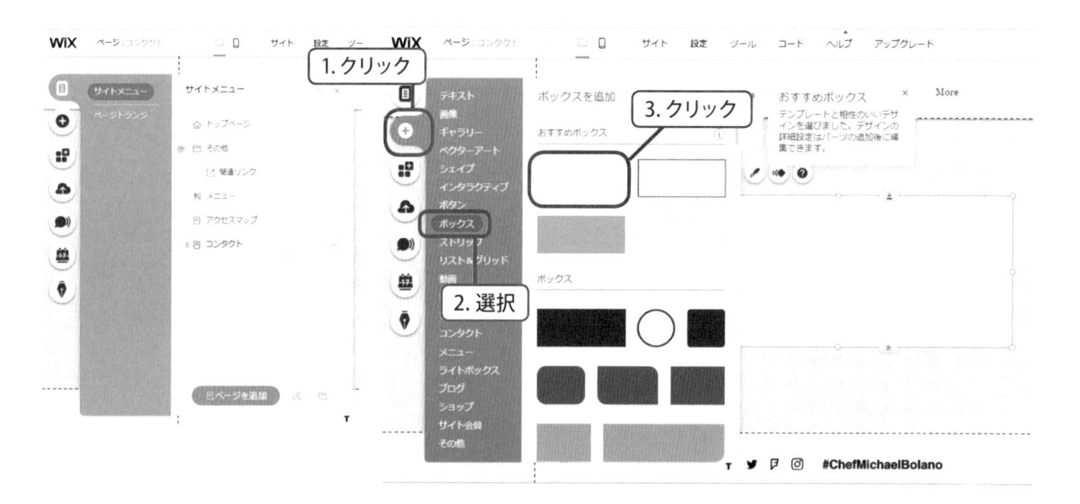

(2) 適当な位置に配置し、ドラッグしながらサイズを調整します。ボックスを選択して、［デザインを変更］を選び、［デザインをカスタマイズ］をクリックします。

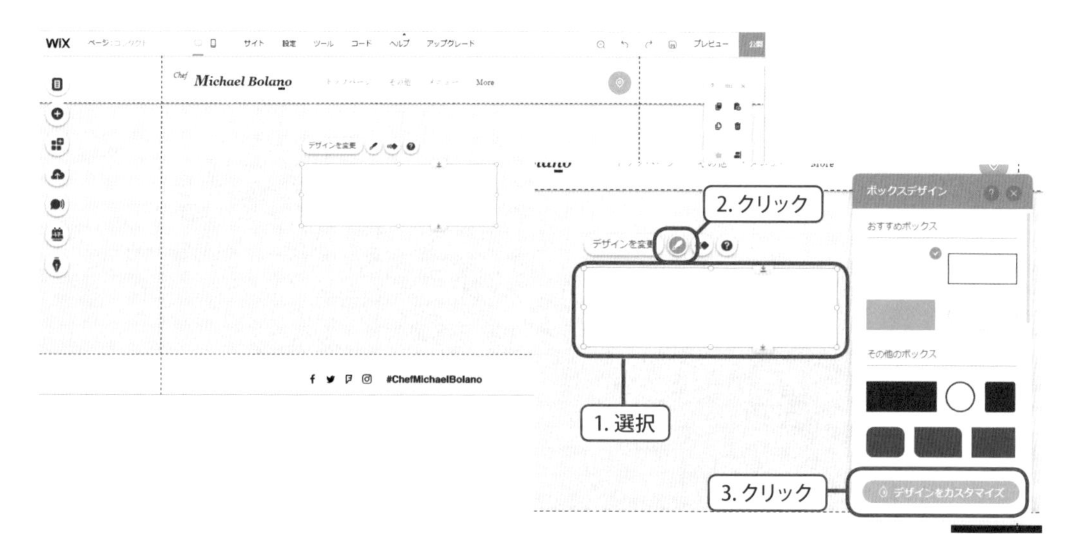

(3) [不透明度・色] で [色] を白系に、[不透明度] を 50% に変更します。

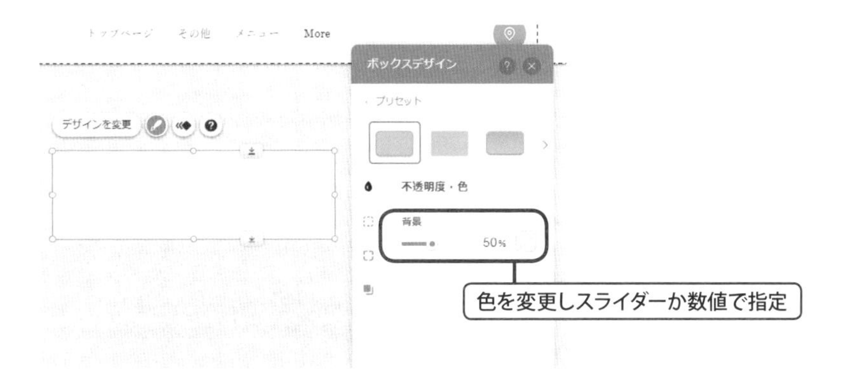

2 パーツのグループ化

(1) テキストを追加して編集、ボックスの上へパーツを移動します。[ボックス内へ移動] と表示されれば、ボックスとテキストがグループ化されます。

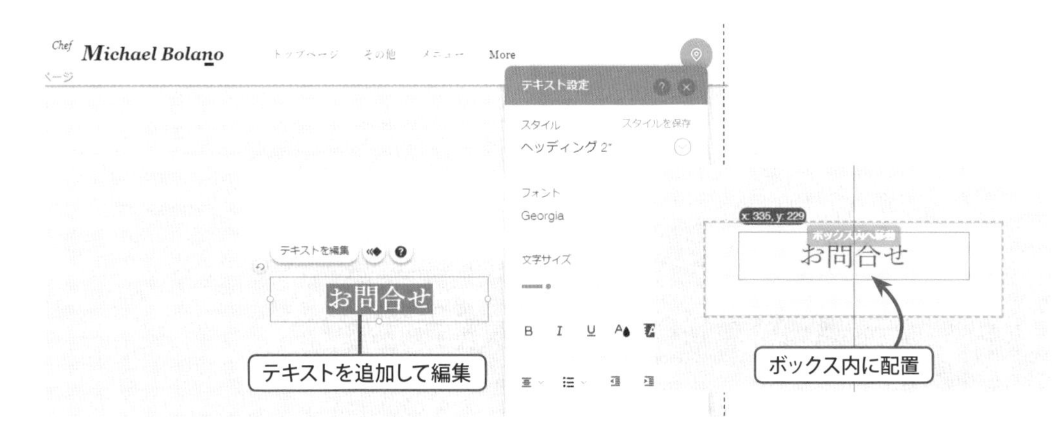

(2) 同様にシェイプを追加して編集、ボックスの上へパーツを移動します。ボックスとテキスト、シェイプがグループ化されます。

ポイント

グループ化されたパーツは最背面に位置するパーツでまとめて編集画面を移動できます。コピー＆ペーストもまとめて複製されます。ボックス以外のパーツも Ctrl + 選択で複数選択を行い、[グループを作成] で更にまとめることができます。

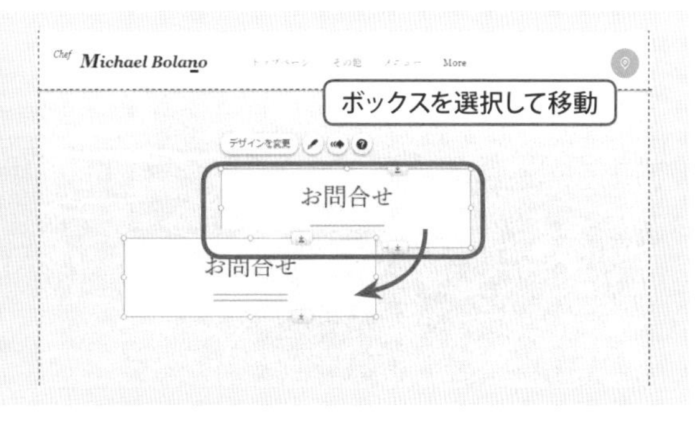

14 ボックス

ストリップ

画面幅に配置できるストリップは画像、動画の設定でサイトのデザインに大きく影響します。効果的に使って、サイトのデザイン性を高めましょう。

1 ストリップの追加

(1) 前項で追加した［コンタクト］ページで［追加］ボタンをクリック、［ストリップ］を選択し、任意のストリップを追加します。

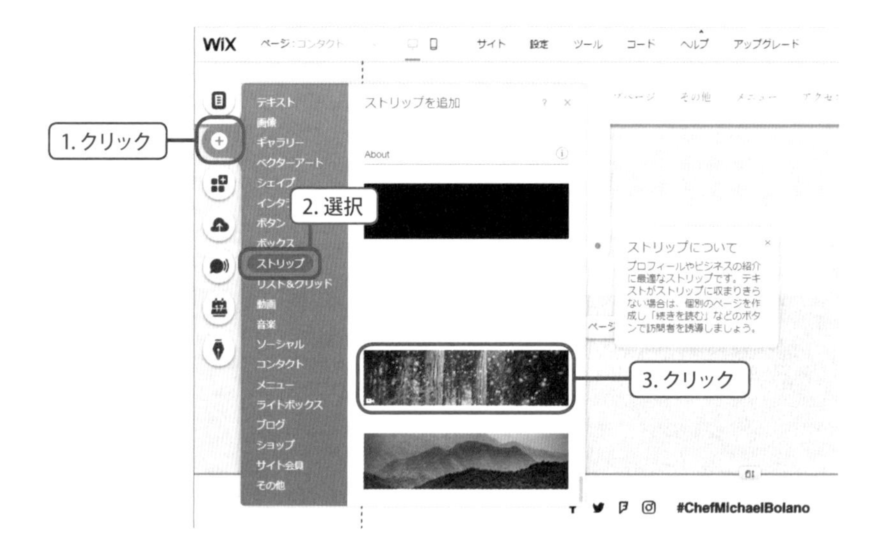

(2) 前項で追加したボックスをストリップの上に配置します。ボックスとストリップがグループ化されました。

2 ストリップ背景

(1) ストリップを選択、[ストリップ背景を変更] クリックして開くストリップ背景ウィンドウで [動画] をクリックします。

(2) [マイビデオ] のタブで [Upload Videos] をクリックして mp4 形式の動画ファイルをアップロードします。アップロードされたファイルを選択して [Change Background] で背景が変更されます。

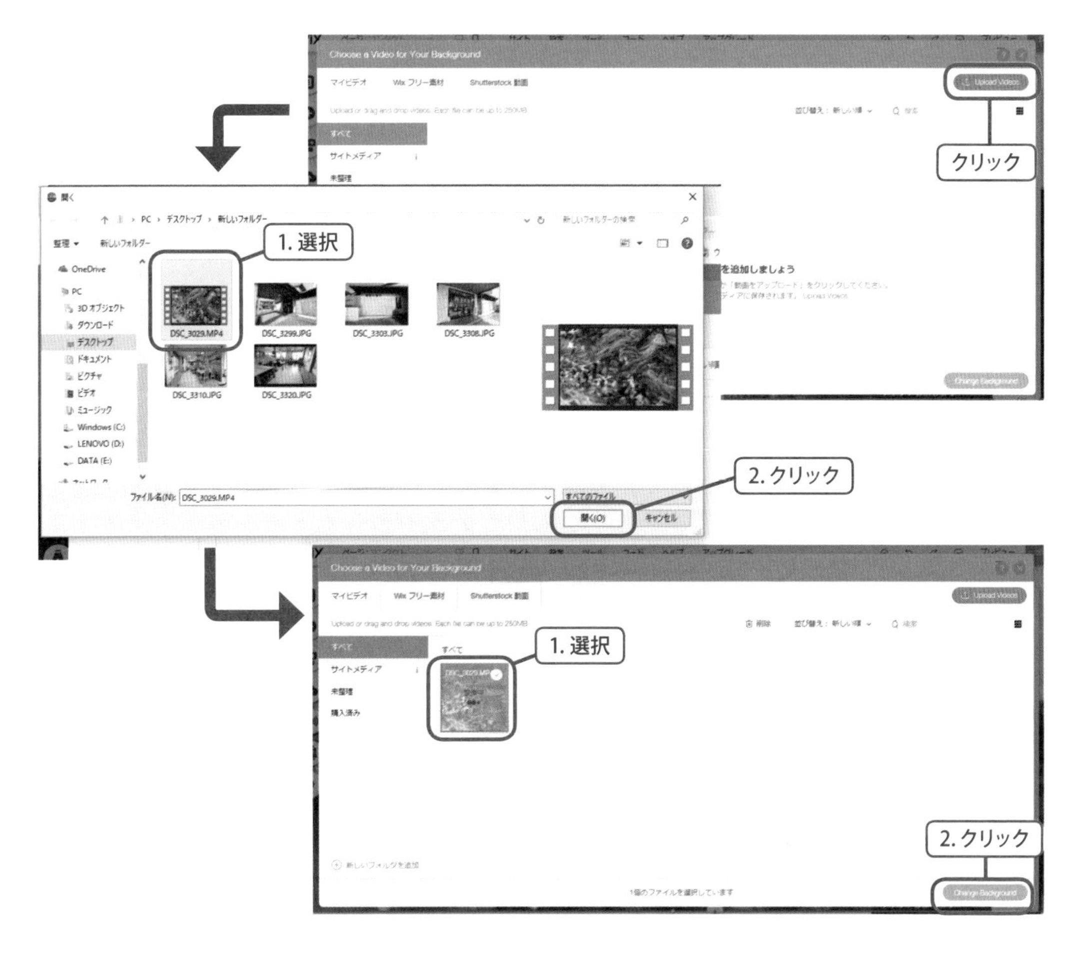

(3) 再び［ストリップ背景を変更］からストリップ背景ウィンドウを開き［設定］をクリックします。

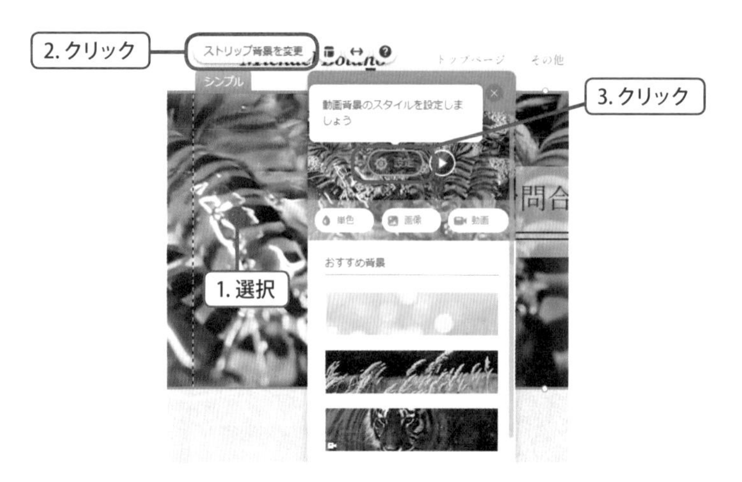

(4)［パターンを表示］から網掛けをします。網掛けすることでサイズダウンして粗い動画の場合でも綺麗に見せる効果があります。また、［ループ再生］がオンになっていることを確認しましょう。

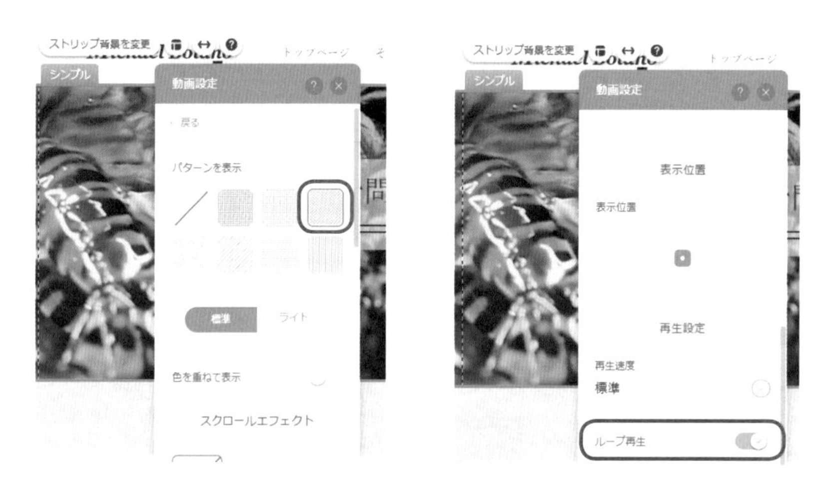

(5) ドラッグハンドルでページの最上部まで移動させます。

第1章 基本操作

3 ストリップのレイアウト

(1)「トップページ」のストリップを選択します。[レイアウト] をクリック、ストリップレイアウトのウィンドウで [カラムを追加] をクリックします。

(2) 更に [カラムを追加] をクリックしてカラムが 3 つのレイアウトにします。ストリップ上の不要なアイテムは削除します。

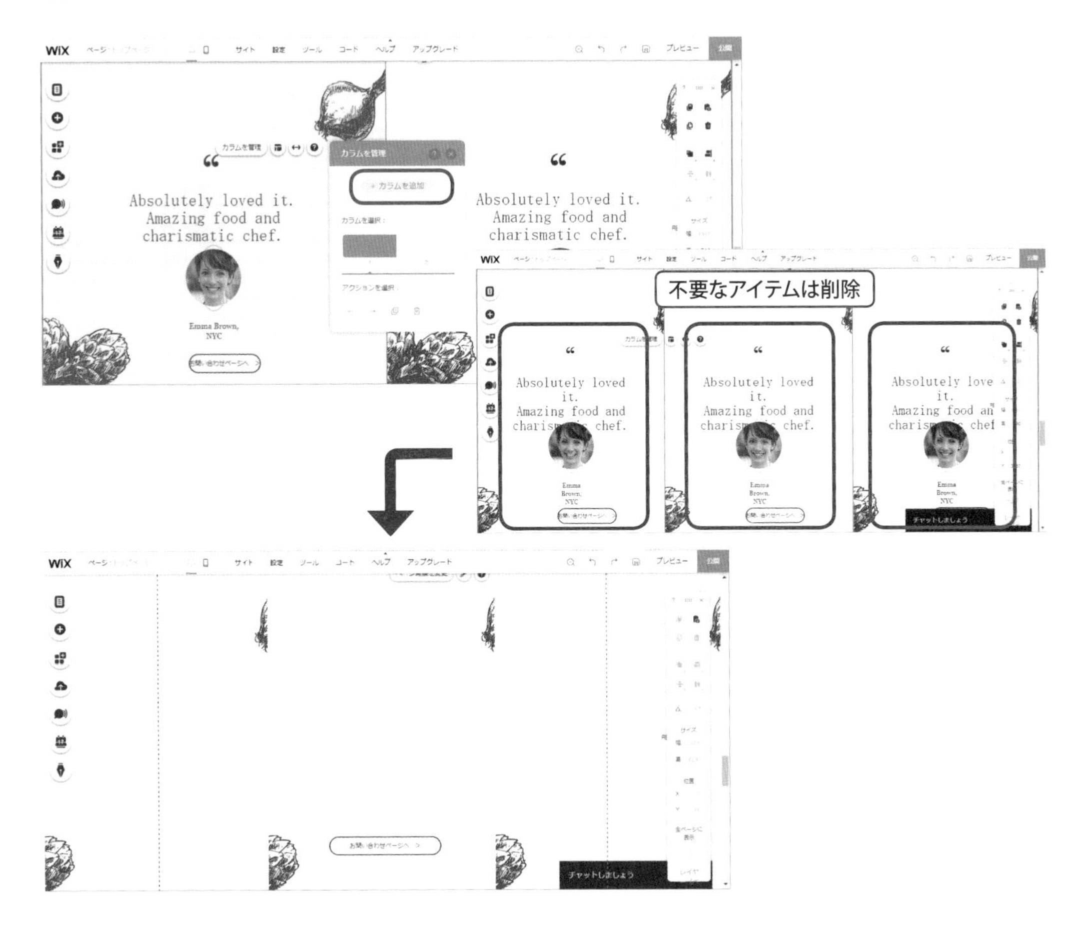

(3) ［カラムの背景を変更］＞［動画］の順にクリックし、マイビデオのタブを表示します。［Upload Videos］をクリック、画像を選択して［Change Background］をクリックし、アップロードしましょう。

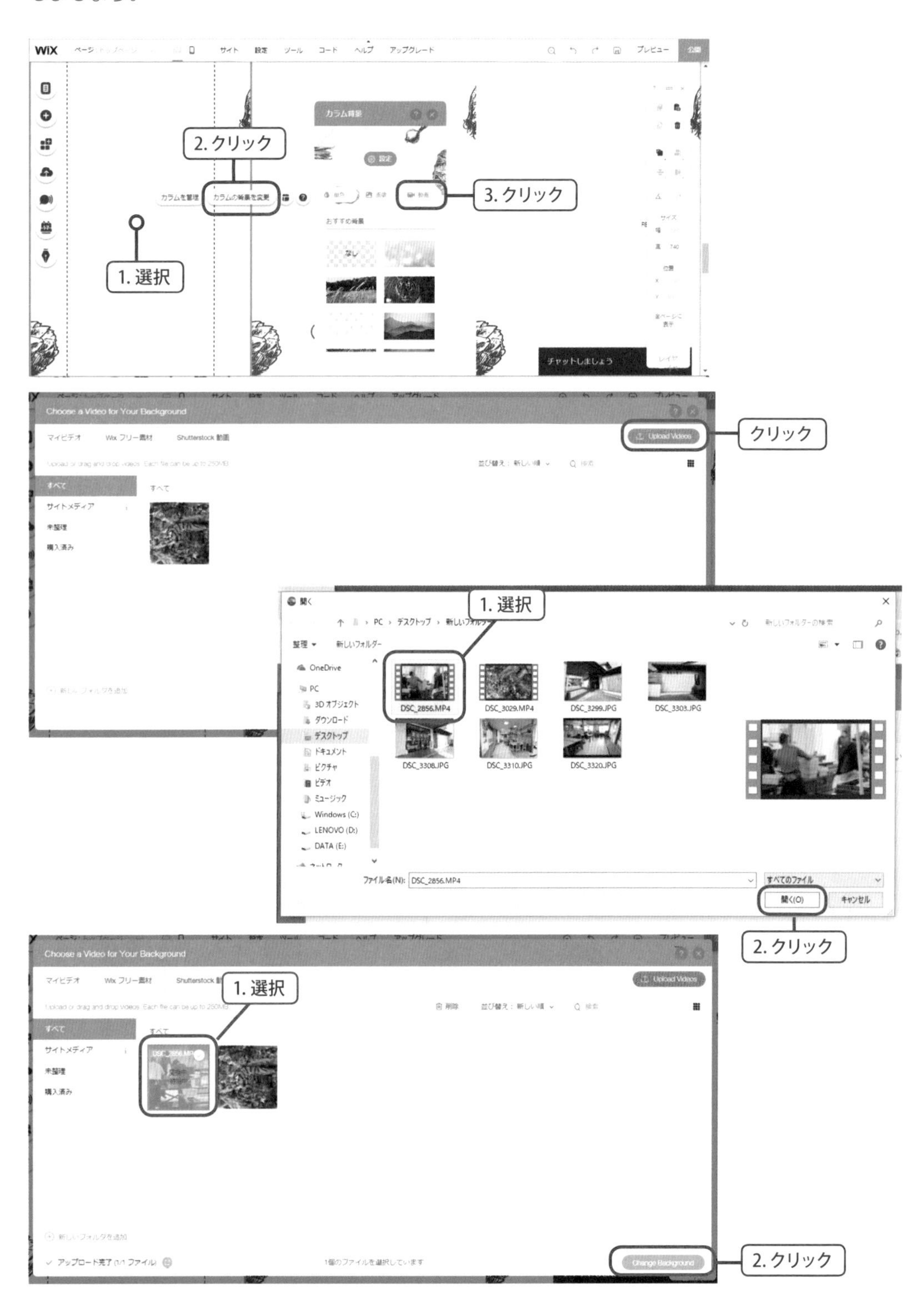

(4) 更に中央、右のカラムの背景を設定します。

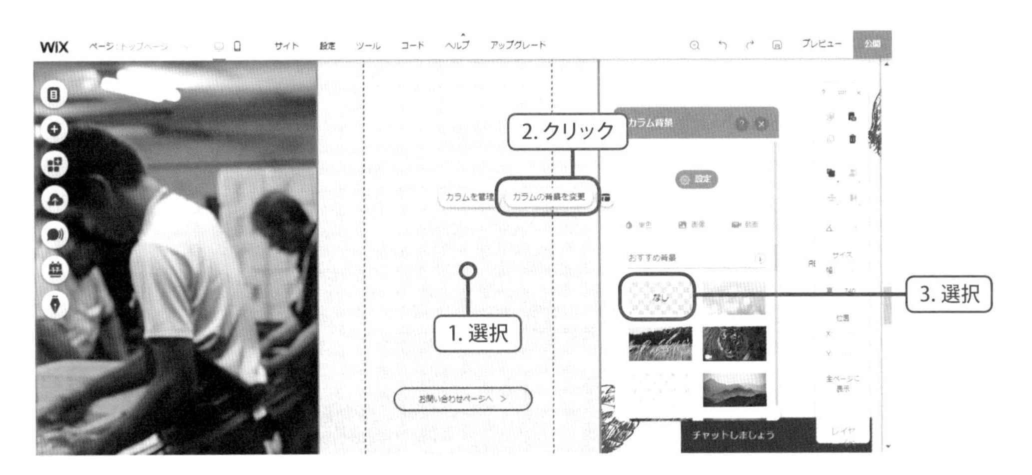

(5) 左カラムの動画に網掛けします。カラムを選択したら［カラムの背景の変更］で［設定］から動画設定ウィンドウを開き［パターンを表示］で網掛けを選択、［スクロールエフェクト］でなしを選びます。配置とサイズを整えたら完了です。

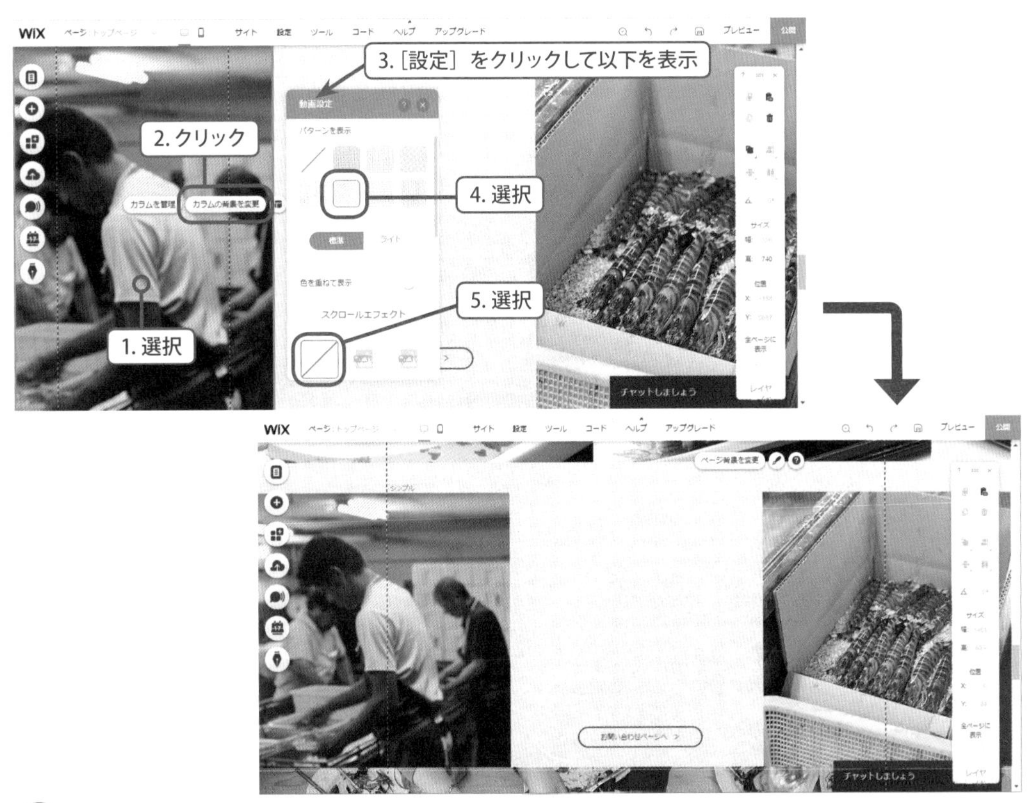

ポイント

［動画設定］で設定できるスクロールエフェクトは、「なし（完全固定）」、「パララックス（若干の縦スライド）」、「リヴィール（完全縦スライド）」、「ズーム（徐々に拡大）」、「フェードイン（徐々に表示）」から選択できます。それぞれの動作を確認してみましょう。

リスト&グリット

リストはコンテンツを繰り返し同じレイアウトで表示できます。画像、リンク、テキストの編集や、コレクションとの接続（Corvid by Wix）ができます。価格表やニュースフィードとして活用しましょう。

1 リストの追加

トップページ（[トップ]ページを一番下までスクロールしたところあたり）へリストを追加します。[追加]をクリックし、[リスト & グリッド] をクリックします。リピーターのリストを選択して配置します。

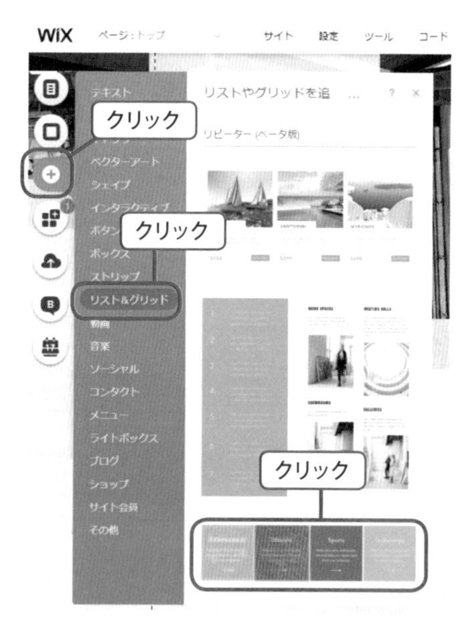

2 リストの種類

コンテンツを送り返し同じレイアウトで表示できます。この本ではベータ版でのご紹介となります。

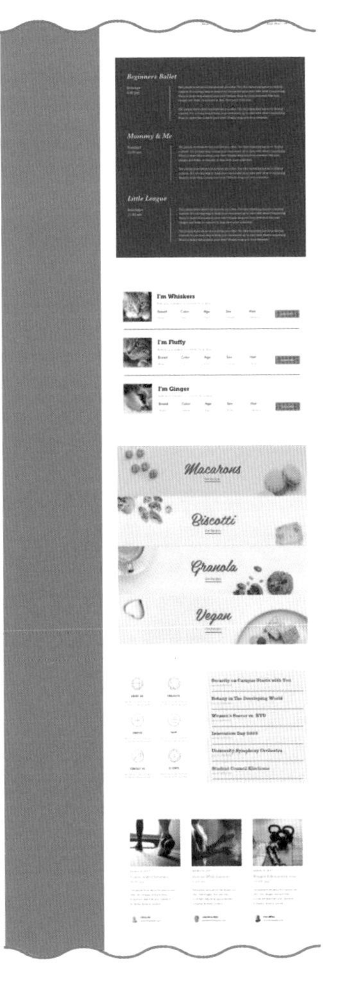

3 リストの管理

追加したリストを選択し、タイトルや本文の箇所をダブルクリックすると、［テキストの編集］ボタンが出てきます。クリックすると、［テキスト設定］ウィンドウでスタイルやフォント、色の編集ができます。

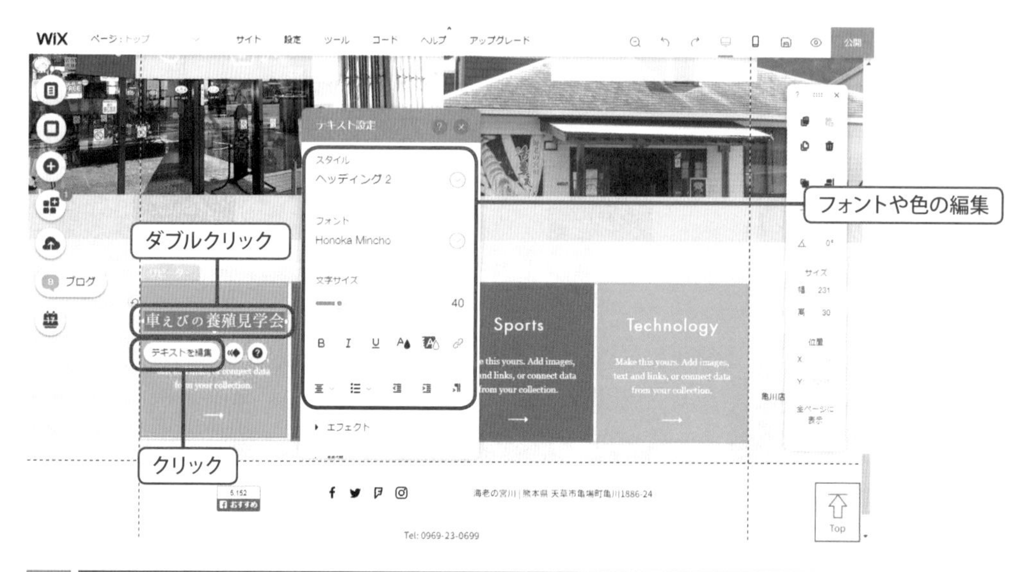

4 設定

(1) 追加したリストを選択し、［アイテムを管理］をクリックし、アイテムの数を設定します。［…］をクリックし、［delete］をクリックすると削除されます。

(2) リストを選択し、[レイアウト] をクリックします。[リストレイアウト] ウィンドウで [アイテムの配置] を中央に、[アイテムの間隔] を 20px に設定します。

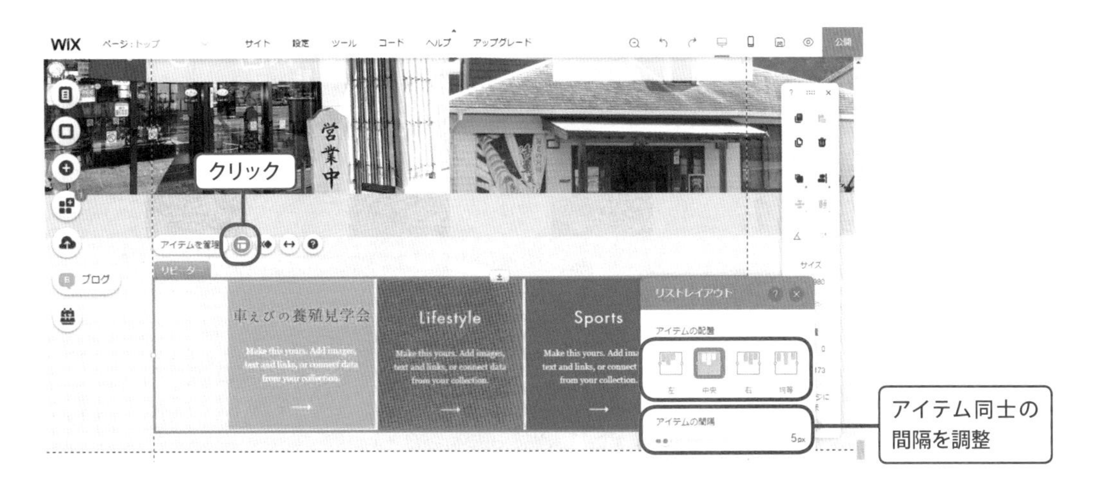

(3) [アイコンを変更] をクリックし、[アイコンボタン設定] ウィンドウの [リンク先を選択] をクリックします。次に [ページ] をクリックし、[ご予約･お問い合わせ] へリンクを設定します。

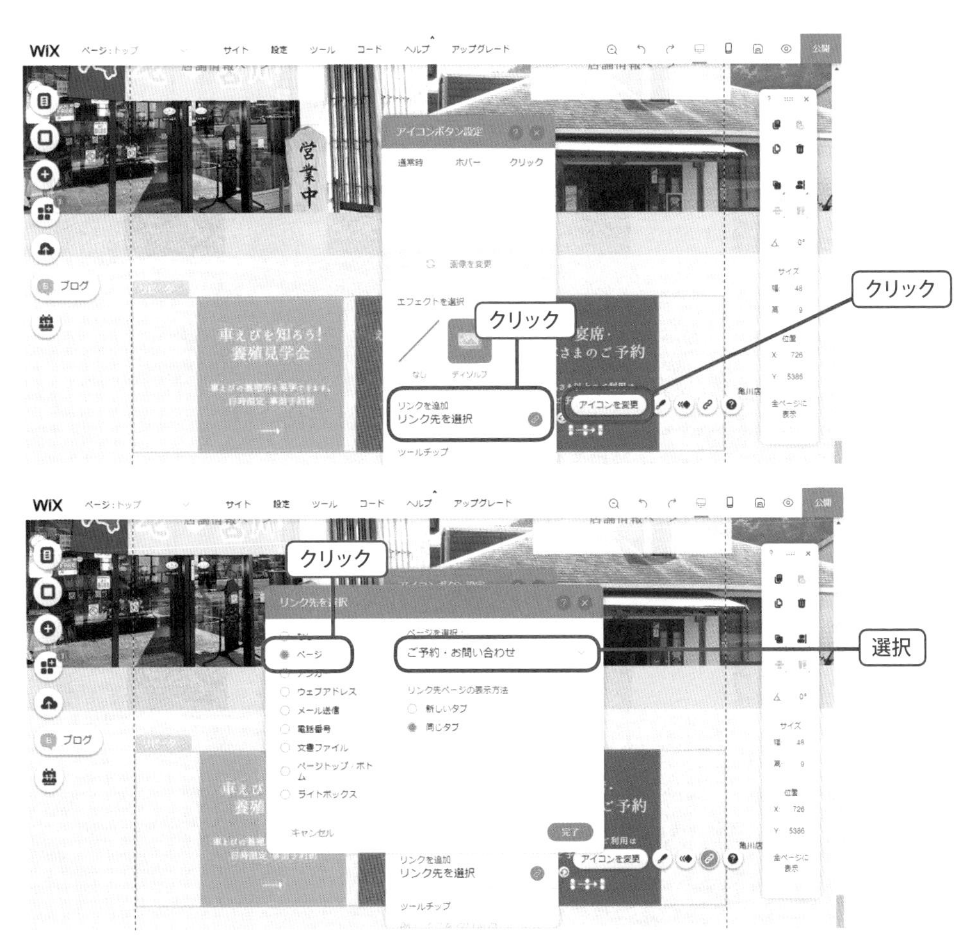

5 デザイン

リストを選択して［背景を変更］をクリックし、［設定］から不透明度を95%に設定します。

17 動画

動画は YouTube か Vimeo の埋め込みをメインで使用できます。いまやホームページの動画コンテンツは欠かせません。ここでは Youtube を使ってオリジナル動画をアップします。

1 動画の追加

［コンタクト］ページへ移動して、［追加］ボタンをクリック、［動画］を選択し、［YouTube］をクリックします。ドラッグ & ドロップで適当な位置へ配置し、サイズを調整します。

2 YouTube へアップロード

(1) オリジナルの動画を YouTube にアップロードします。https://www.youtube.com/ へアクセスして［動画または投稿を作成］をクリックします。

(2) ログイン画面が表示される場合は Google アカウントでログインし、チャンネルを作成します。アップロードする動画ファイルを選択し、タイトルや説明、タグを入力し［公開］をクリックします。

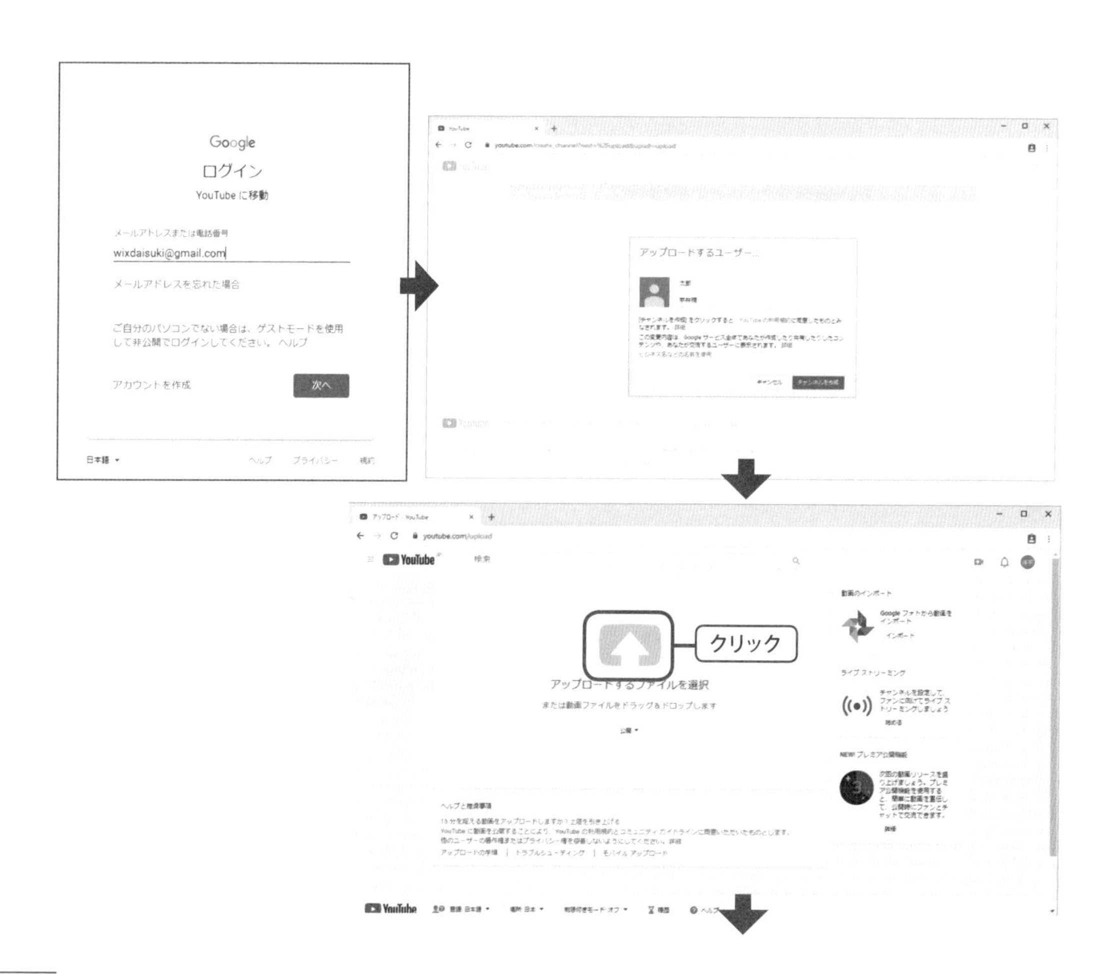

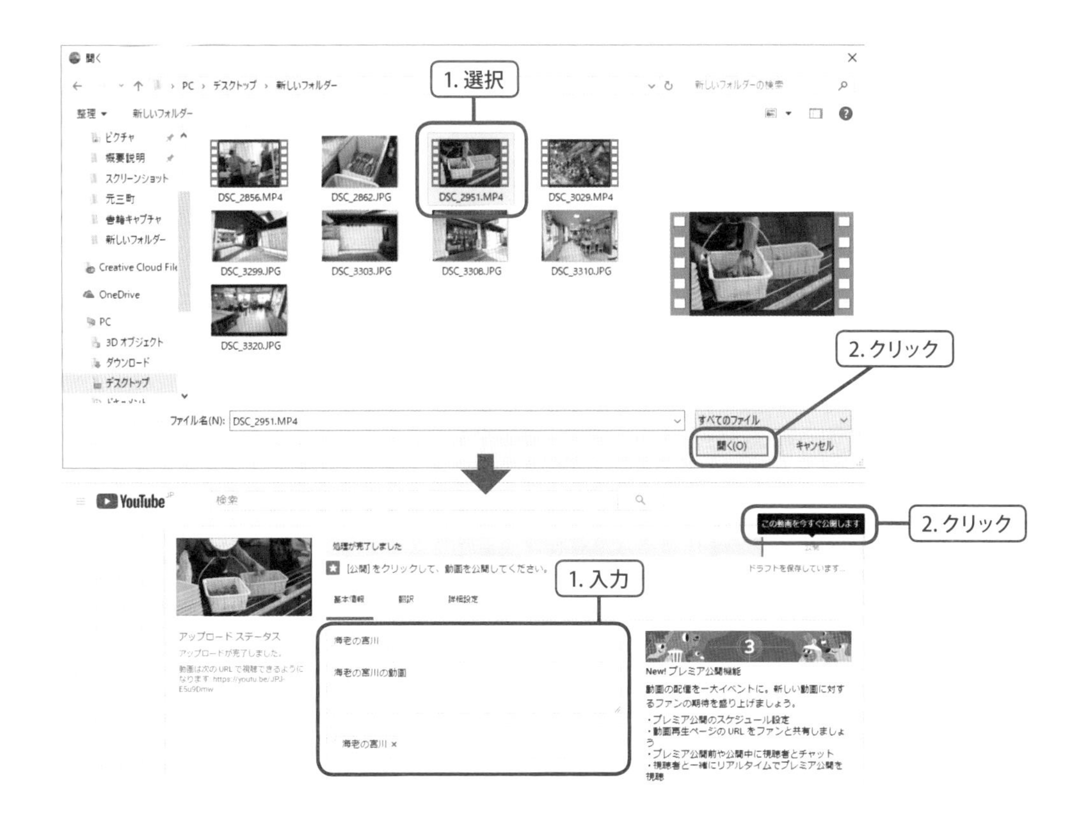

3 動画を変更

(1) YouTube へアップロードした動画の共有用 URL を編集画面からコピーしておきます。Wix エディタに戻って動画を選択したら、［動画を変更］をクリックします。

(2)［動画設定］のウィンドウで［動画 URL］をクリックしてコピーした URL を貼り付け、Enter キーで動画が変更されます。
また、「読み込み後に自動再生」と「ループ再生」をオンにします。

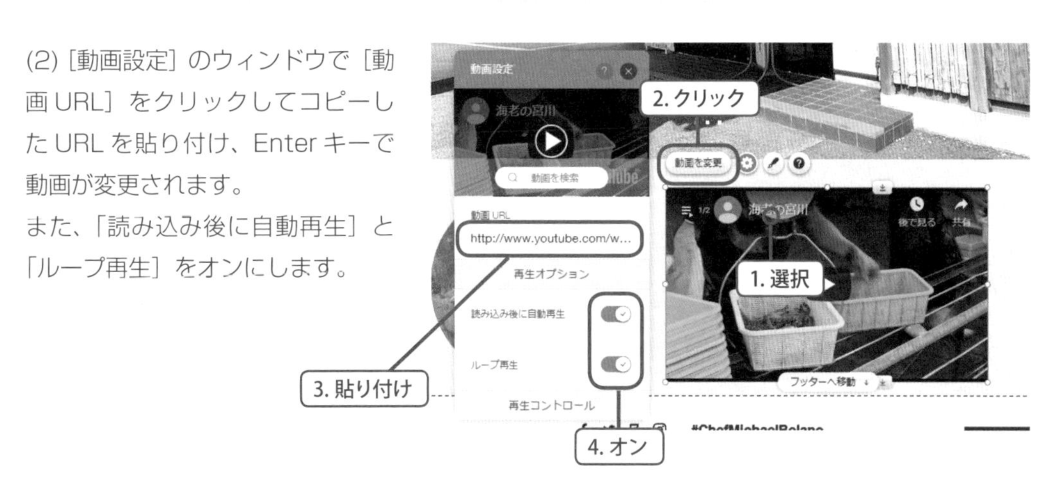

4 デザインを変更する

(1) 動画のフレームデザインを変更する場合は、［デザイン］のボタンをクリックし、その他の動画フレームから選ぶか［デザインをカスタマイズ］でさらに詳細なデザイン設定が行えます。

(2) プレビューで動画が再生されるか確認しましょう。

音楽

MP3 形式でアップロードした音楽を再生するプレーヤーを追加することができます。
Wix ミュージックのアプリを使えば、音楽のダウンロード販売を行うことも可能です。

1 音楽の追加

(1) [トップ] ページで [追加] ボタンをクリックし、[音楽] をクリックして、任意の音楽プレーヤーを選択します。ここでは、[オーディオプレーヤー] から音楽プレーヤーを選択します。

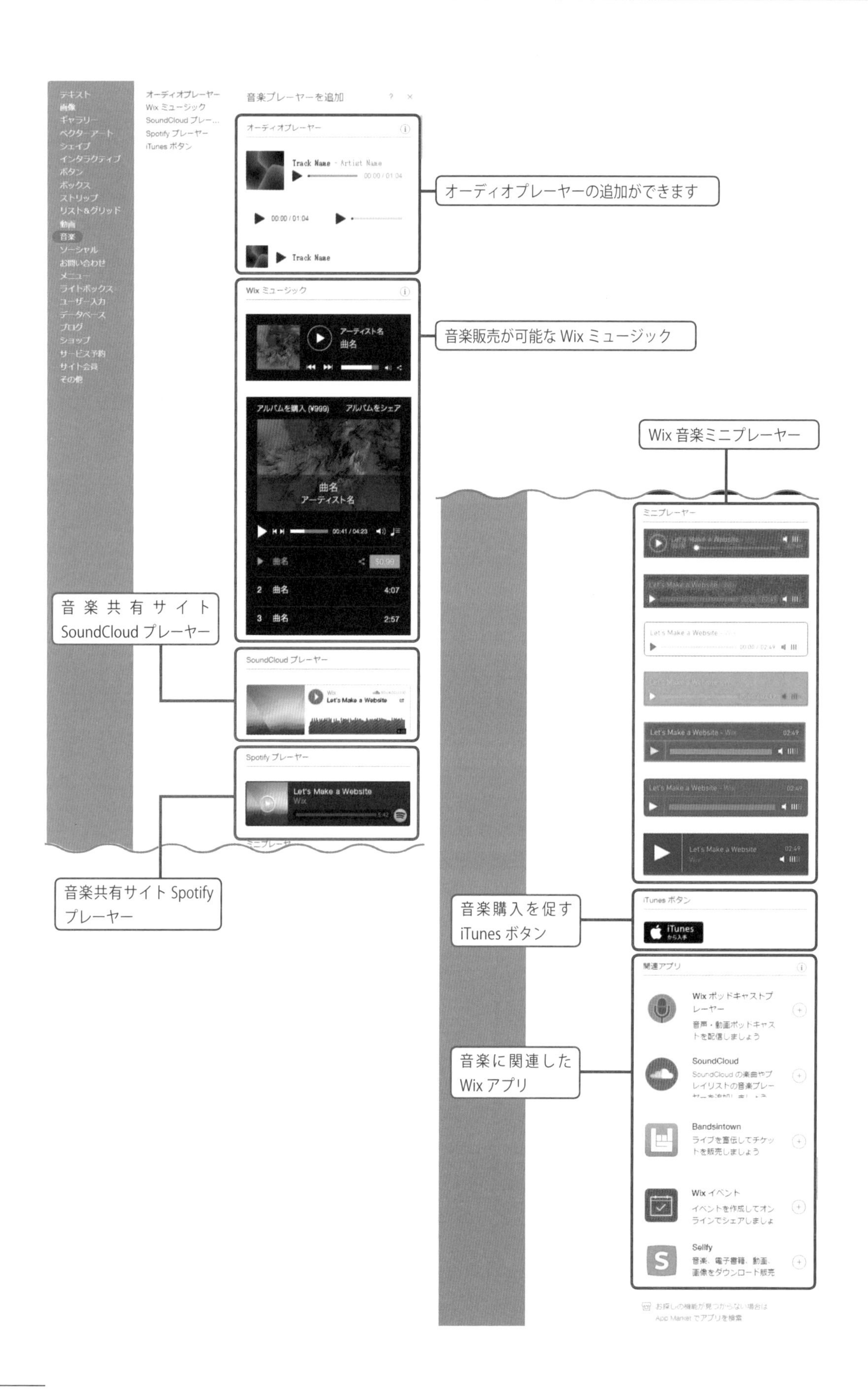
オーディオプレーヤーの追加ができます
音楽販売が可能な Wix ミュージック
Wix 音楽ミニプレーヤー
音楽共有サイト SoundCloud プレーヤー
音楽共有サイト Spotify プレーヤー
音楽購入を促す iTunes ボタン
音楽に関連した Wix アプリ
音楽プレーヤーを追加
オーディオプレーヤー
Wix ミュージック
SoundCloud プレーヤー
Spotify プレーヤー
iTunes ボタン
関連アプリ
Wix ポッドキャストプレーヤー
SoundCloud
Bandsintown
Wix イベント
Sellfy

第1章　基本操作

(2) サイトへ音楽プレーヤーが追加されました。ドラッグ & ドロップで適当な位置へ配置します。

2 音楽の設定

音楽プレーヤーを選択し［設定］をクリックします。［楽曲の詳細］の［アーティスト名］、［曲名］を編集し、［再生オプション］で［一回のみ再生］または［ループ再生］のどちらかを選択します。

3 音楽のデザイン

(1) 音楽プレーヤーを選択し［デザインを変更］をクリックします。不透明度・色、枠線、角、テキストが変更できます。

ソーシャル

Facebook や Twitter、Instagram などの SNS との連携を行います。サイトへのリンクやフィードなども簡単に設置することができます。

1 ソーシャルバーの追加

［トップ］ページで［追加］をクリックし、［ソーシャル］をクリックし［ソーシャルバー］からモノクロのソーシャルバーを選択します。

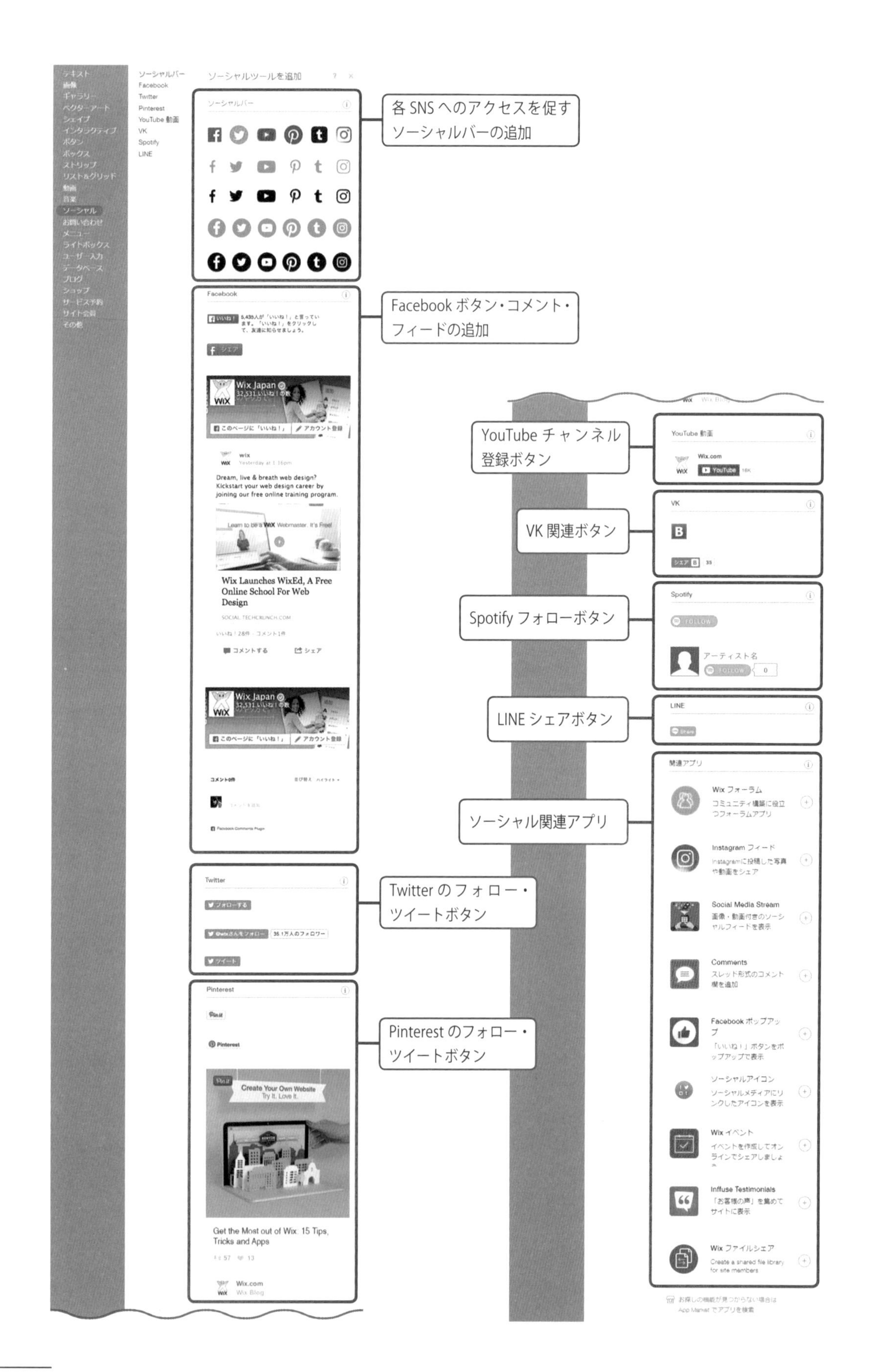
各SNSへのアクセスを促す
ソーシャルバーの追加
Facebookボタン・コメント・
フィードの追加
YouTubeチャンネル
登録ボタン
VK関連ボタン
Spotifyフォローボタン
LINEシェアボタン
ソーシャル関連アプリ
Twitterのフォロー・
ツイートボタン
Pinterestのフォロー・
ツイートボタン

2 ソーシャルリンクの設定

(1) ソーシャルバーを選択し、[ソーシャルリンクを設定] をクリックすると [ソーシャルリンクを設定] ウィンドウが開きます。

(2) 各ソーシャルのアイコンを選択し、[アイコンのリンク先] をクリックすると [リンク先を選択] が開きます。[ウェブアドレス (URL)] を選択してソーシャルの URL を入力し [完了] で閉じます。

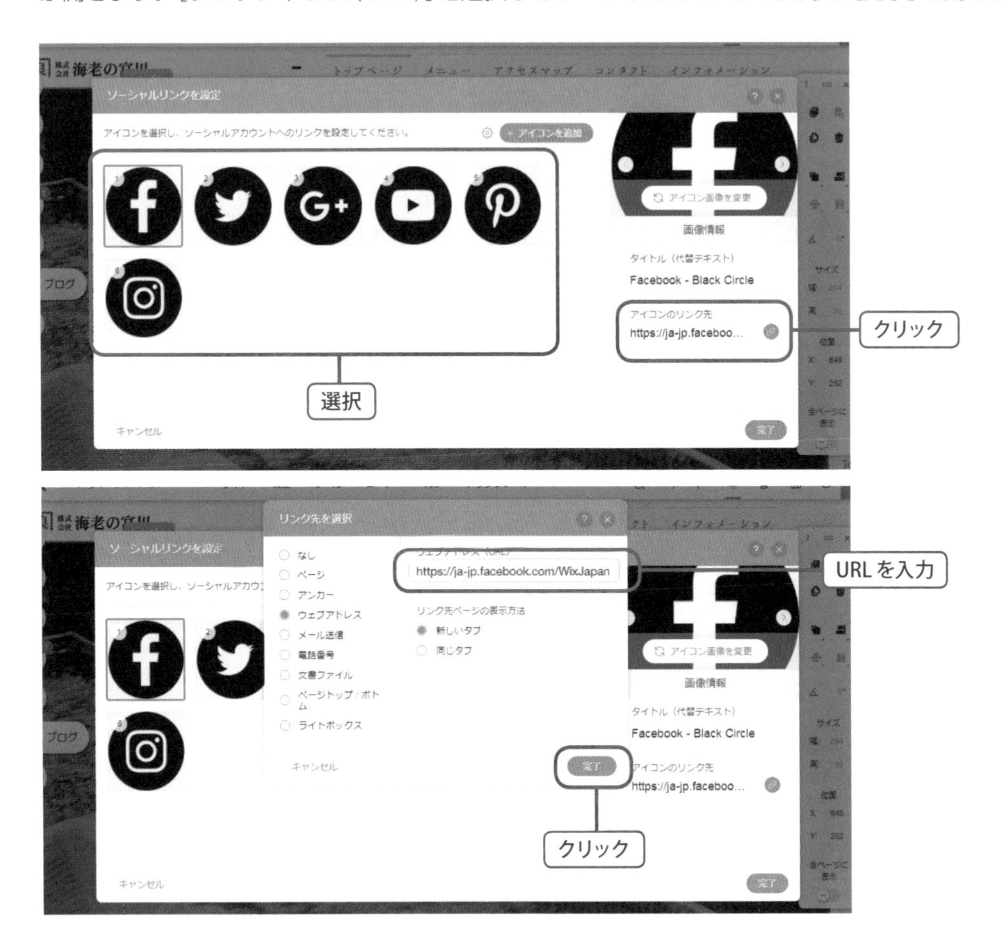

(3) ソーシャルバーをヘッダーに配置します。ヘッダーにアイテムを配置すると自動的に全ページ表示に切り替わります。
※メニューの左右サイズを調整する必要があります。

3 レイアウト

ソーシャルバーを選択して［レイアウト］をクリックします。［アイコンサイズ］を 36 に、［間隔］を 7 に設定しましょう。

4 いいねボタンの追加

(1) [トップ] ページで一番下までスクロールして、フッターを表示させます。[追加] をクリックし、[ソーシャル] をクリックして [f いいね！] ボタンを選択します。

(2) [f いいね！] ボタンをフッターに移動します。グリッドラインより下に移動させると [フッターへ移動] と表示されますのでクリックすると移動します。

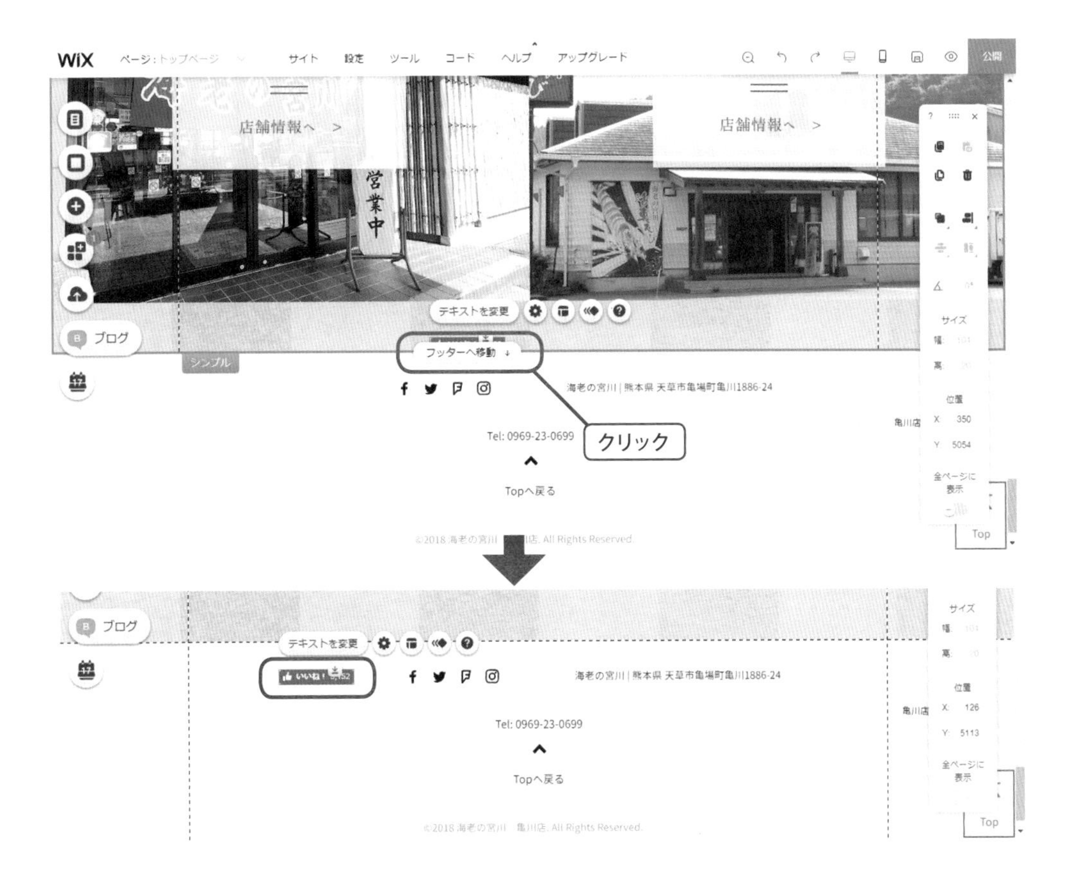

5 Facebook ユーザーネームの登録

(1) [追加] をクリックし、[ソーシャル] を選択、[Facebook] から [Facebook ページ（フィード)] をクリックし、配置します。

(2) [Facebook アカウント設定] をクリックし、Facebook ページ ID の欄に Facebook ページの URL の一部を入力します。登録されると「いいね！」のカウントが正しく反映します。

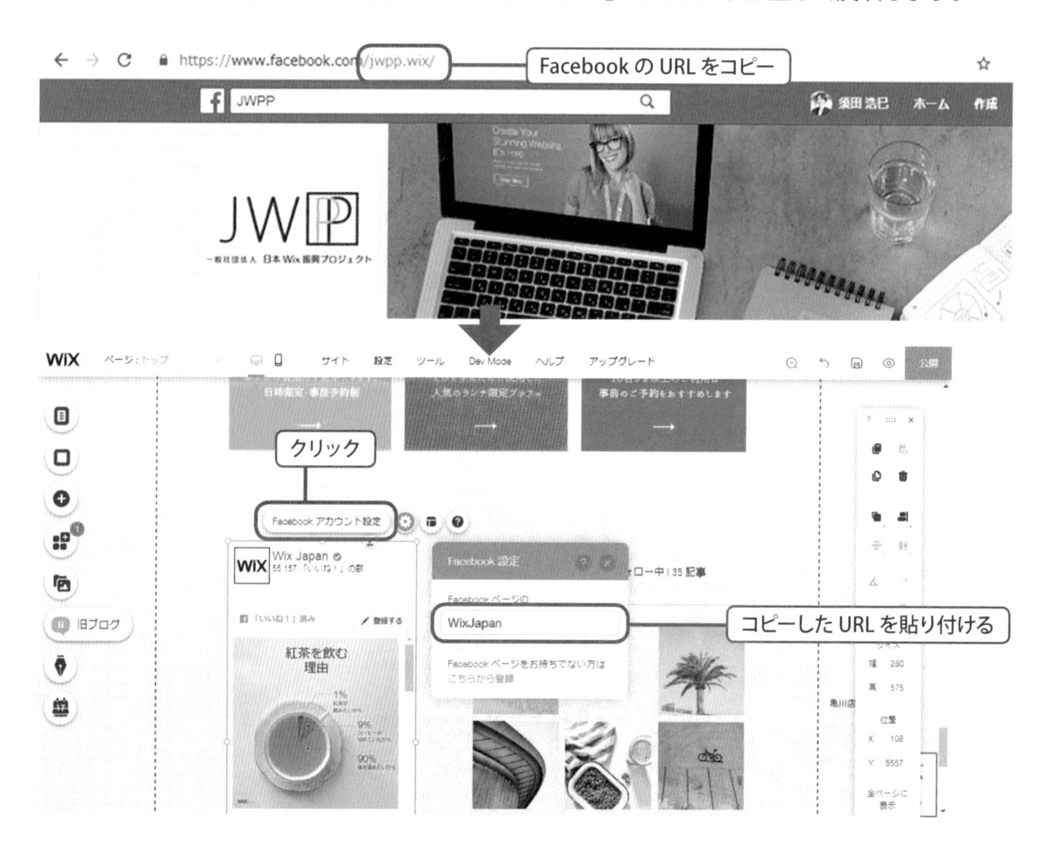

6 テキストの編集

[f いいね！] ボタンを選択し、[テキストを変更] をクリックします。[Facebook いいね！設定] ウィンドウで、[ボタンのテキスト] で [おすすめ] にチェックします。ボタンの表示が「f おすすめ」に変更されます。

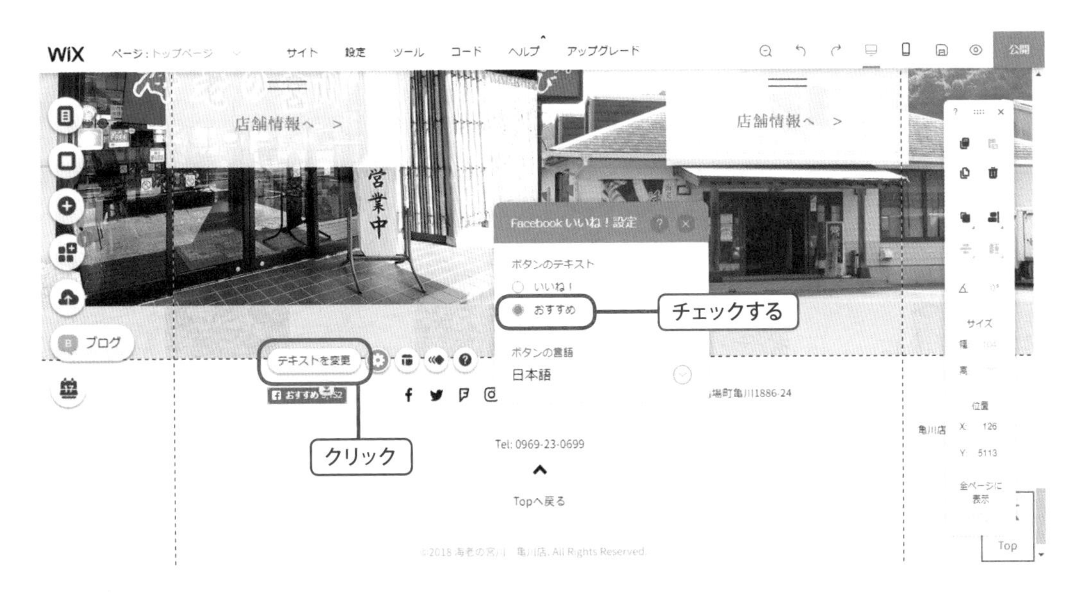

7 レイアウト

[f おすすめ] ボタンを選択し、[レイアウト] をクリックします。各パターンから選択して×で閉じます。

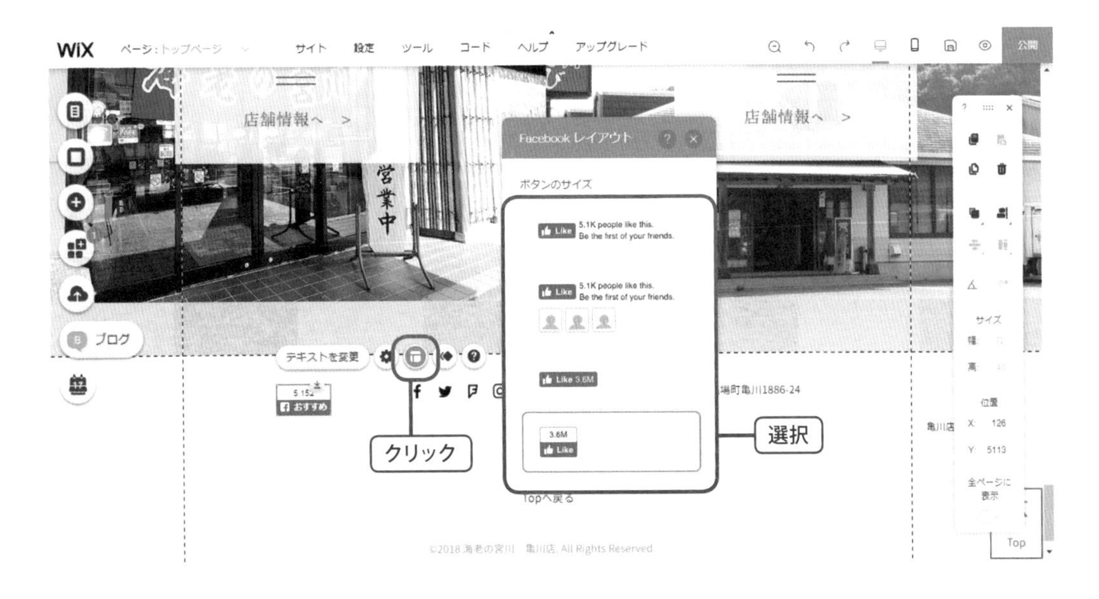

コンタクト

お問合せ、メルマガ購読、サポートなどさまざまなフォームを追加できます。

1 コンタクトの追加

「お問い合わせ」ページで［追加］をクリックし、［お問い合わせ］をクリックして［お問い合わせフォーム］を選択します。

2 フォームの種類

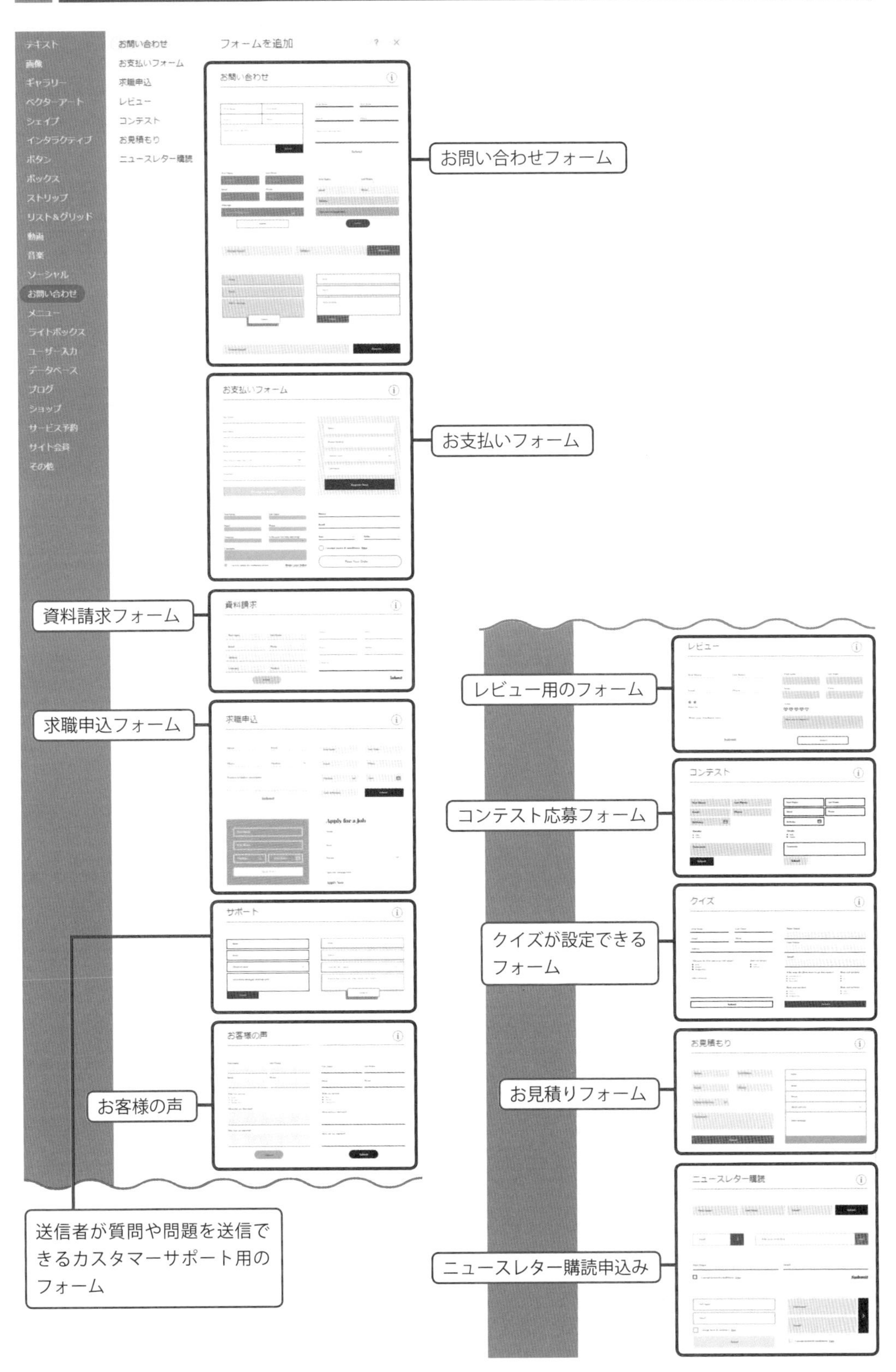

テキスト
画像
ギャラリー
ベクターアート
シェイプ
インタラクティブ
ボタン
ボックス
ストリップ
リスト＆グリッド
動画
音楽
ソーシャル
お問い合わせ
メニュー
ライトボックス
ユーザー入力
データベース
ブログ
ショップ
サービス予約
サイト会員
その他
お問い合わせ
お支払いフォーム
求職申込
レビュー
コンテスト
お見積もり
ニュースレター購読
フォームを追加
お問い合わせフォーム
お支払いフォーム
資料請求フォーム
求職申込フォーム
お客様の声
送信者が質問や問題を送信できるカスタマーサポート用のフォーム
レビュー用のフォーム
コンテスト応募フォーム
クイズが設定できるフォーム
お見積りフォーム
ニュースレター購読申込み

追加したお問い合わせフォームを選択し、[フォームを設定] をクリックします。[設定] をクリックし、フォーム設定の [通知メール] にある [あなたのメールアドレスを追加] の欄に受信用のメールアドレスを入力します。
※初期値では Wix アカウントのアドレスが入力されています。

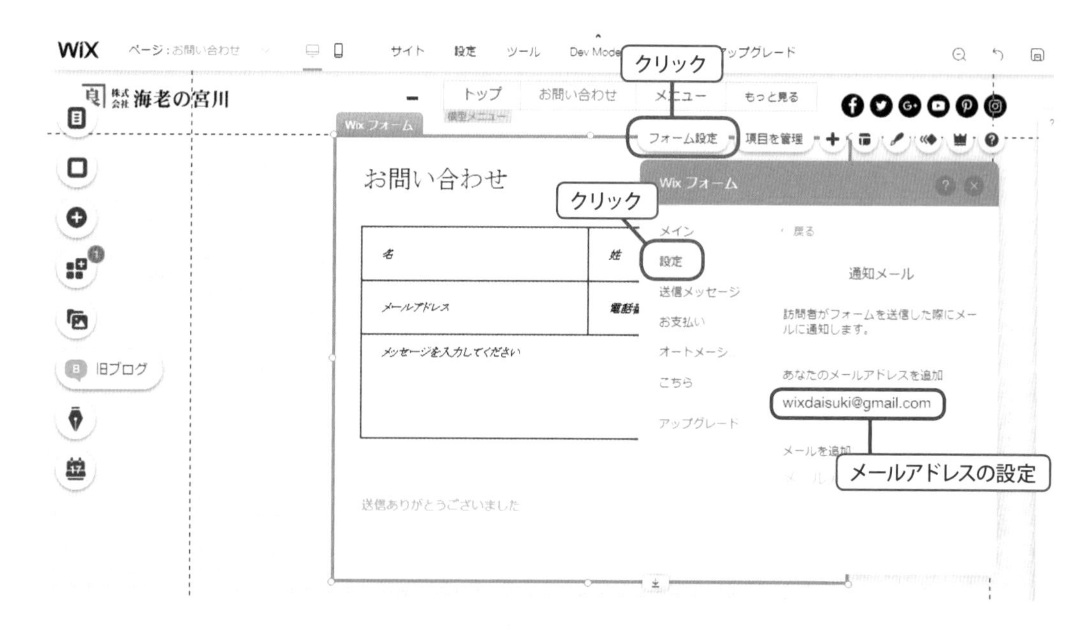

3 レイアウト

お問い合わせフォームを選択し、[レイアウト] をクリックしてカラム、テキストの配置を整えます。ここではカラムを 2 分割、テキストを左揃えにします。

4 デザイン

お問い合わせフォームを選択し、［デザインを変更］をクリックして、［デザインをカスタマイズ］をクリックすると、不透明度·色、枠線、角などが調整できます。［不透明度·色］のところで、［入力欄］を60%に、［ボックス］を30%に設定し、［×］で閉じます。ドラッグ&ドロップで配置とサイズを調整しましょう。

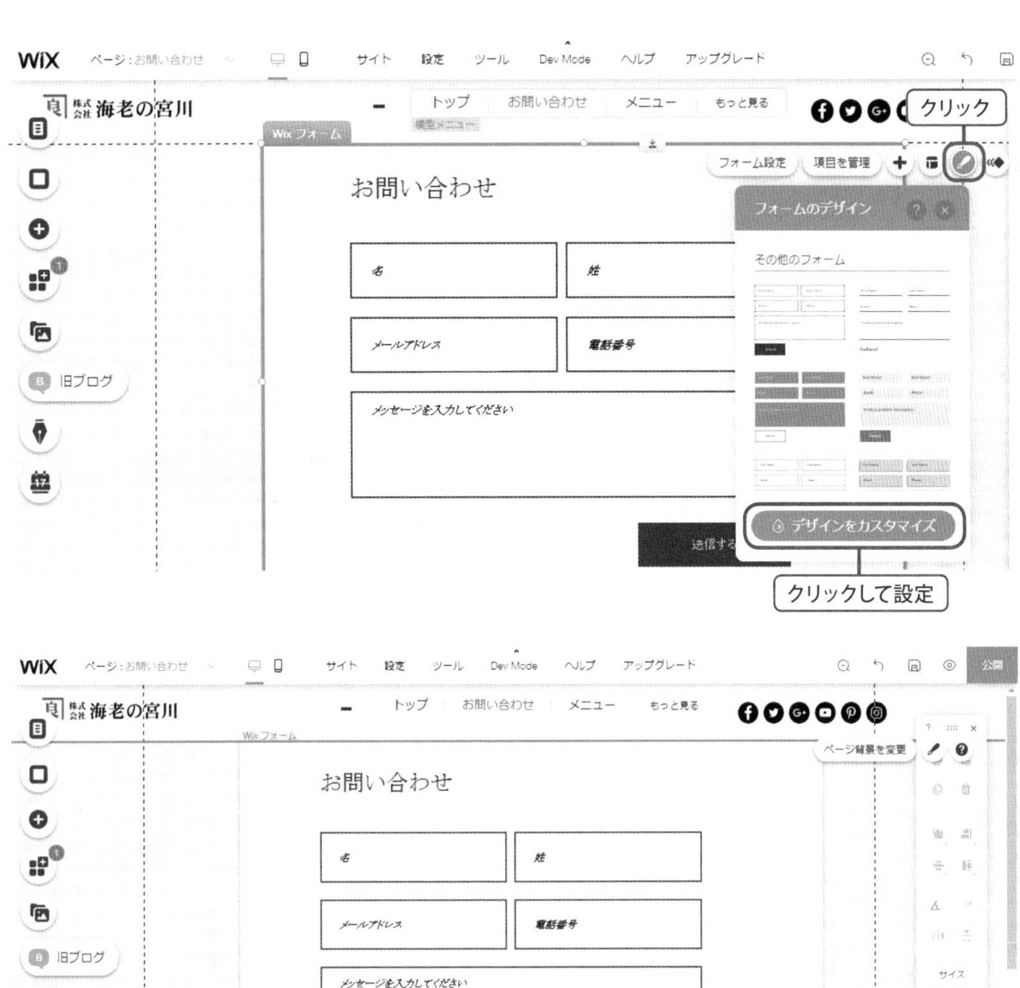

20 コンタクト

メニュー

メニューのパーツはページ名と連動しており、ページ名を更新すると自動的にメニューの項目も更新されます。

1 メニューの追加

[トップ] ページへ移動します。[追加] をクリック、[メニュー] をクリックします。
※ほとんどのテンプレートでメニューはあらかじめ設置されています。ここでは新たに追加しません。

2 メニューの種類

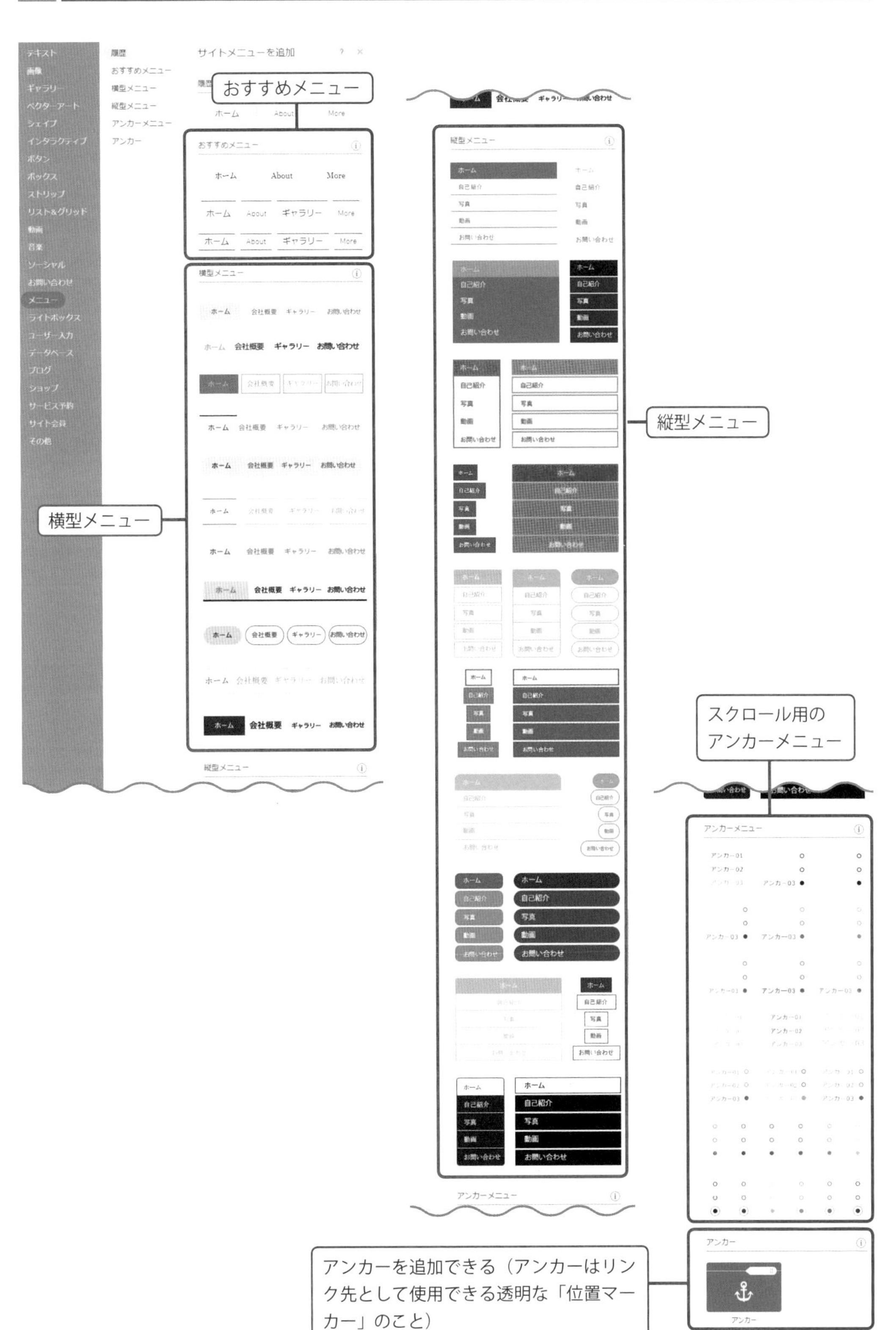

おすすめメニュー
横型メニュー
縦型メニュー
スクロール用のアンカーメニュー
アンカーを追加できる（アンカーはリンク先として使用できる透明な「位置マーカー」のこと）

3 メニューを管理

メニューを選択し、[メニューを管理]をクリックします。[ページ]画面が開き、管理したいメニューを選択して、[名前を変更] からメニューの表示を変更することができます。

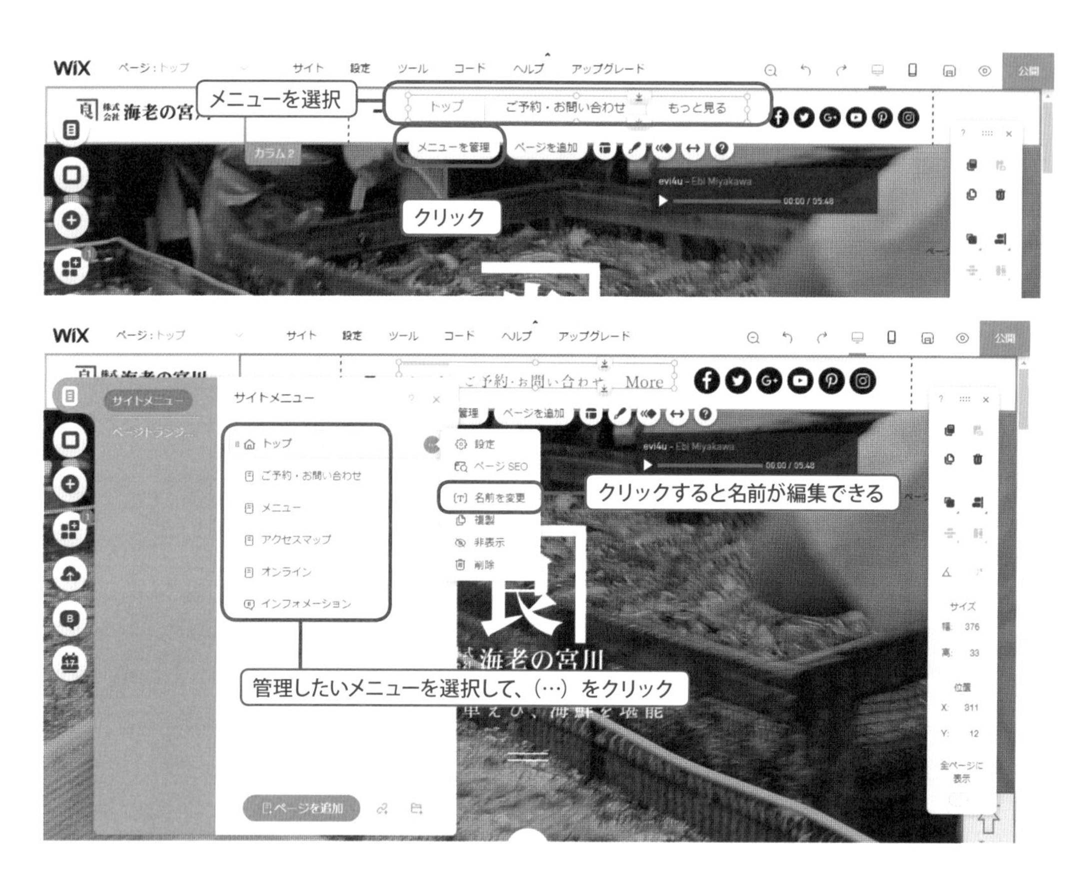

4 ページを追加

メニューを選択し、[ページを追加] をクリックします。選択したメニューの下に新しいページが追加されます。

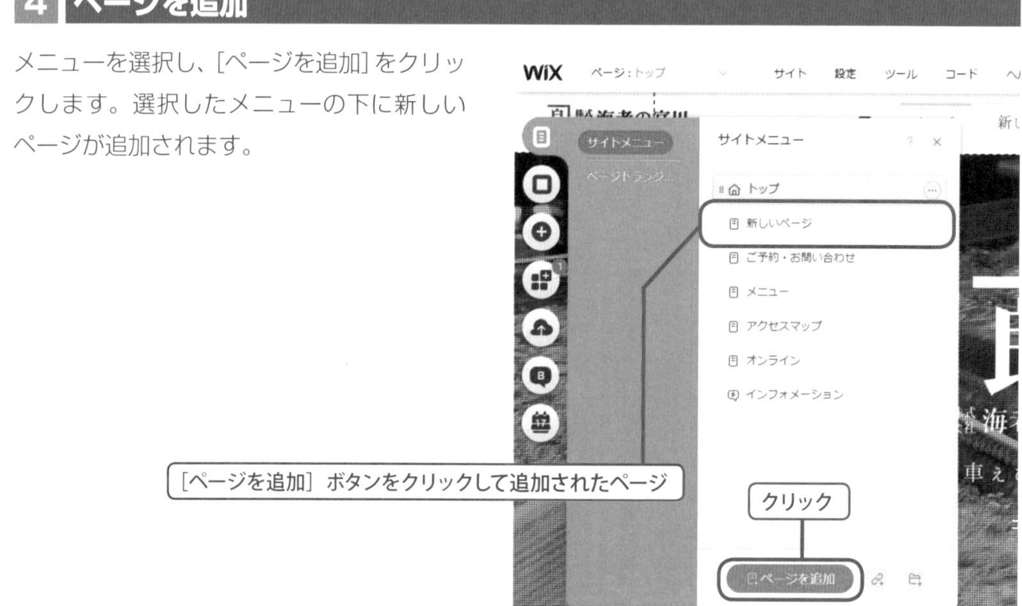

5 レイアウト

メニューを選択し、[レイアウト]をクリックします。[メニューレイアウト]の [「もっと見る」タブ] の [タブのテキスト] を「もっと見る」に修正します。

6 デザイン

(1) メニューを選択し、[デザインを変更] をクリックします。[デザインをカスタマイズ] をクリックして [横型メニューデザイン] ウィンドウを開きます。

21 メニュー

(2) 区切り線のパターンを選択します。[通常時] タブで [ドロップダウン] の不透明度を 75%、[区切り線] の色を白にします。

第1章 基本操作

ライトボックス

ライトボックスはポップアップを表示させることができる機能です。ポップアップを使用すると、サイト訪問者に重要なメッセージを伝えることができます。

1 ライトボックスの追加

(1) ライトボックスを追加したいページへ移動して、［追加］をクリックし、［ライトボックス］をクリックします。お問い合わせ（サイドバー）のライトボックスを選択して配置します。

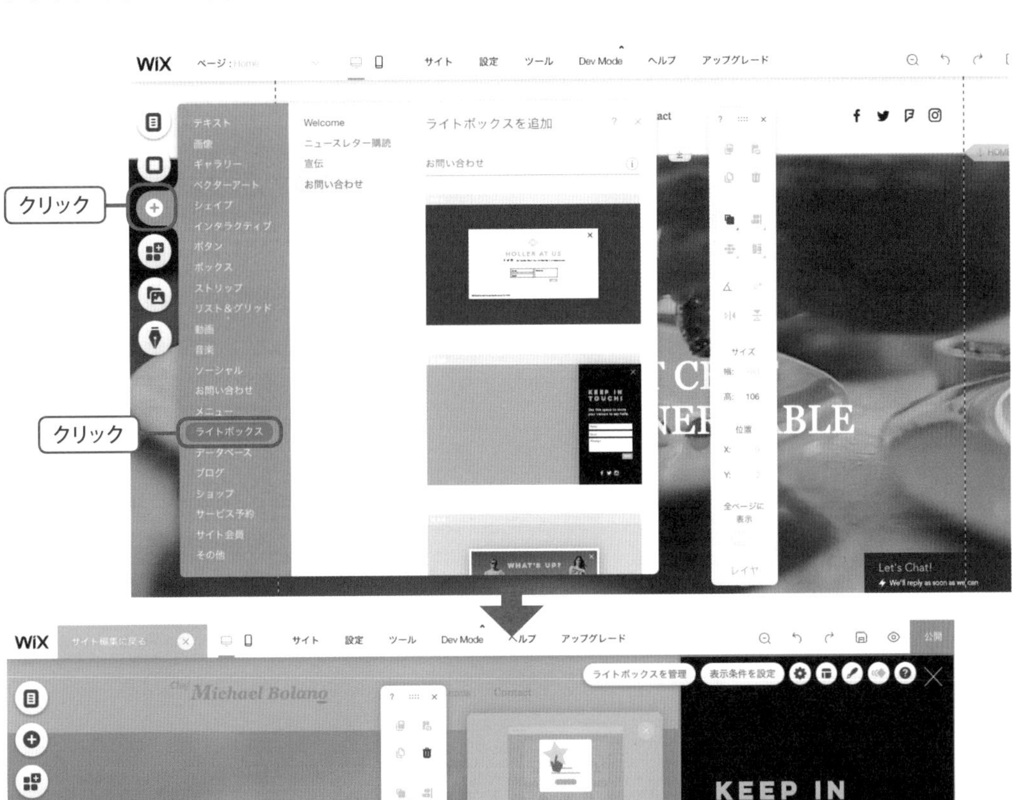

(2) サイトに追加できるライトボックスの表示は自由度は高く、

① フルスクリーンでの表示
② ページの中央またはコーナーなど、任意の表示位置に設定可能
③ ページの右または左に表示されるサイドバー表示
④ ページ上部または下部に表示される全幅表示

など、自分のデザインに沿った表示ができます。

2 ライトボックスを管理

名前の変更やライトボックスの複製・削除を行うことができます。

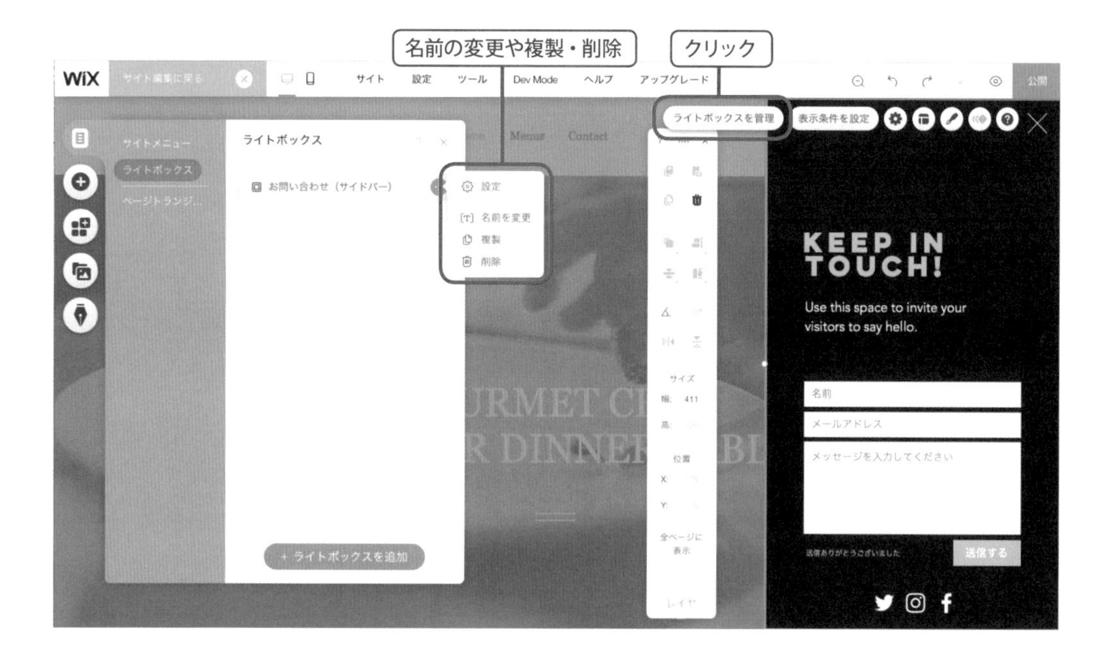

3 表示条件を設定

［表示条件を設定］をクリックします。［ライトボックスの名前］を入力し、［ページ設定］の［ライトボックスの自動表示］をオン、［ボックスを閉じる方法］は×アイコンに設定します。

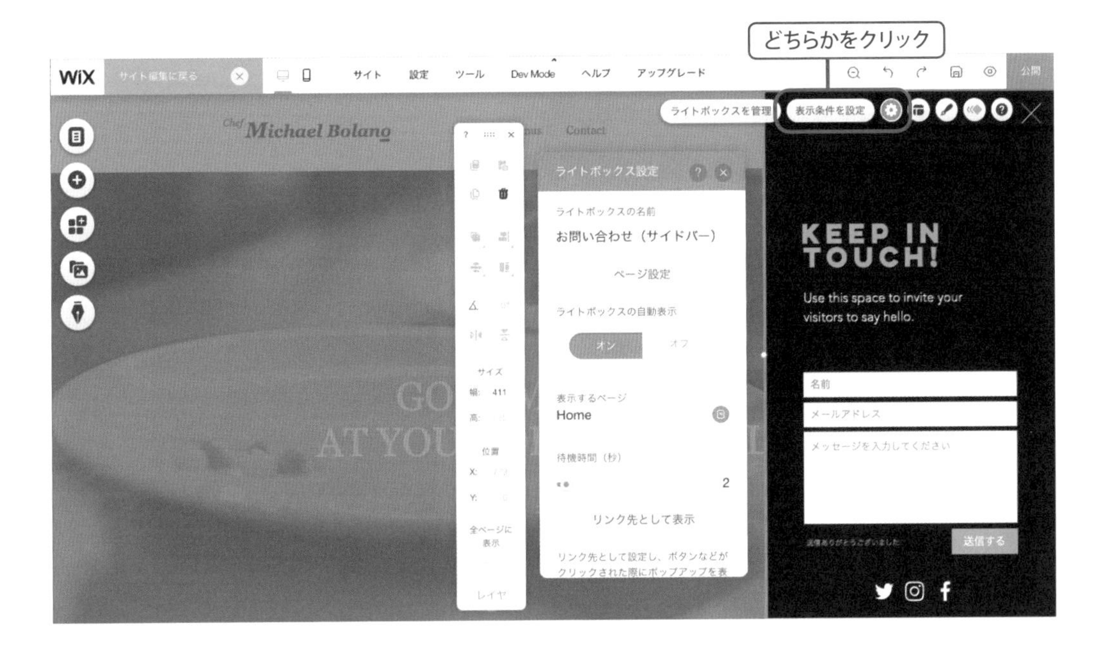

4 レイアウトを設定

［レイアウト］をクリックします。［左］［右］を選択しましょう。

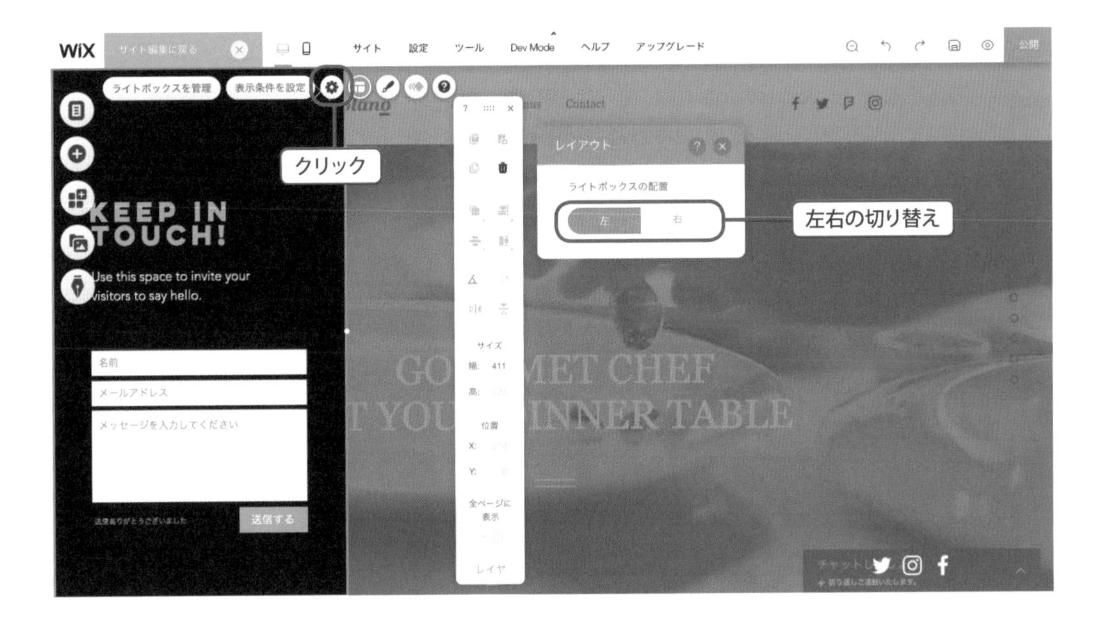

5 デザインを変更

画像を選択し､Wix フリー素材の［シーフード Shrimps とアサリ］へ背景を変更。その後､［設定］をクリックし､［不透明度］を 50%､［画像の背景色］を 100% に設定します。
画像の表示方法は拡大表示､表示位置は中心に設定します。

6 アニメーション

［アニメーション］をクリックして［グライド］を選択します。［カスタマイズ］をクリックして［方向］を 270°､［距離］を 150､［エフェクト時間］を 1 に設定します。

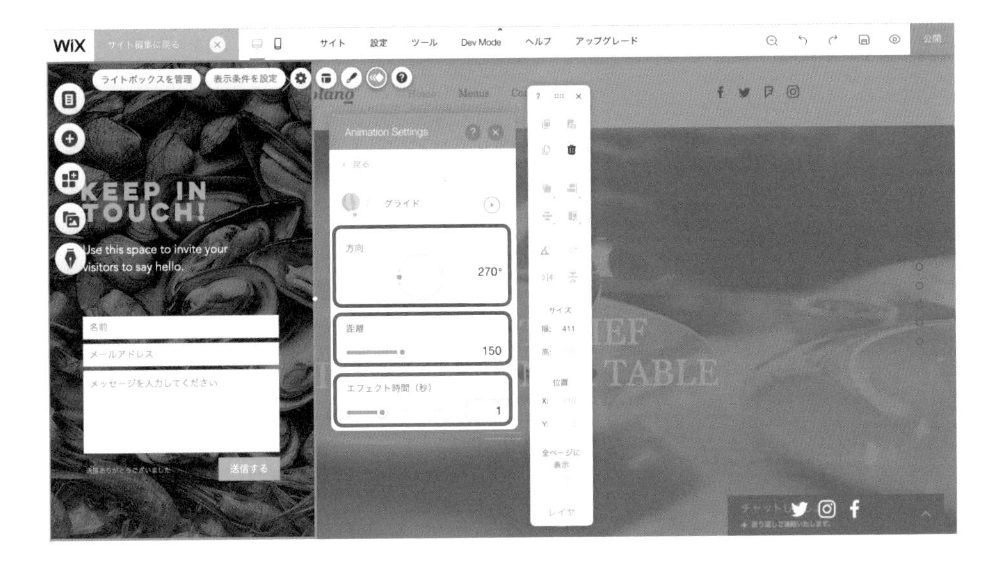

7 テキストやボタンの配置

ライトボックスのエリア内へも、通常のページと同様にテキストやボタンなどを配置することができます。
※但し、エリア内に収まるサイズに限ります。

ショップ

Wix ストアは、ネットショップを簡単に作成できる e コマースツールです。商品ギャラリー、ショッピングカート、商品･在庫管理、受注管理、オンライン決済など、ショップに必要な機能を備えています。

1 ショップの追加

(1) [ホーム] ページのトップへ移動します。[追加] をクリックし、[ショップ] をクリックします。[追加する] をクリックし、次の画面で [今すぐはじめる] をクリックします。

(2) 次の画面で [Wix ストアへようこそ！] ウィンドウが現れるので [ここからスタート] をクリックします。

2 商品の追加・編集

(1) 次の画面で［ダッシュボードを開く］をクリックするとダッシュボードが現れますので［ストア商品］をクリック。

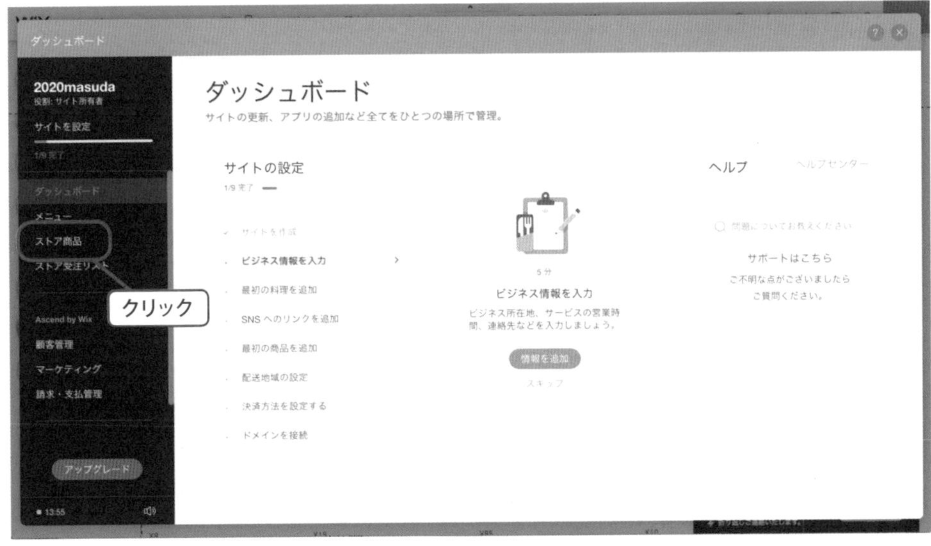

(2) 商品の管理画面が開きますので、あらかじめ登録されている商品をクリックして修正･編集し、［保存］して完了します。
※カタログ、商品オプションの選択肢は半角カンマ区切りで登録します。

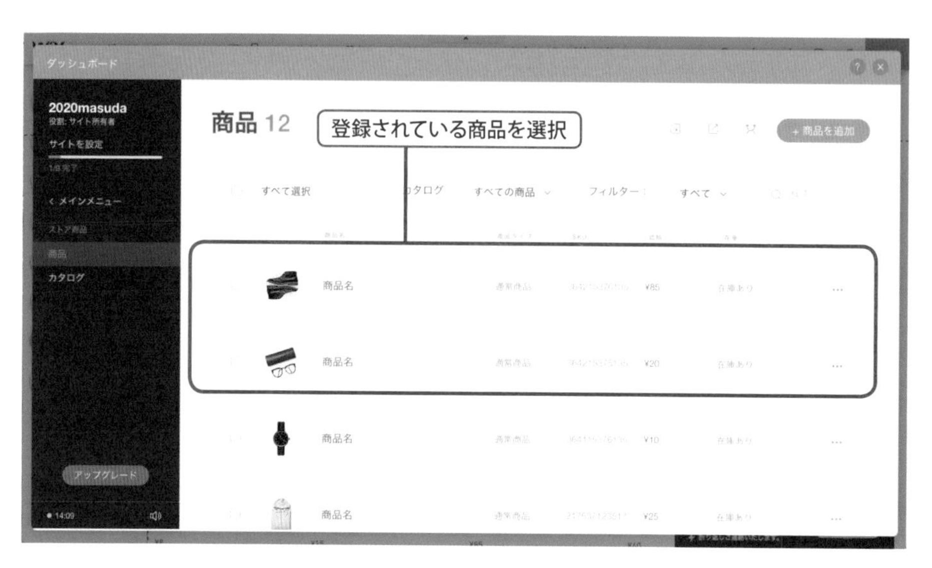

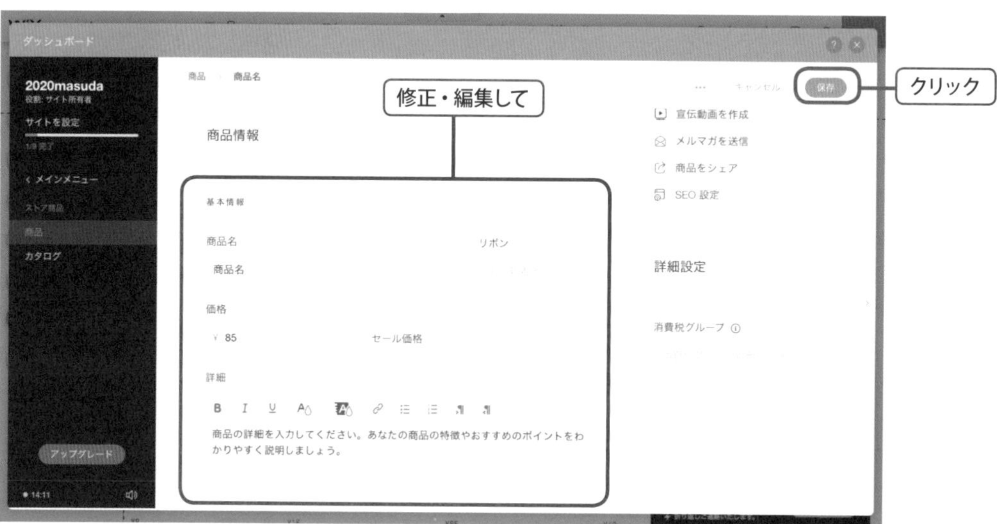

■商品情報の入力項目

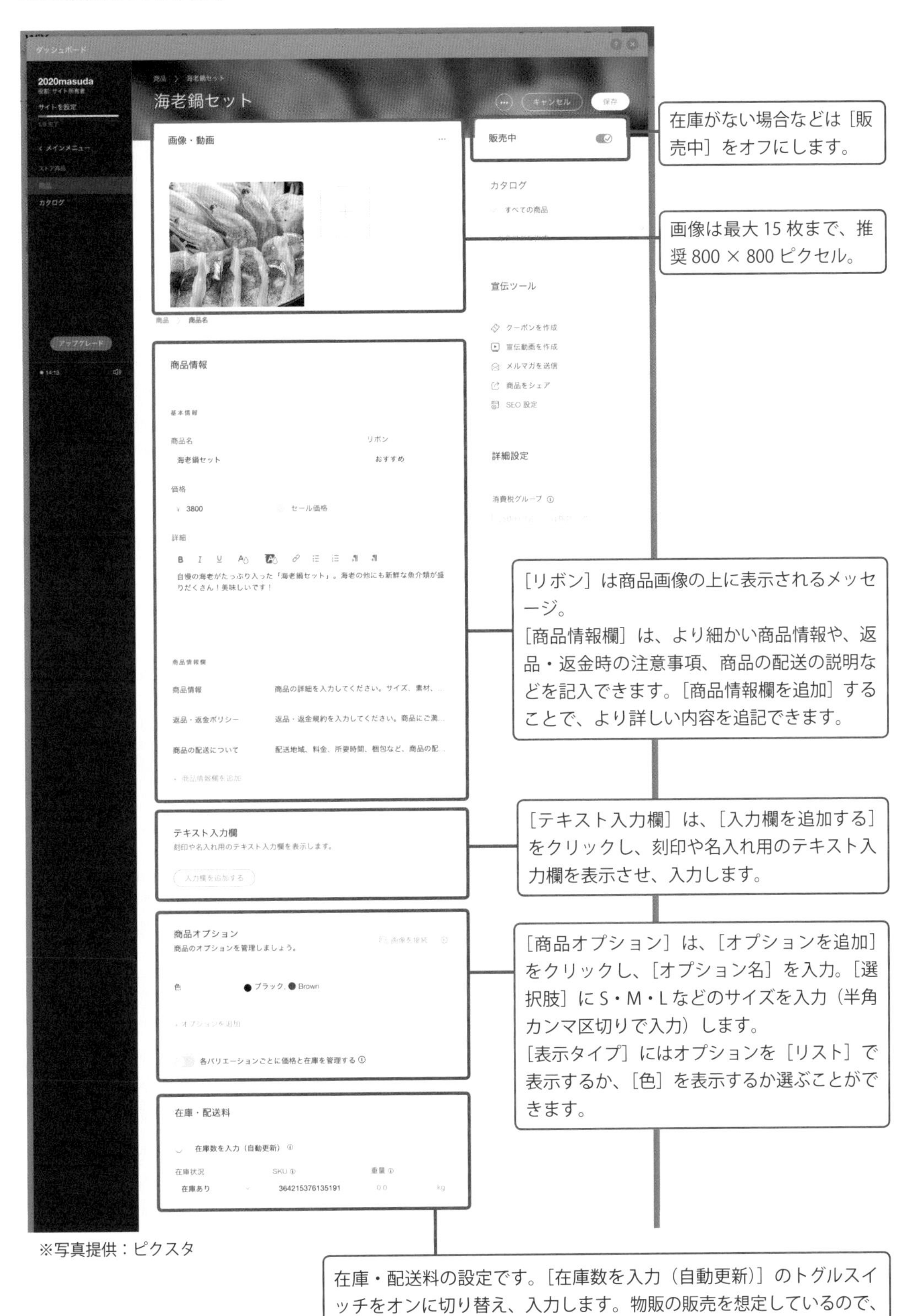

在庫がない場合などは［販売中］をオフにします。

画像は最大 15 枚まで、推奨 800 × 800 ピクセル。

［リボン］は商品画像の上に表示されるメッセージ。
［商品情報欄］は、より細かい商品情報や、返品・返金時の注意事項、商品の配送の説明などを記入できます。［商品情報欄を追加］することで、より詳しい内容を追記できます。

［テキスト入力欄］は、［入力欄を追加する］をクリックし、刻印や名入れ用のテキスト入力欄を表示させ、入力します。

［商品オプション］は、［オプションを追加］をクリックし、［オプション名］を入力。［選択肢］に S・M・L などのサイズを入力（半角カンマ区切りで入力）します。
［表示タイプ］にはオプションを［リスト］で表示するか、［色］を表示するか選ぶことができます。

※写真提供：ピクスタ

在庫・配送料の設定です。［在庫数を入力（自動更新）］のトグルスイッチをオンに切り替え、入力します。物販の販売を想定しているので、重量の入力が必要です。［SKU］は［最小管理単位］で、これはお店によって変わってくるケースがあります。

(3) 修正した商品の［複製］をクリックします。シリーズ商品の場合など情報が重複する場合は活用して効率よく編集しましょう。［セール価格］をクリックして［ディスカウント］をクリック、数字を［20］、［%］をクリック。すると［セール価格］が自動的に入力されます。

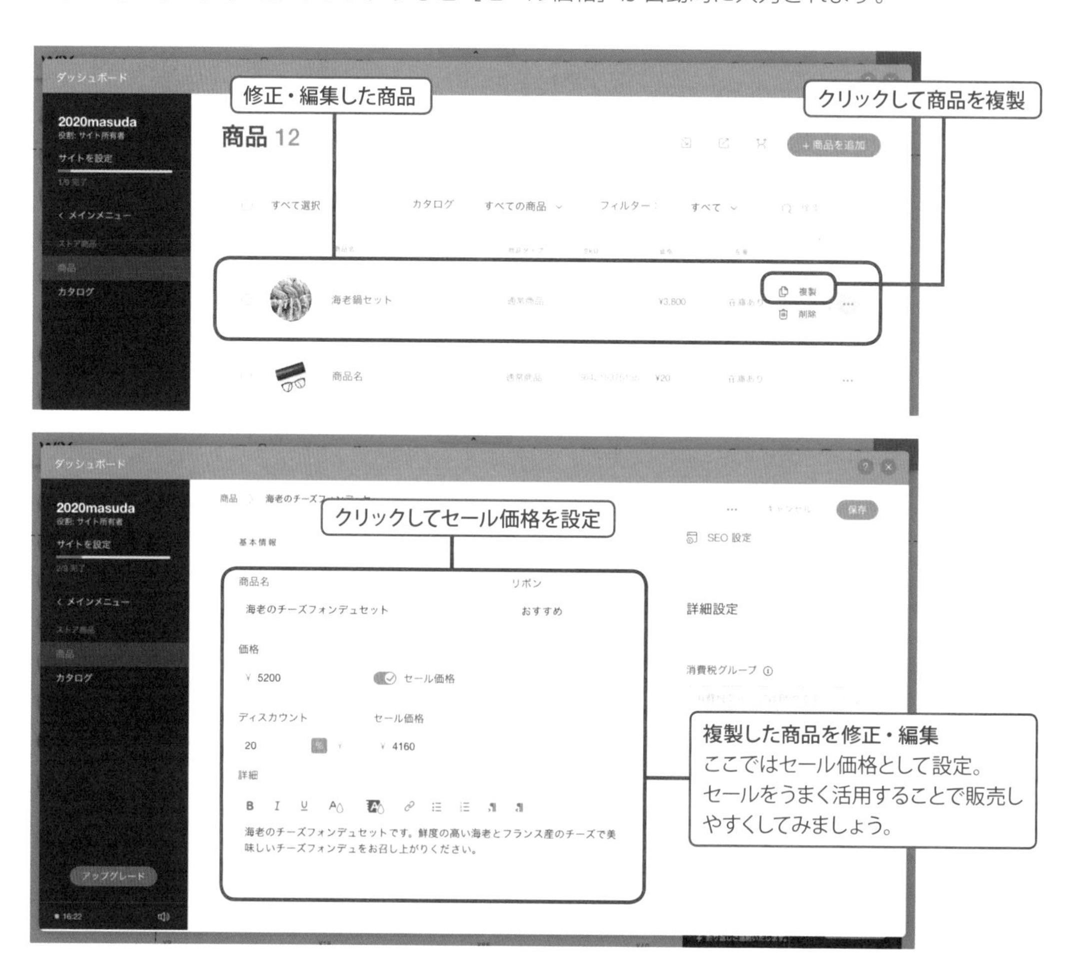

(4) 新しい商品を追加する場合は［＋商品を追加］をクリックして情報を登録します。

(5) 不要な情報を削除する場合は、商品一覧で［削除］をクリックします。さらに、［本当に削除しますか？］で［削除］をクリックして完了します。商品一覧でチェックを入れて複数を一括して削除することも可能です。

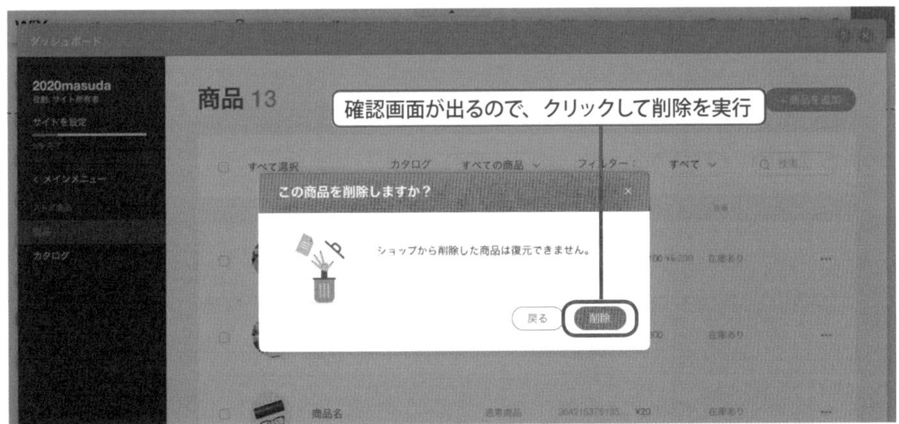

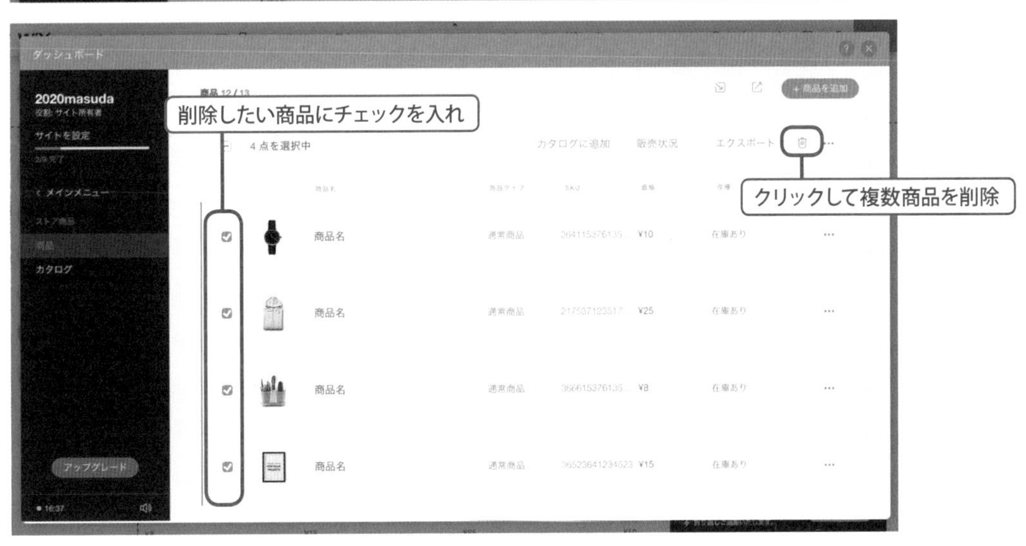

3 決済方法

(1) ダッシュボードの［決済方法を設定する］の［設定を完了する］をクリックします。次の画面で［クレジットカード］にチェックを入れ［接続する］をクリック。［これらの決済方法をサイトに接続しました。］画面が現れます。［×］で閉じます。

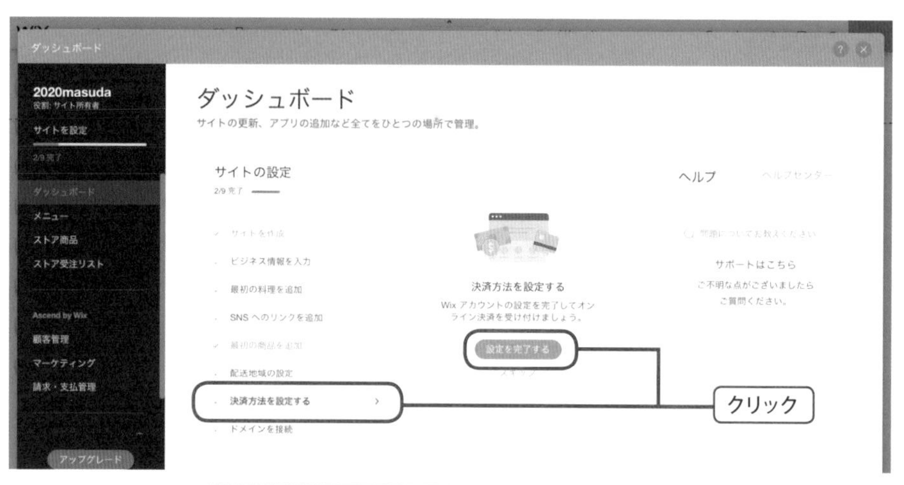

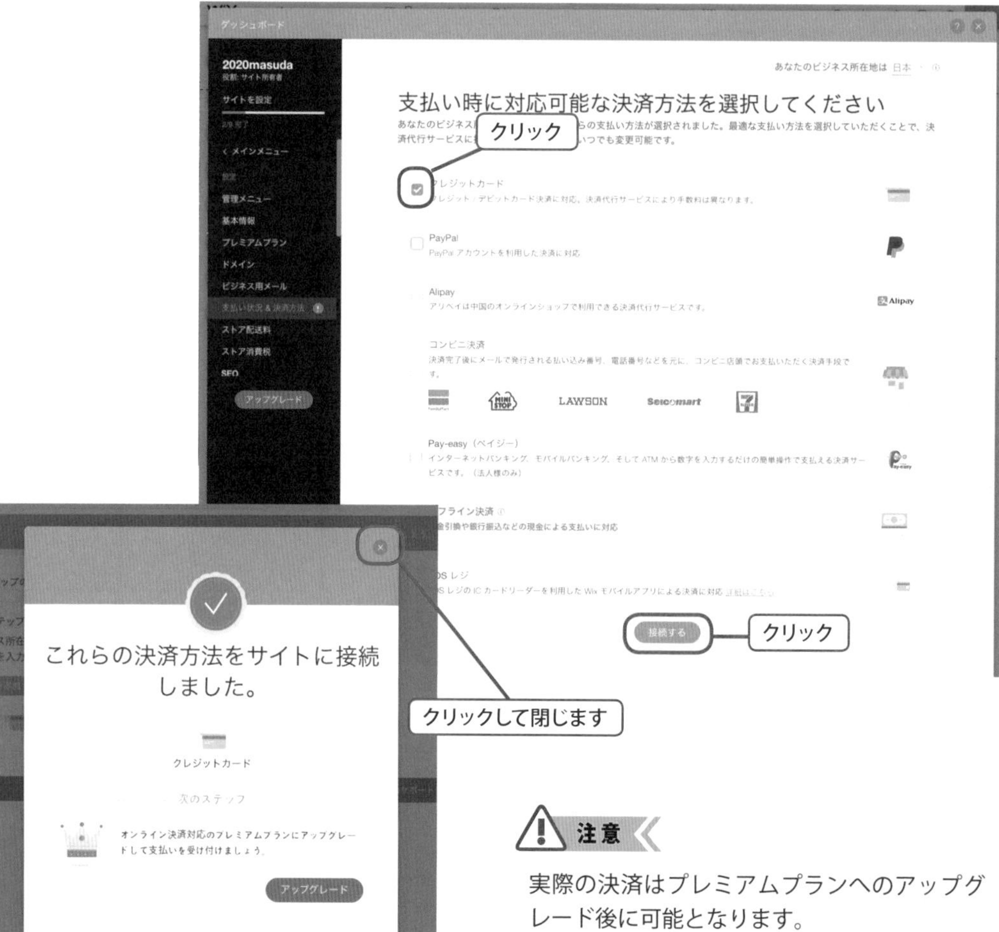

注意

実際の決済はプレミアムプランへのアップグレード後に可能となります。

(2) 初期設定では［Stripe］での決済代行を利用できます。［Stripe］のアカウントを持っていない場合は［設定を完了する］をクリックし、必要事項を全て記入し［Stripe］のアカウントを作成してください。

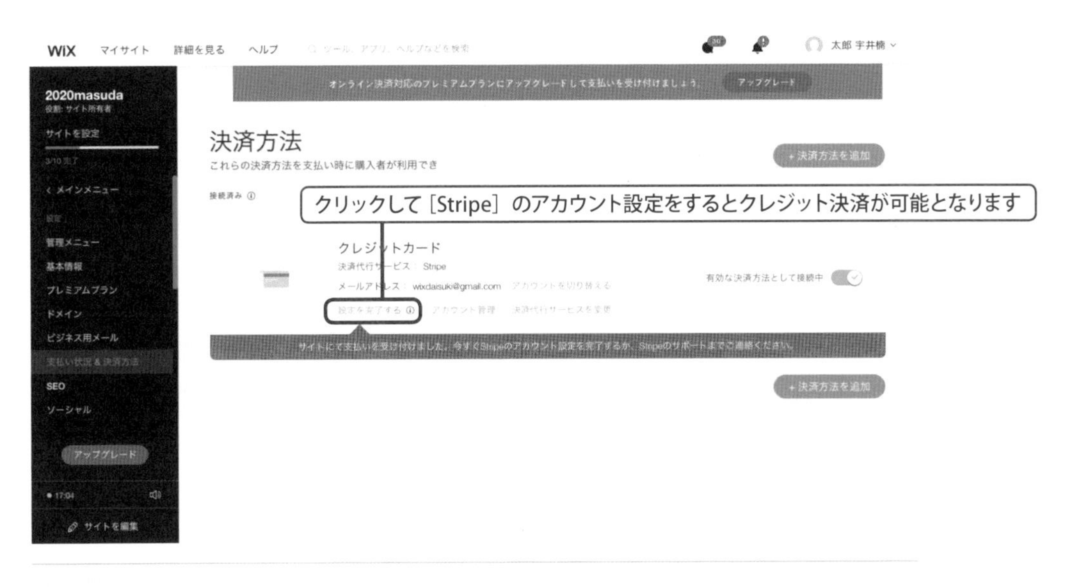

(3) Wix では［Square］での決済代行も利用できます。［決済代行サービスを変更］をクリック、次の画面で［Square］を選び［接続する］をクリックすると決済代行サービスを変更できます。
※ Square のアカウントが必要です。

(4) PayPal を利用する場合は、[支払い状況 & 決済方法] の画面で [+決済方法を追加] をクリック、次の画面で [PayPal] にチェックを入れ [追加] をクリックします。

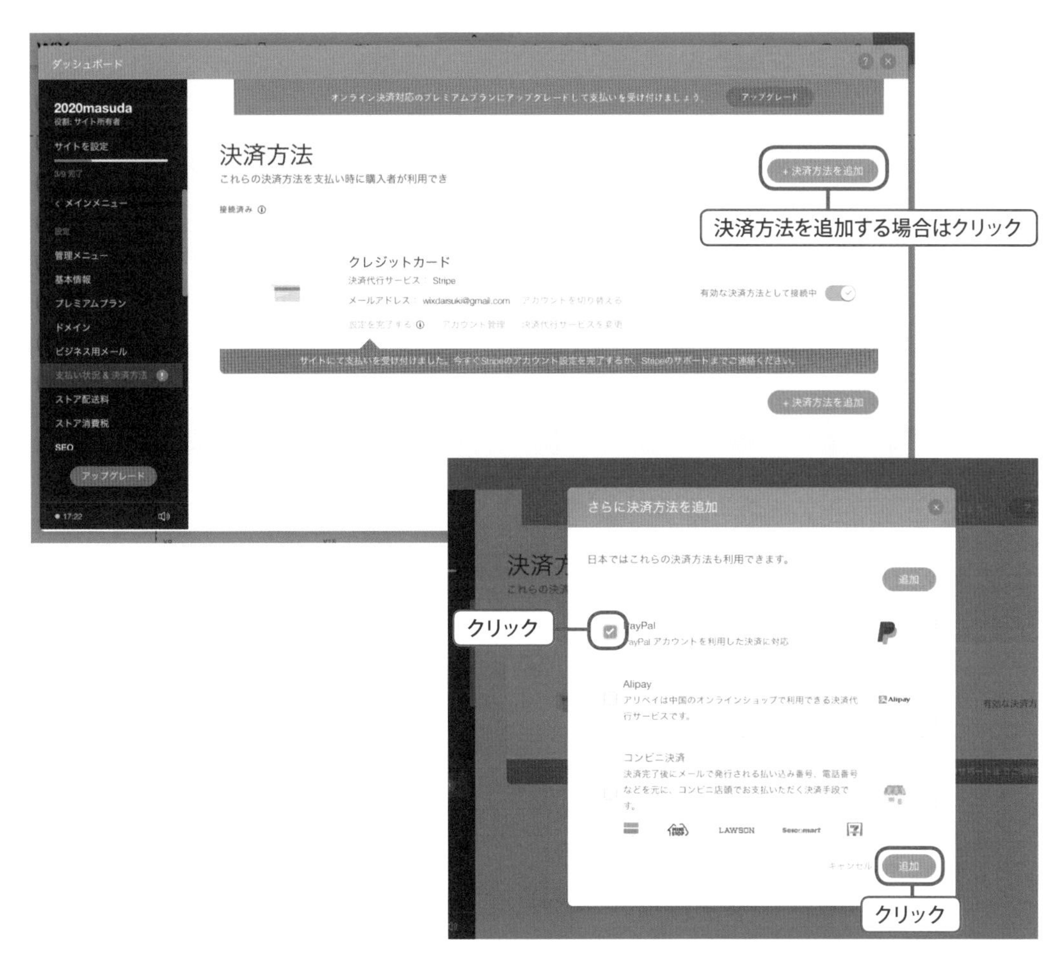

(5) 次の画面で [アカウントを設定する] をクリックし、PayPal のアカウント設定をします。すでに PayPal のアカウントを持っている場合は [既存のアカウントを接続] をクリック。アカウントを持っていない場合は [アカウントを作成] をクリックします。次の画面が現れますので同じく [アカウントを作成] をクリック。

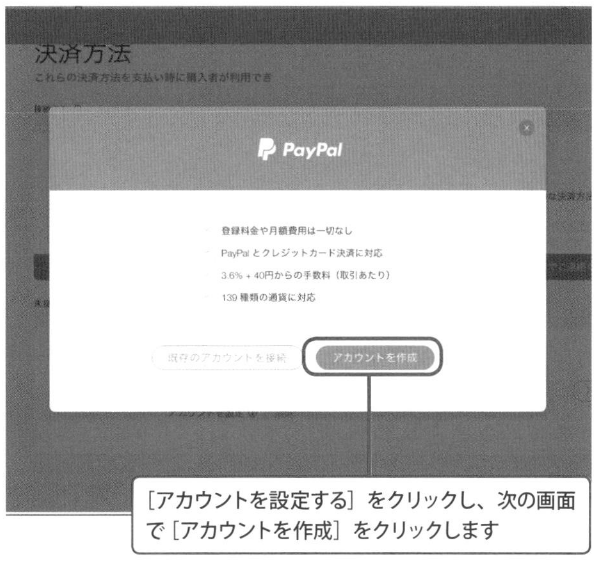

(6) PayPal の登録画面が開きますので、PayPal の登録を完了させてください。

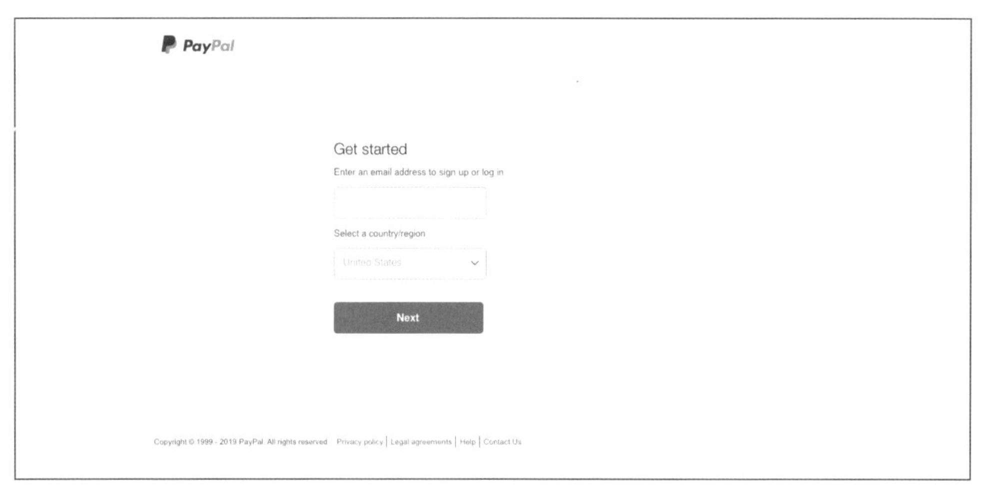

参考 3：PayPal 公式サイト（https://www.paypal.com/jp/webapps/mpp/home）

(7) PayPal のアカウント作成後、［サイトを管理］の［設定］タブから［支払い状況＆決済方法］の画面で［PayPal］の［アカウントを設定する］をクリックします。［既存のアカウントを接続］をクリックします。メールアドレスを入力して［アカウントを接続］をクリックします。

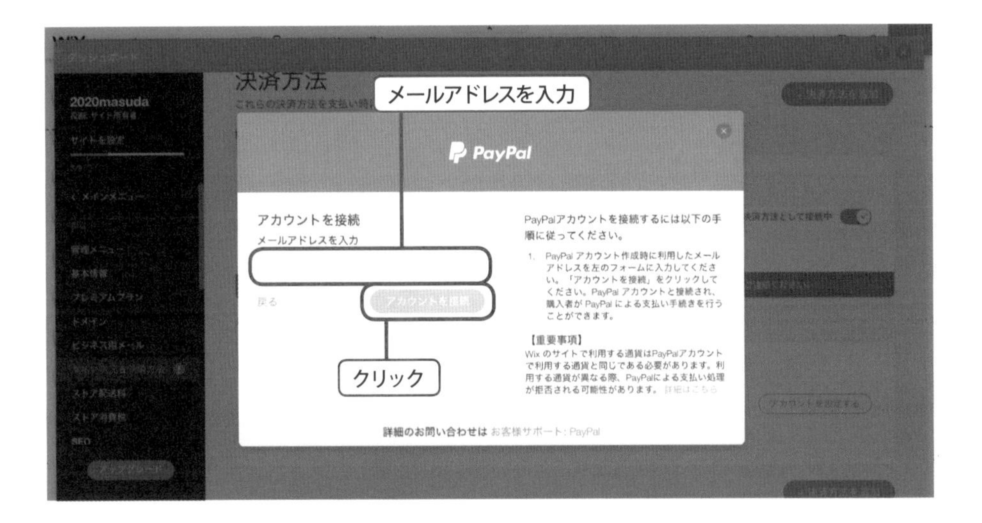

(8) 続いて銀行振込や代金引換などに対応するオフライン決済を設定します。［支払い状況＆決済方法］の画面で［＋決済方法を追加］をクリック、［オフライン決済］にチェックを入れ［追加］をクリックします。［オフライン決済］が追加されますので、［接続する］をクリックし、［銀行振込］、［代金引換］、［オフライン決済］のいずれかを選択し、決済方法についての情報を入力し、［有効にする］をクリックします。
※代金引換は決済代行会社と個別に契約し、オフライン決済で対応します。

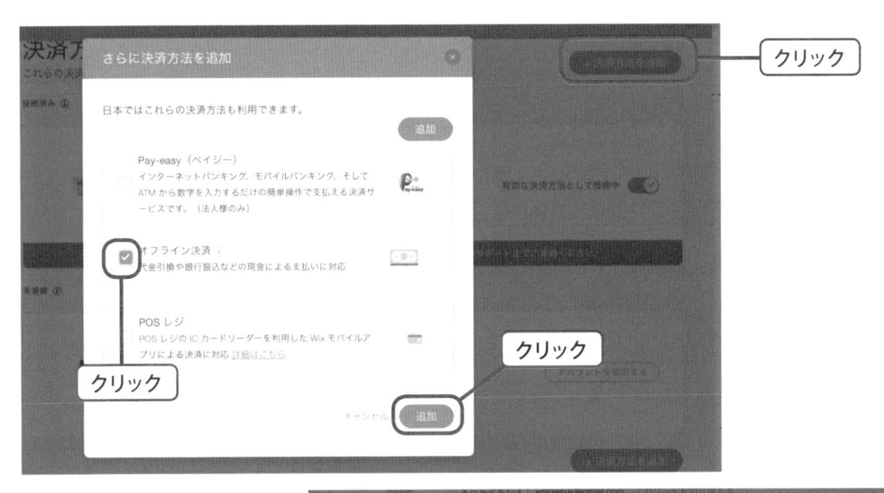

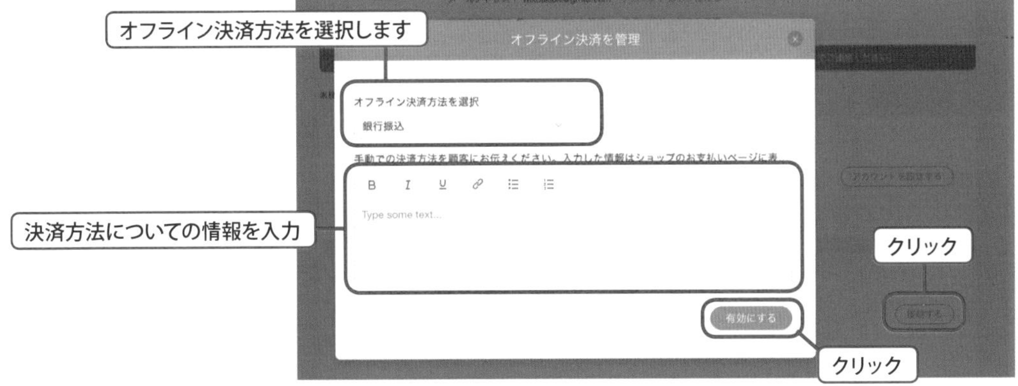

(9) AliPay を追加します。[支払い状況＆決済方法] の画面で [＋決済方法を追加] をクリック、[AliPay] にチェックを入れ、[追加] をクリックします。
※ AliPay の利用には Stripe のアカウントが必要です。

4 配送料と消費税

(1) メインメニューの [設定] タブから [ストア配送料] タブをクリックします。画面右側のスイッチで販売したい国と地域のみオンにします。[編集]をクリックし、配送料に関する設定を行います。

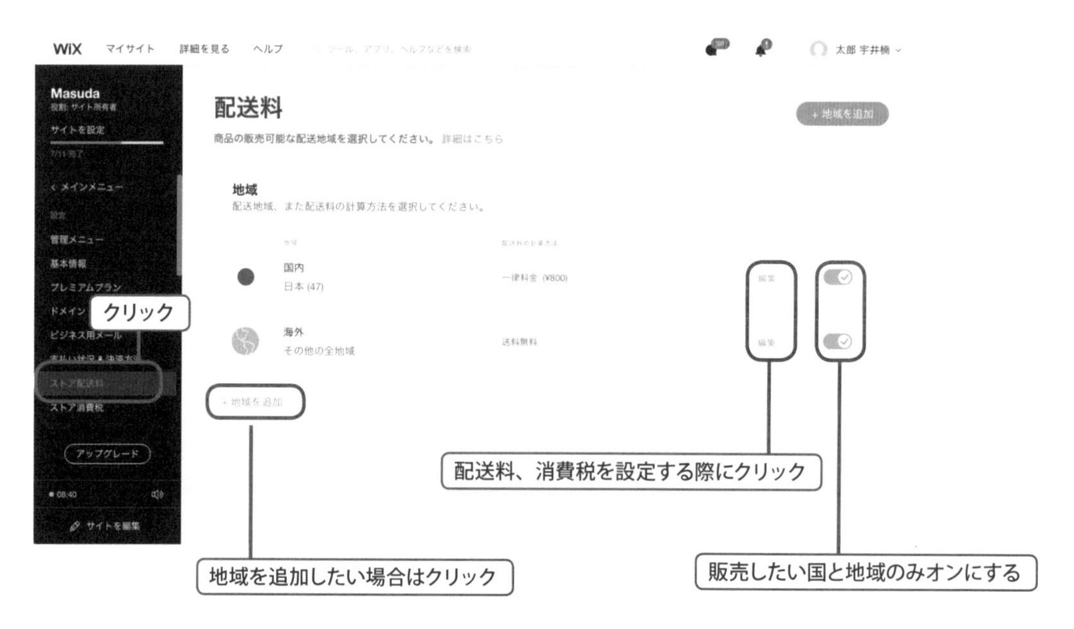

(2) ストア配送料で地域と配送料の計算を設定できます。例えば北海道、本州、九州、などに分けて設定したい場合は [日本 - 47 都道府県] をクリックして別にしたい都道府県をチェックボックスから外します。[保存] したら（1）の画面へ戻り、[地域を追加] でチェックボックスを選択して新たな地域を作成します。それぞれの地域ごとに [配送料] を編集しましょう。

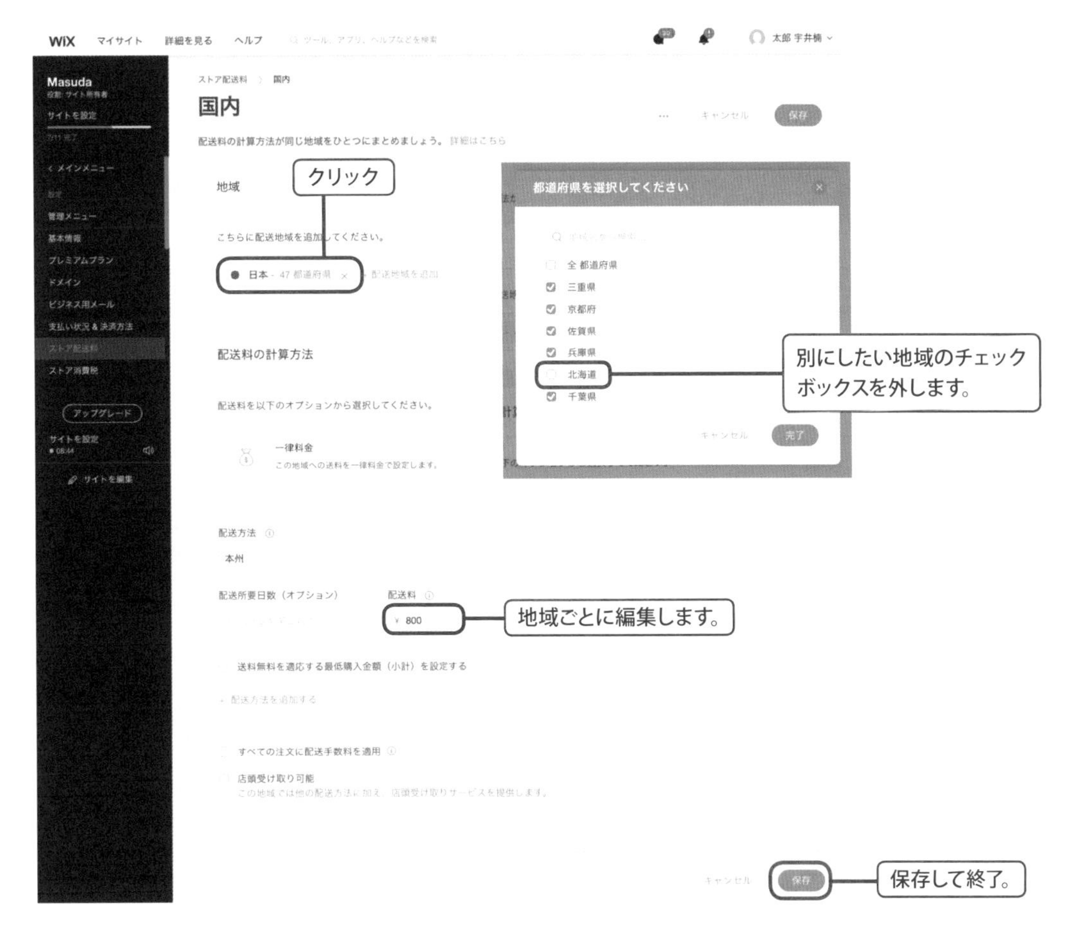

(3) メインメニューの［設定］タブから［ストア消費税］タブをクリックします。その後現れる［+ 国を追加する］ボタンをクリック。日本を選び［追加］をクリック、消費税率を記入し［保存］をクリック。その後、消費税に編集が必要な場合はオンマウスで表示される［編集］から、ほかの国の消費税設定を追加する場合は［+国を追加する］から行います。税込表示の設定は［消費税の表示設定］を選択して変更可能です。

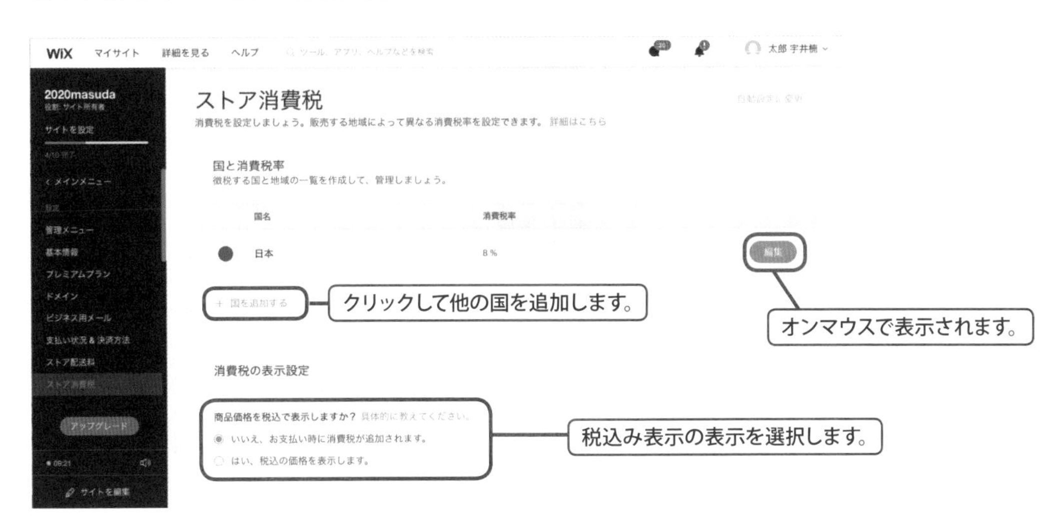

5 ショップ設定

メインメニューの［設定］タブから［基本情報］タブをクリックし、各項目を編集します。
※基本情報を記入していない場合は［ビジネスの情報をひとつの場所で管理］というメッセージが現れますので［確認する］をクリックします。

6 クーポン

メインメニューの［マーケティング］タブをクリックし、クーポンをクリックします。

7 カタログ

(1) 商品掲載ページの［ショップを管理］をクリックし、［カタログ］タブをクリック。［+新しいカタログ］もしくは［+］のアイコンをクリックします。

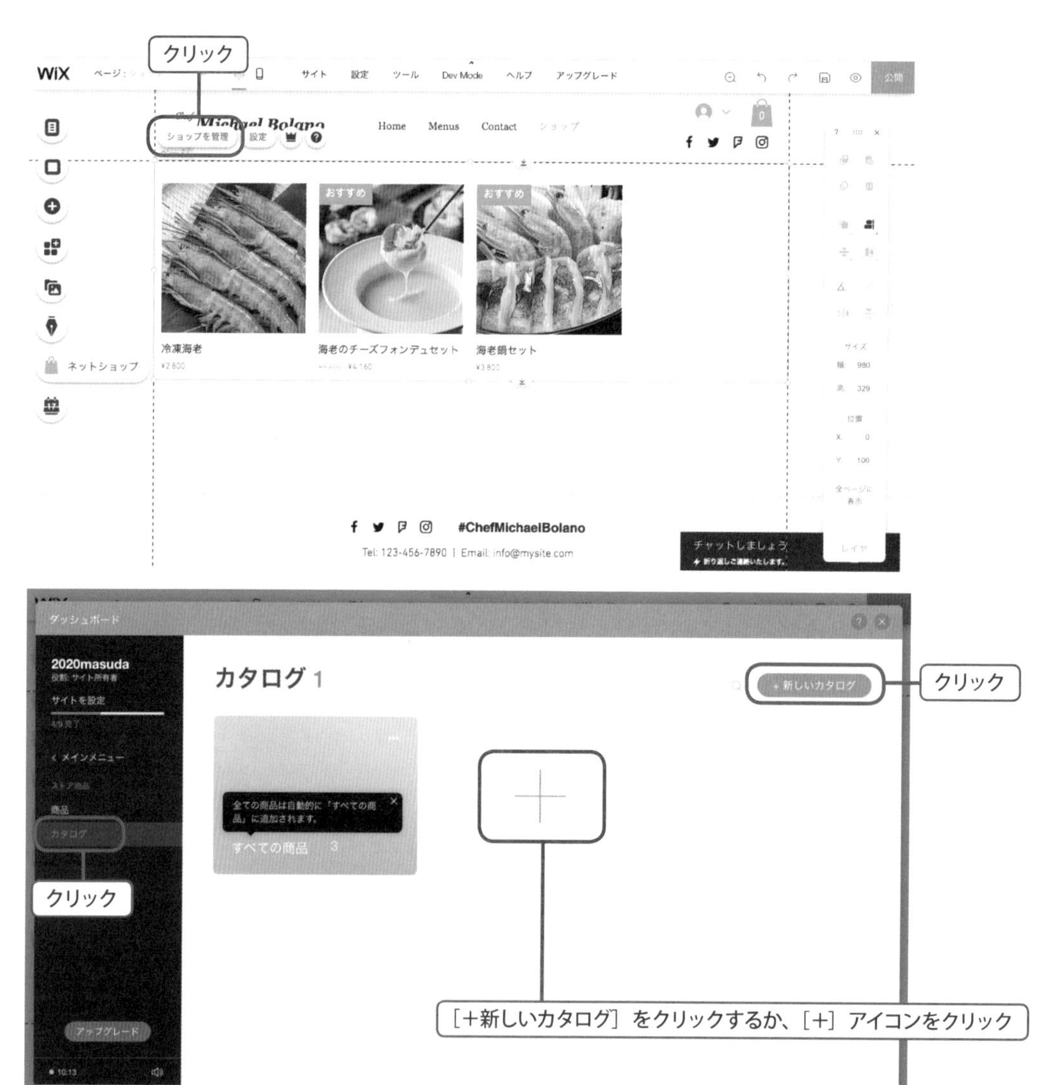

(2)［カタログ名］を入力して確定し、［追加］をクリック。カタログに追加する商品にチェックを入れ［保存］をクリックします。次の画面で、［カタログ画像］の［+］をクリックしカタログの画像を選び［保存］をクリックします。

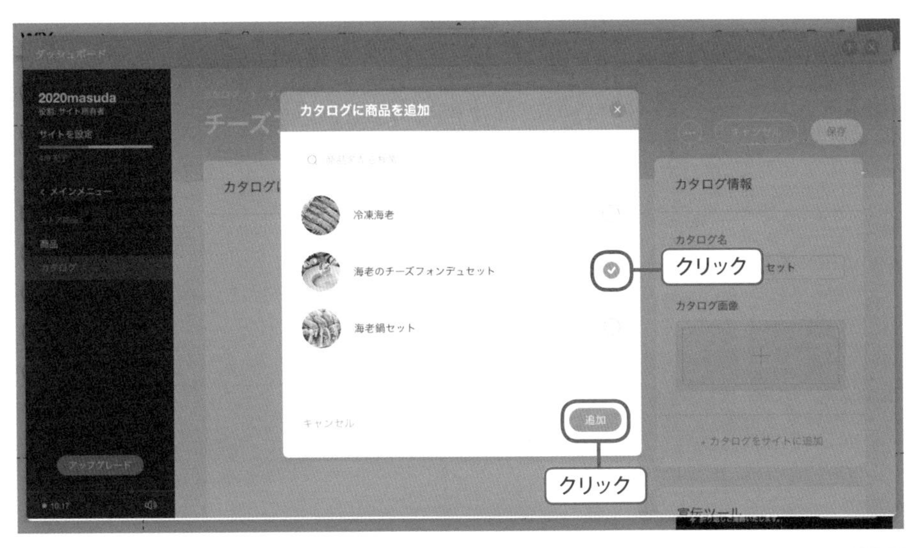

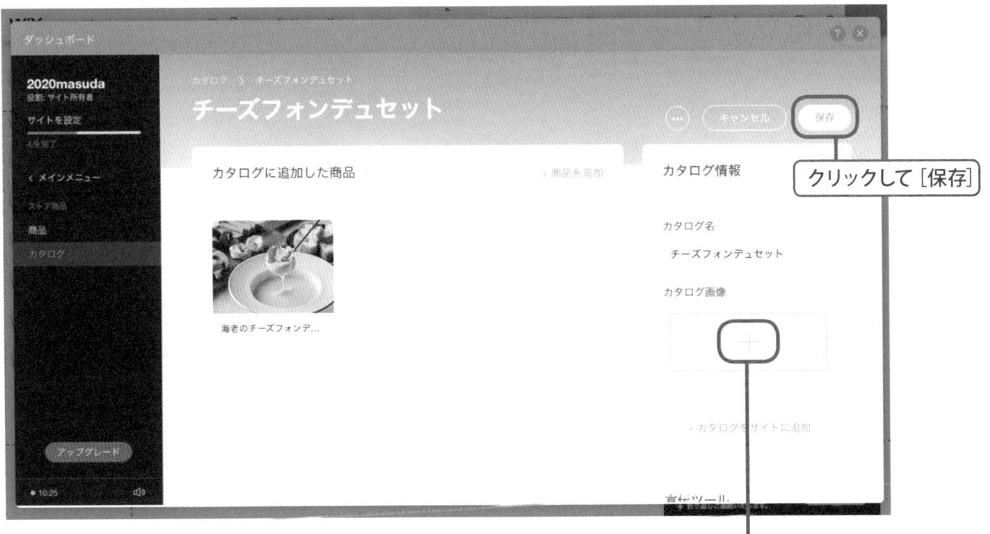

8 設定

(1) 商品ページの商品一覧を選択し、[設定] をクリックします。ここでは Wix ストアの様々な設定ができます。[レイアウト] をクリックし、商品ページの [商品ページスタイル] や [画像のサイズ変更方法]、[画像の比率]、[商品のテキストの配置] などを設定。[商品グリッド] では [カラム]、[行]、[間隔]、[テキストの余白] を設定します。

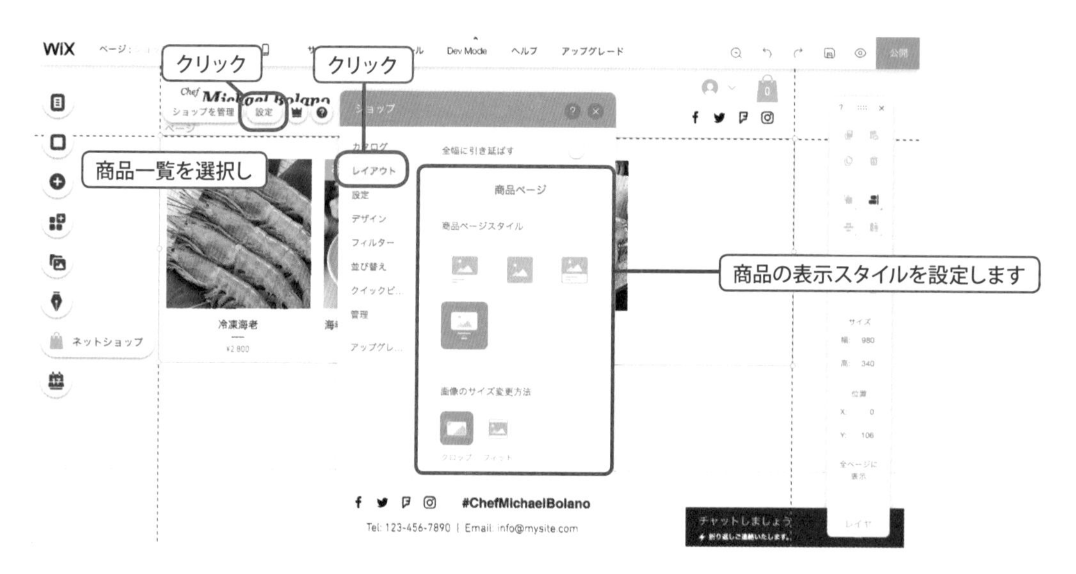

(2) [設定] をクリックし、[マウスオーバーの動作] をズームにします。[フィルター] を選択し、[フィルターを表示] をオンにし、更に [並び替え] を選択し、[商品の並び替えオプションを表示する] をオンにすると、公開後にページ閲覧者が [最新] または [価格の低い順]、[価格の高い順]、[商品名] などで表示を変えられ、顧客が商品を見つけやすくなります。

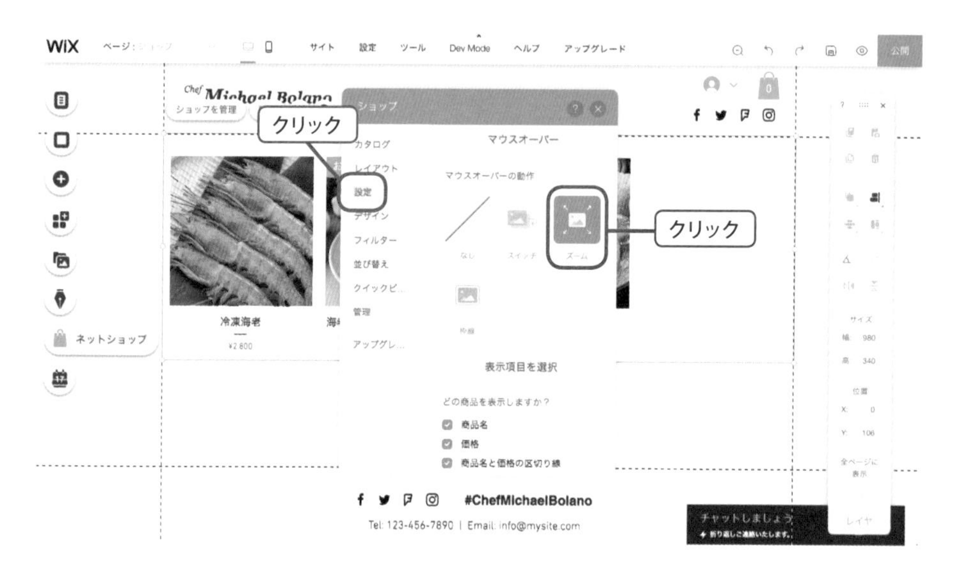

9 Wixストアのページの編集

(1) [メニュー&ページ] ボタンをクリックし、[ショップページ] をクリックします。商品の詳細ページ [商品ページ]、商品の一覧ページ [ショップページ]、カートのページ [ショッピングカート]、商品注文後の確認画面 [サンキューページ] が表示されます。まずは [サンキューページ] をクリックして編集します。

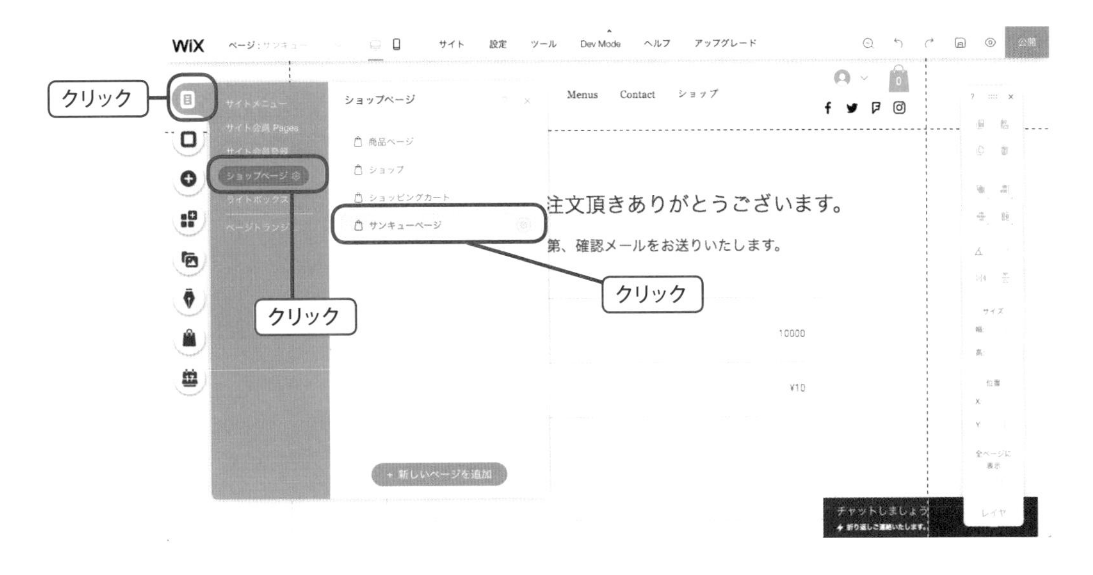

(2) [サンキューページ] のページデザインを変更します。[サンキューページ] を選択し [設定] をクリックし、[デザイン] をクリックします。[背景・枠線] の [不透明度・色] を [#B0E8E1] にして不透明度を [30%] にします。また、[テキストフォント・色] の [タイトルとサブタイトルのフォント ...] を [#943616] にします。

(3) 同じように [商品ページ] をクリックして選択し、[設定] をクリックします。[商品ページ] の [レイアウト] をクリックし、[ページレイアウト] の [スペシャル] をクリックして商品ページのレイアウトを変更します。

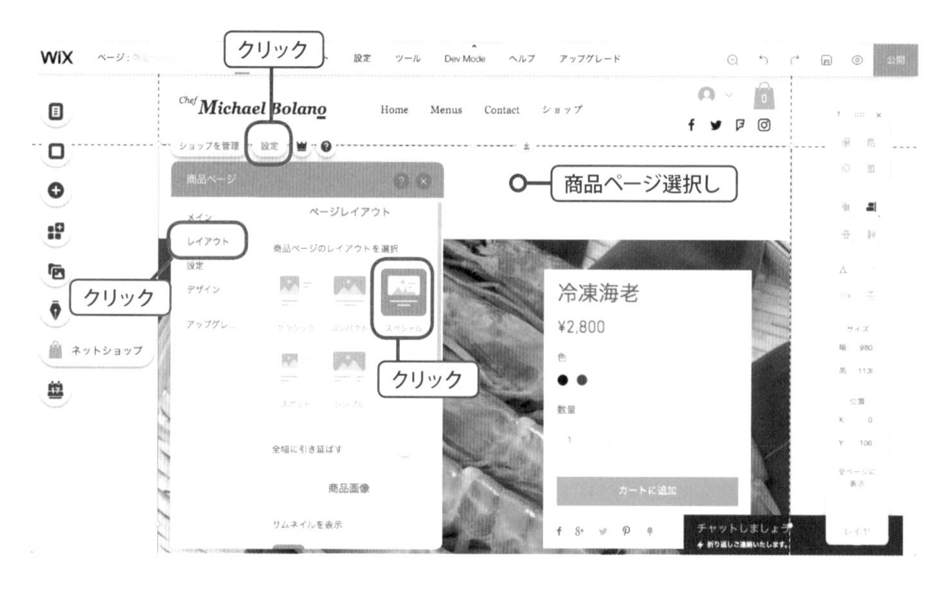

(4) [商品ページ] をクリックして選択し、[設定] をクリックします。[デザイン] をクリックし、[ボタンスタイル] を変更し、[ボタンの色·不透明度] を [#BADA55] に設定します。また、[設定] をクリックすると [表示項目] や [ボタンを表示] のオン、オフ、ソーシャルバーの追加などが設定できます。

10 ショップパーツの追加

(1) [Home] ページへ移動し、下の方へスクロールします。[ネットショップ] ボタンをクリックし、[ショップパーツを追加] タブをクリック、[スライドショー] を選択し配置します。

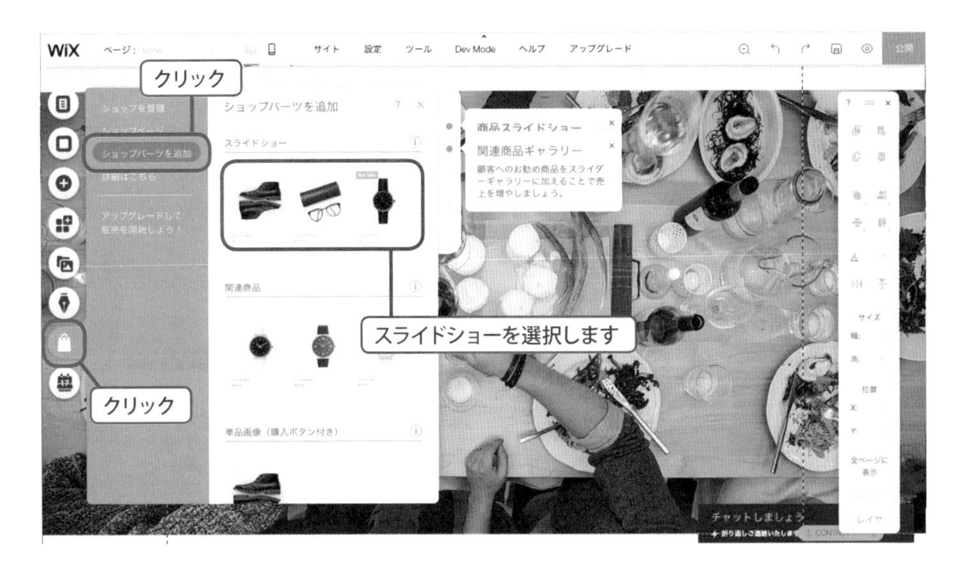

(2) 追加したスライドショーを選択し、[設定] をクリックします。[レイアウト] タブで [商品ページスタイル] を任意のスタイルに変更し [グリッド] の [カラム] を [3] にします。

(3) 続けて、[デザイン] をクリックし、[背景の不透明度・色] を色をホワイトのまま、[不透明度] を [75%] にします。また、[商品背景の不透明度・色] の色を [#F4EAB1] に変更し、[不透明度] を [75%] にします。

11 e コマースプラン、または VIP プランへのアップグレード

(1) スライドショーを選択した状態で［アップグレード］をクリックします。プレミアムプランの一覧が表示されるので、e コマースプラン、または VIP プランを選択してアップグレードします。アップグレードの詳細は、第 5 章「アップグレード」をご参照ください。※選択したテンプレートによりプランの表示内容が変わります。

12 Wixストアでユーザーが購入する場合

(1) Wixストアでユーザーが購入する場合の流れを見ていきましょう。エディタ画面の［公開］をクリック、［サイトを見る］で、まずは公開済みのサイトへアクセスします。

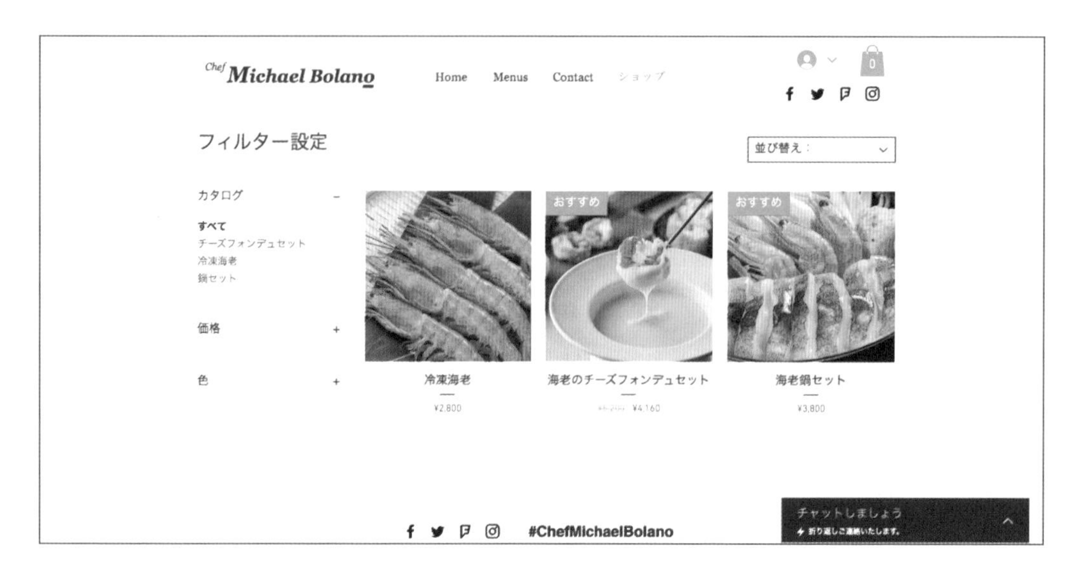

(2)［ショップ］ページを開き、商品を［カートに追加］します。

(3)［カートを見る］でカートページに移動します。

第1章　基本操作

(4) [レジへ進む] で購入画面へ進みます。[お届け先住所]、[配送方法]、[お支払い] の順に進みます。各画面で必要事項を入力し、[お支払い] 画面で [オーダーを送信] をクリックすると、購入完了です。

お支払い情報の入力
ショッピングを続ける
既にアカウントをお持ちですか？ログインしてよりスムーズなお支払いを行いましょう。
1 お届け先情報
*メールアドレス（ご注文確認用）
kanbe@kantasan.com
*姓
神戸
*名
洋平
*国
*郵便番号
ご注文内容 (1)
カートを編集
海老のチーズフォンデュセット
¥5,200 ¥4,160
数量: 1
小計 ¥4,160
配送料 ¥800
消費税 ¥333
合計 ¥5,293

Home サンプル Contact Blog Members More

注文内容をご確認ください：

10001

¥5,293

神戸 洋平
日本,〒8615514
熊本県熊本市北区飛田3-5-8
0962884252

［追加］の［その他］

［追加］の［その他］には外部サイトを埋め込むことができるHTMLアプリや、ウェブマスターのための管理者ログイン機能、ページ内でリンクさせるアンカー機能などが用意されています。

1 ［追加］の［その他］から追加できるもの

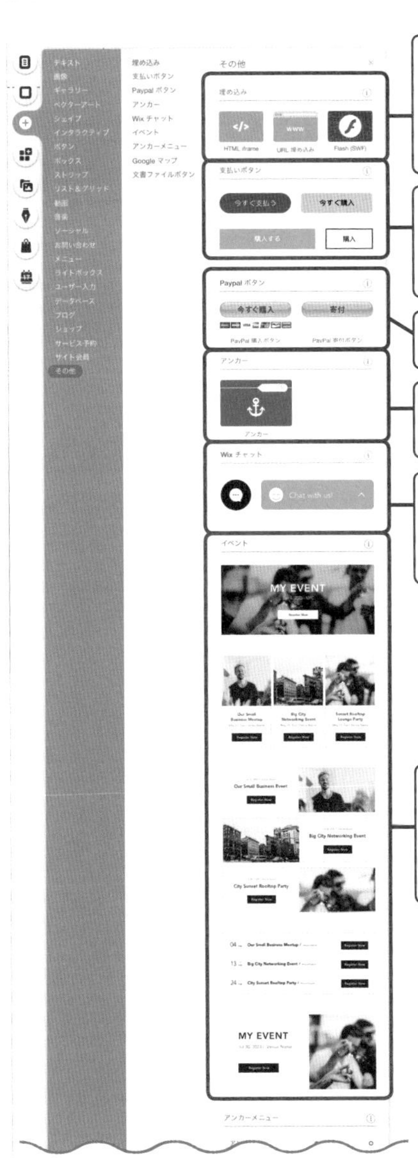

iframeとして使える［HTMLコード］
外部サイトを埋め込める［URL埋め込み］

オンライン決済用のボタン
プレミアムプランにアップグレード後使用できます。

PayPalでの支払い・寄付ボタン

アンカーはページの指定位置にリンクを設定する

訪問者からのチャットメッセージにデスクトップ、またモバイルから簡単に返信できます。

ホームページにイベントを作成してオンラインチケットの販売、参加受付、参加者リストの管理を行うことができます。

アンカー用のメニュー

ページ内にGoogleマップを配置することができます。

注意

以降の説明では［外部サイト埋込サンプル］ページを追加して説明をしています。実際に作られるサンプルのサイトには入れる必要はありません。

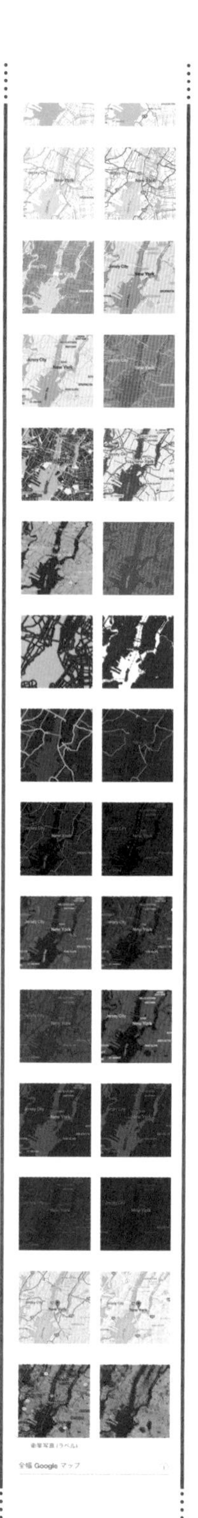

ページ内に Google マップを配置することができます。

各種文書をダウンロードできるボタン

オンライン予約やコミュニティ構築のためのフォーラムなどの Wix アプリ

2 URL 埋め込み

(1) 外部サイトを自分のサイトへ表示させます。[追加] ボタンをクリックし、[その他] をクリックします。[埋め込み] をクリックし、[URL 埋め込み] を選択します。

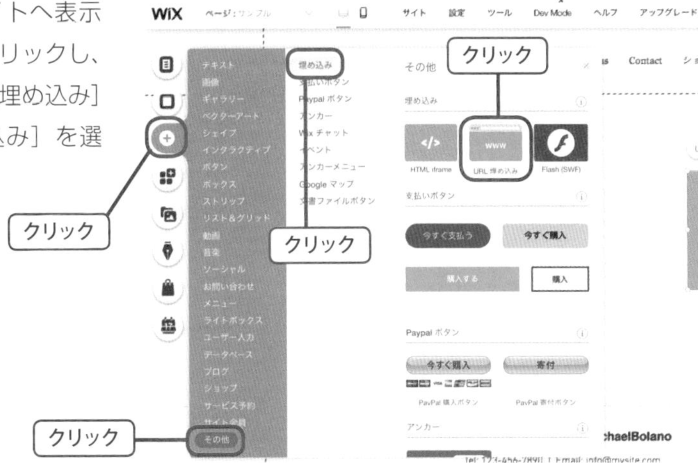

(2) 追加した URL 埋め込みを選択し、[URL を入力] ボタンをクリックします。[HTML 設定] ウィンドウで [URL] を入力し [適用] ボタンをクリックします。

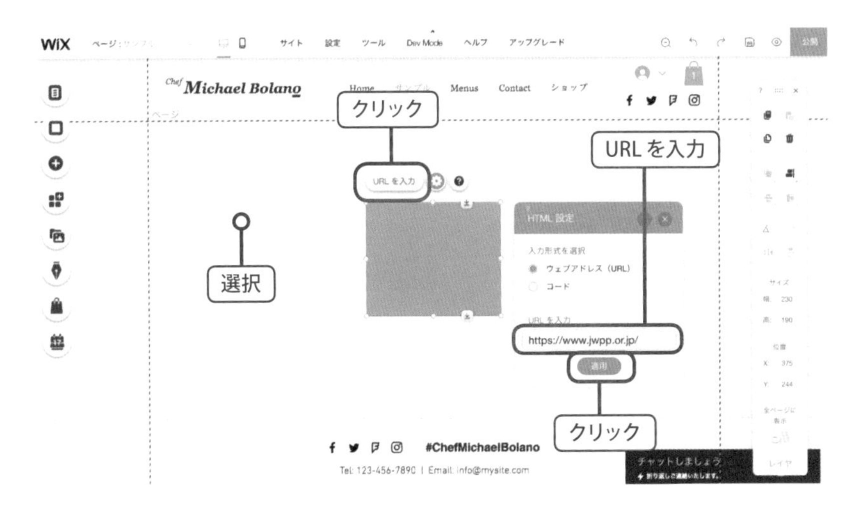

(3) 適当なサイズと位置で配置します。
※リンクはフレーム内で遷移します。

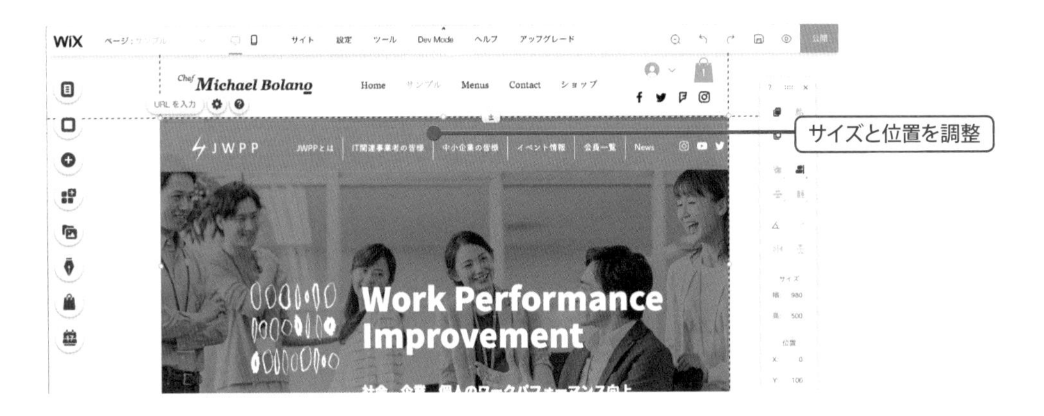

3 Google マップ

(1) Google マップを配置します。[追加] ボタンをクリックし、[その他] をクリックし、[Google マップ] をクリック。任意のものを選択し配置します。

(2) 配置された地図を選択し、[地図を管理] をクリック。地図を管理ウィンドウに任意の住所と表示されるタイトルを記入します。

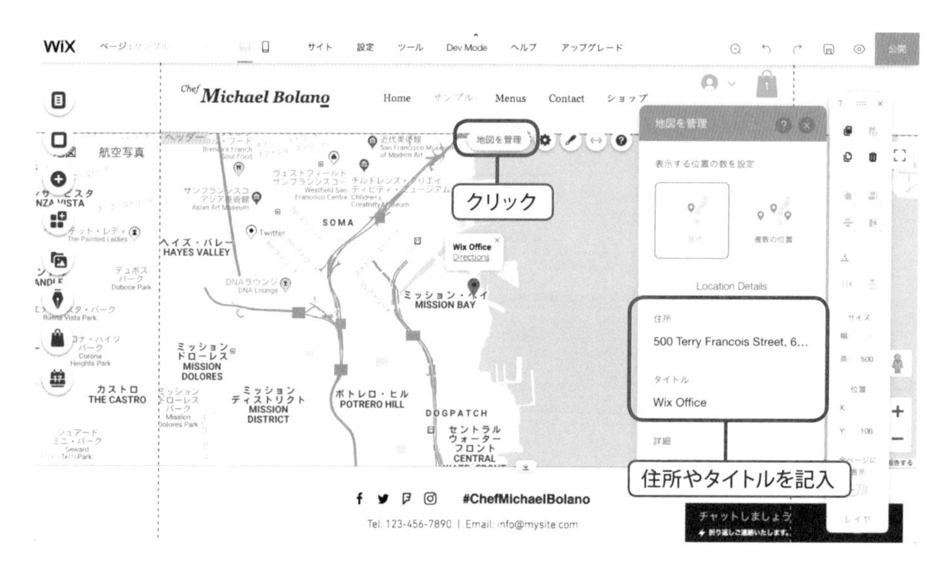

(3) 地図内には複数の位置を表示できるので、周辺施設や店舗等を表示させわかり易い地図にしましょう。

4 アンカー

(1) サイトの自由な位置へリンクできるアンカーを設置します。［追加］ボタンをクリックし、［その他］をクリックします。［アンカー］を選択します。

(2) 適当な位置へ配置します。（ここでは［ホーム］ページの下の方）。［名前を変更］をクリック、［アンカー名］を変更します。

5 アンカーメニュー

(1)［ホーム］ページに、アンカーにリンクするメニューを設置します。［追加］ボタンをクリックし、［その他］をクリックします。［アンカーメニュー］を選択します。

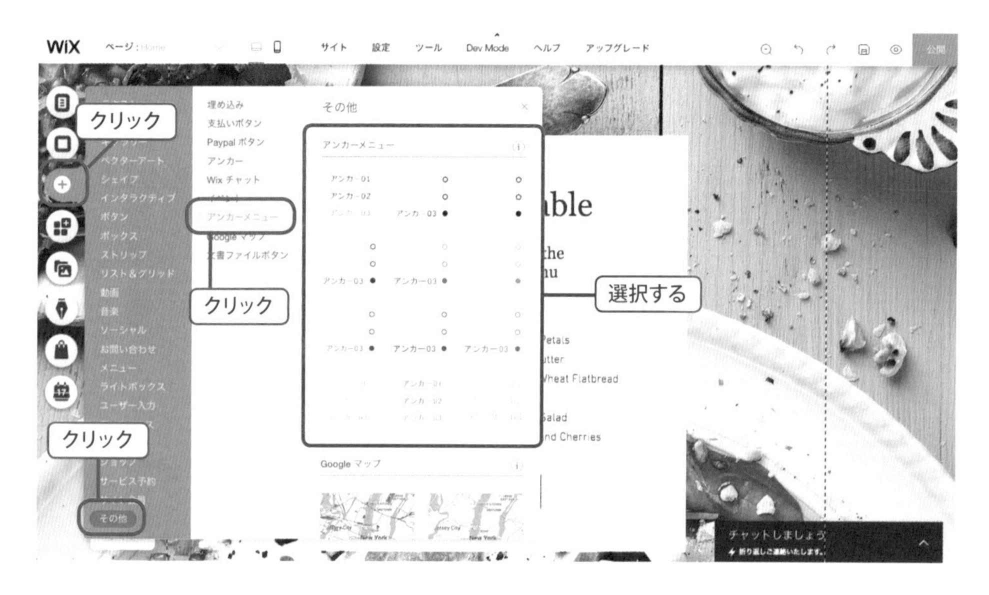

(2) 適当な位置へ配置します。初期設定では画面に固定になっています。

6 ダウンロード

(1) 文書ファイルをダウンロードできるボタンを配置します。[追加] ボタンをクリックし、[その他] をクリックします。[文書ファイルボタン] を選択します。ここではPDFを選択します。

(2) 文書ファイルを選択する画面が出てきますので、[文書ファイルをアップロード] し、文書ファイルを選択して [ページに追加] します。

24 [追加] の [その他]

(3) 適当な位置に配置します。ここではフッターに配置します。

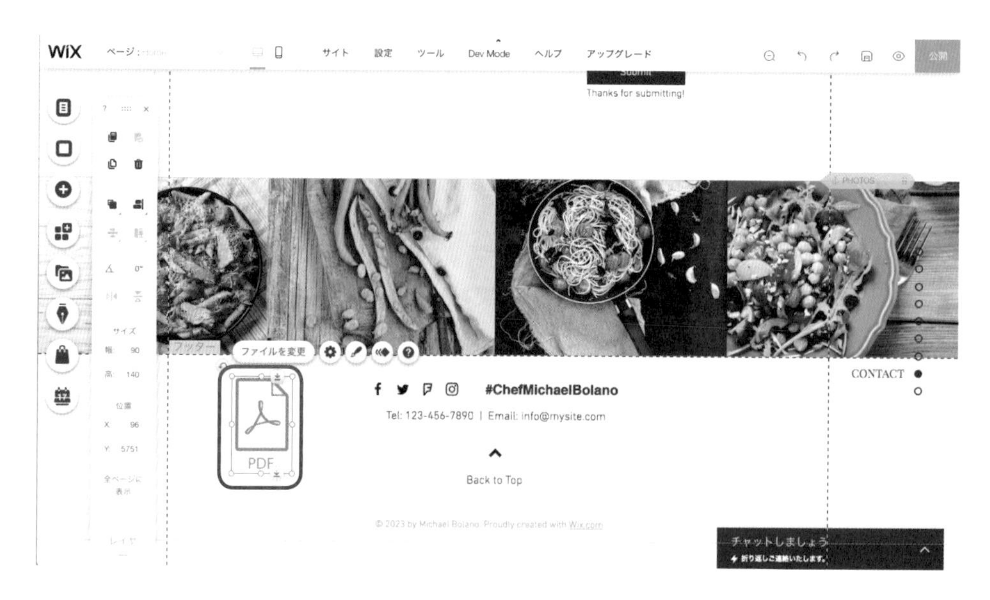

(4) 公開して先ほど追加した［文書ファイルボタン］をクリックします。新規ウインドウが開き、PDF 文書が表示されます。

ブログ

ブログは一般的な日記のような使い方だけではなく、トップページに特集記事を表示したり、ギャラリーで複数の写真や動画を表示したり、定型の情報を分類するフォーマットとして活用していただけます。

1 ブログの追加

[追加] ボタンをクリックして、[ブログ] をクリックし、[サイトに追加する] をクリック。もしくは [ブログ] ボタンをクリックし、[＋追加する] をクリック。そうすると [Blog ページ] と [Members ページ] が新たに追加され「Wix ブログへようこそ」と表示されます。[今すぐはじめる] をクリックして進みます。
※テンプレートの種類によって初期状態でブログが設置されている場合があります。

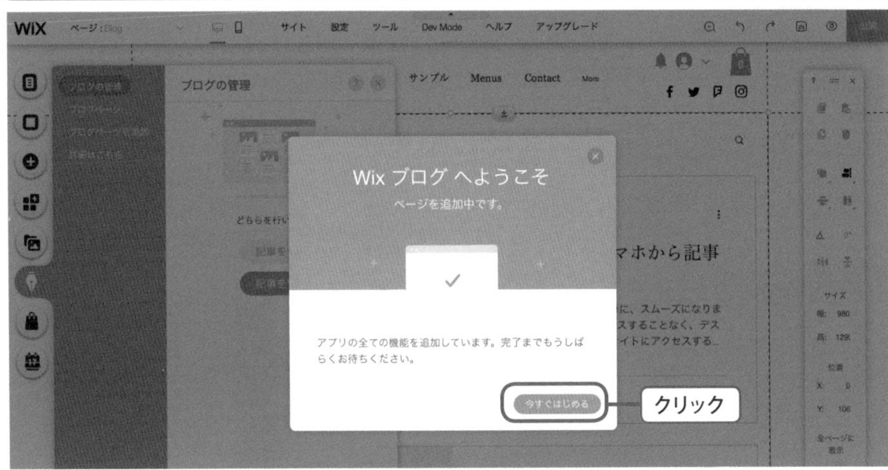

2 記事を作成

(1) [ブログ] ボタンをクリックし、[ブログの管理] をクリックします。[記事を作成] をクリックし、タイトルと本文を入力します。

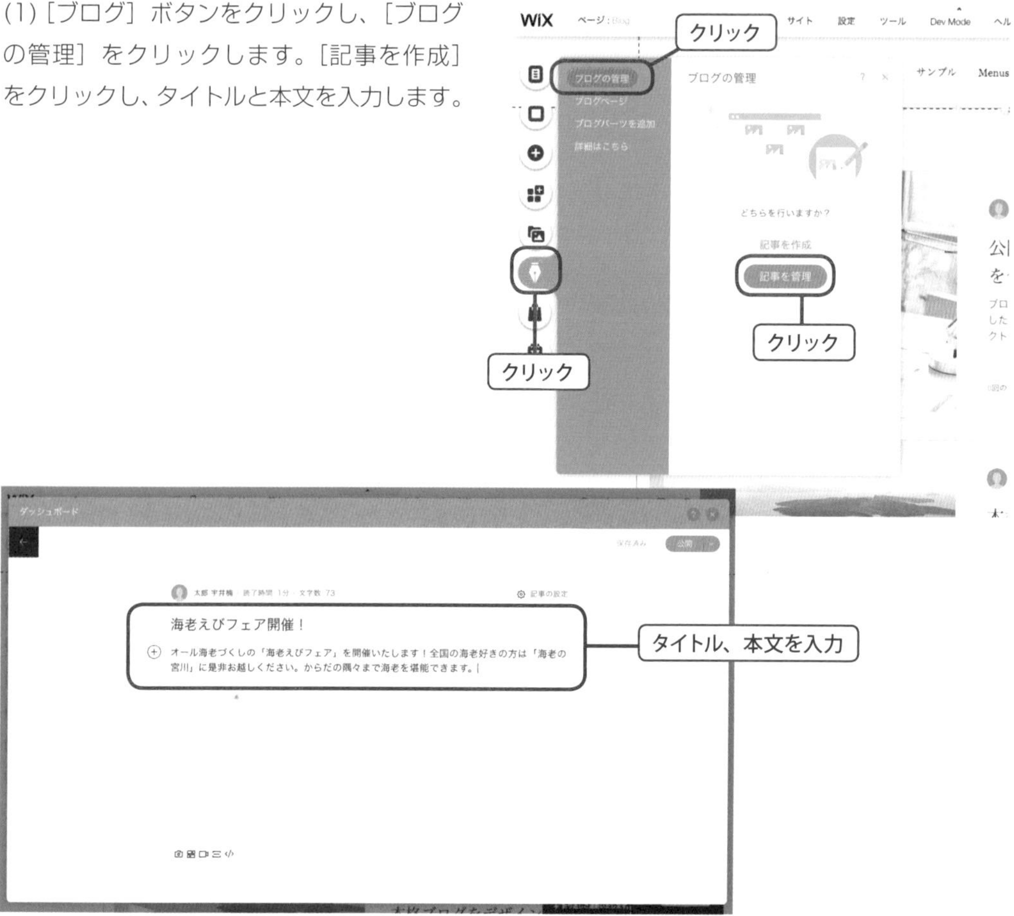

(2) 本文中に画像を追加する場合は、追加したい行に現れる [+] ボタンをクリックすると [Add an Image(画像)] アイコンが現れるのでクリック。すると [画像を選択] ウィンドウが開きますので、[+ アップロード] からオリジナルの画像をアップロードするか、[Wix 画像・動画素材] タブから画像を選択するなどして [ページに追加] をクリックすると画像が追加されます。

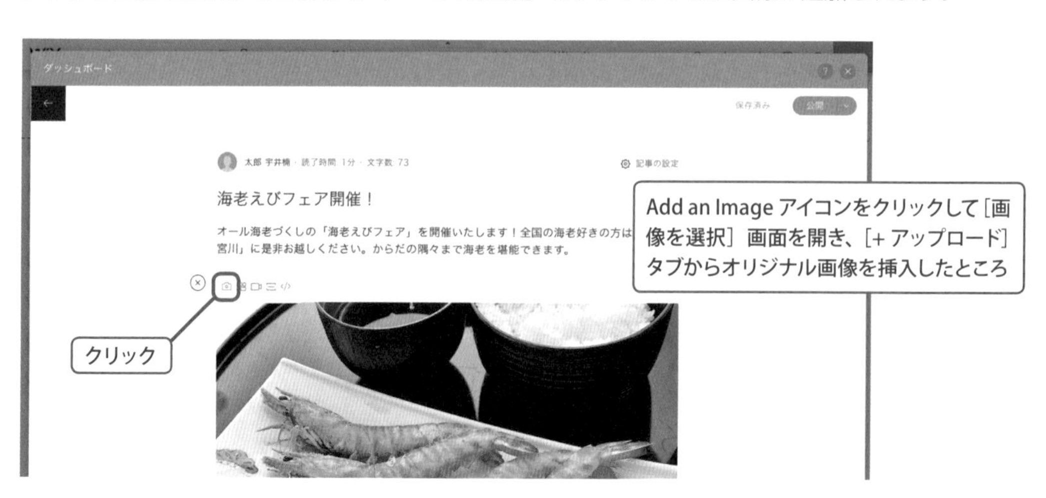

第1章 基本操作

(3) 追加した画像を選択すると各種アイコンが現れます。画像のサイズの選択や左・中・右揃えの変更やリンクやキャプション、Alt テキストの設定などができます。

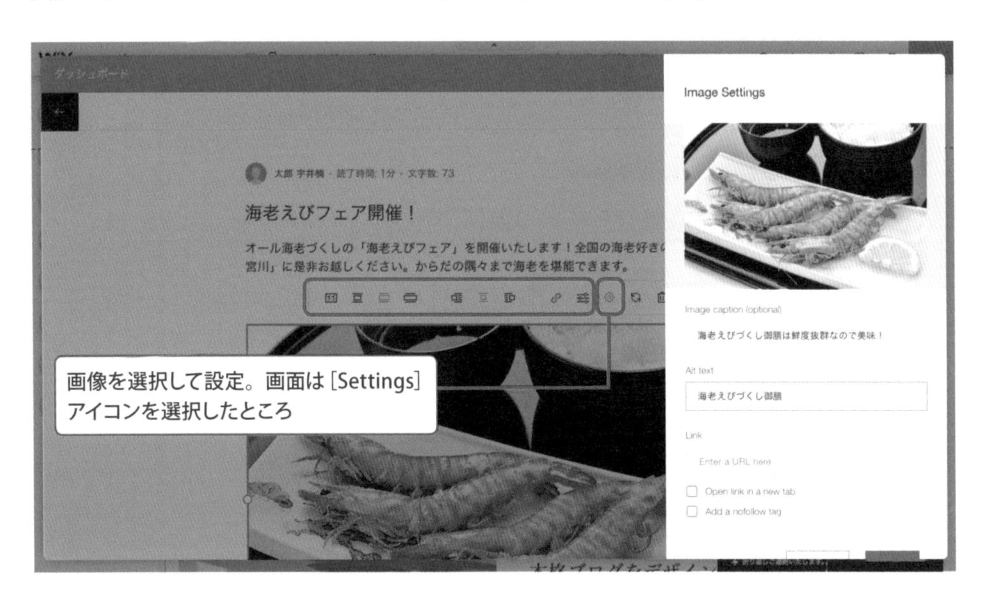

(4) 画像以外にも［Add a Gallery(ギャラリー)］、［Add a Video(動画)］などが同様の手順で追加可能です。

(5) テキストを見出しにすることもできます。見出しにしたいテキストをドラッグして選択します。選択すると書式を設定することができるので、［Title］をクリックします。選択したテキストが大きくなり見出しに設定できます。

(6)［公開］をクリックして、［記事を管理］を閉じます。［プレビュー］をクリックして確認しましょう。

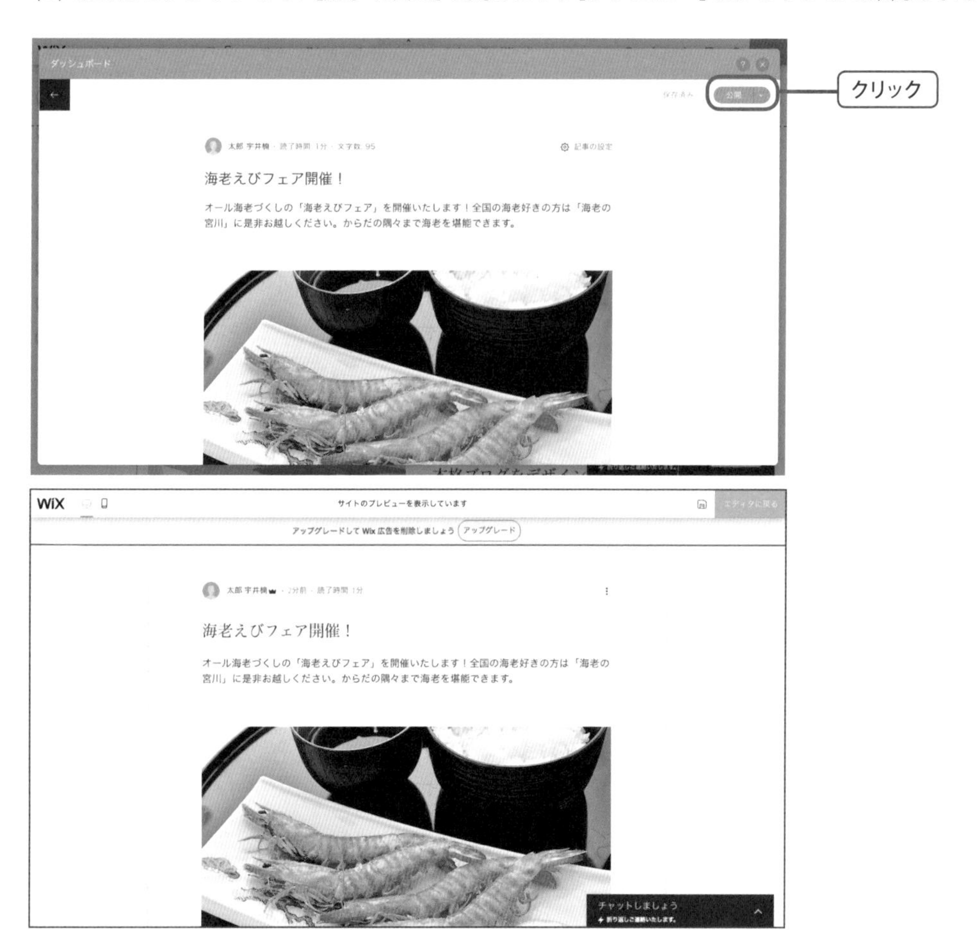

3 記事の管理

(1)［ブログ］ボタンをクリック、［ブログの管理］をクリック、［どちらを行いますか？］で［記事を管理］をクリックすると［記事を管理］ウィンドウが開きます。編集したい記事の［編集］をクリック、記事が開いたら［記事の設定］をクリックします。

(2) [基本設定] タブでは [投稿日]、[執筆者]、[カバー画像を変更] とその表示の [on] や [off]、[特集記事に設定] などの設定ができ、[特集記事に設定] をするとブログパーツで特集記事に設定したものが表示されます。

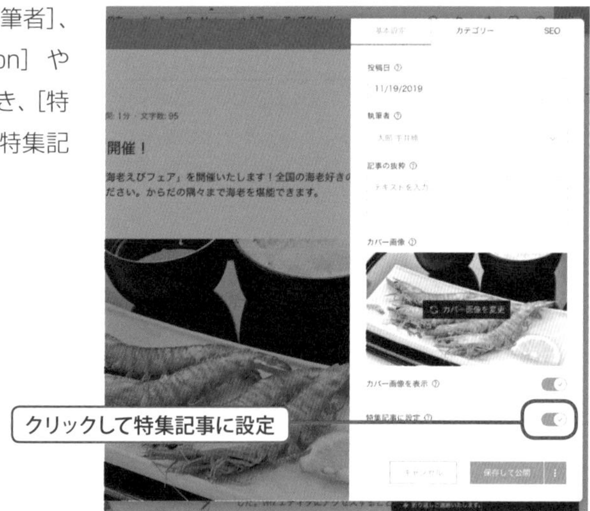

(3) [カテゴリー] タブでは、記事のカテゴリー分けを行います。[カテゴリーを作成] をクリック。[カテゴリーラベル] と現れるので [フェア] と入力します。[カテゴリーを追加] に [フェア] が表示されるのでそれをクリックして選択します。

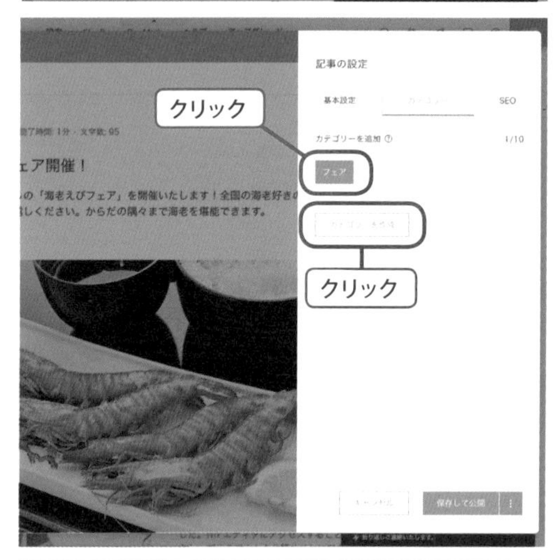

(4) [SEO] タブではブログの記事ごとに検索エンジン最適化 (SEO) を設定できます。ブログの記事を作成するごとに設定を行うと効果的です。SEO に関する詳細は本書の 34 節「Wix サイトの SEO·SEM」をご参照ください。[SEO] タブの設定が終了したら [保存して公開] をクリックします。

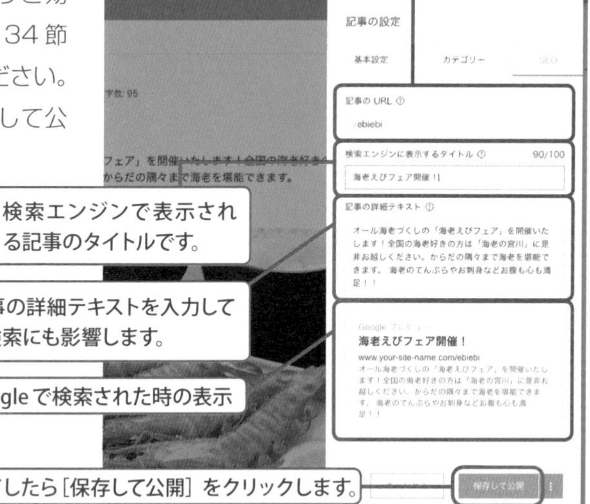

第1章 基本操作

(5) [保存して公開] をクリックすると [記事を管理] に戻り、変更されたブログが公開されます。次にこの記事を下書きにする方法を説明します。再度 [編集] をクリックします。

(6) [変更を公開する] ボタンの隣をクリックすると [下書きに戻す] が表れます。こちらをクリックすると下書きタブに収納されます。
下書きに出来ることが確認できたら、[編集] ボタンをクリックし、[公開] ボタンをクリックして公開しておきます。

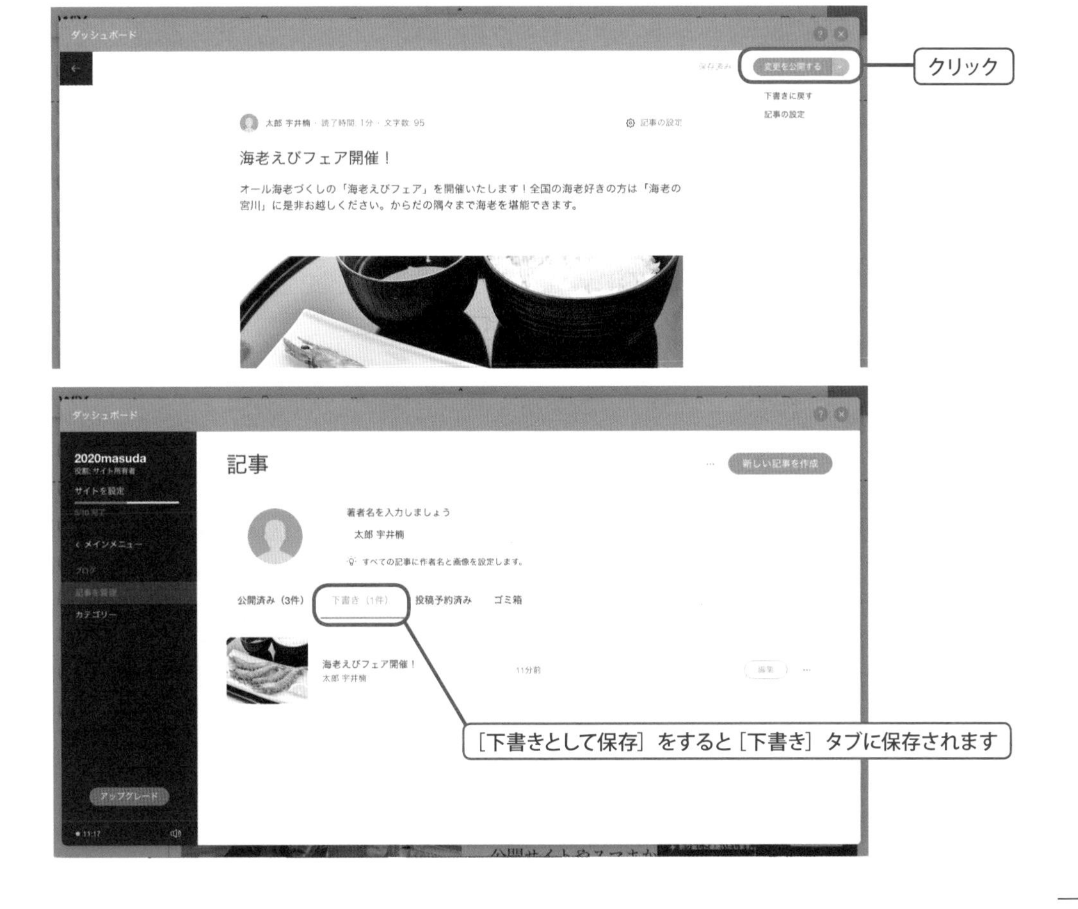

4 設定

(1) ブログを選択し［設定］をクリックして、［Blog］ウィンドウを開きます。

(2) ［Blog］ウィンドウの［設定］をクリック。［配信登録者にメールを送信する］はブログの購読者に新着記事が投稿されるとメールでお知らせする事ができます。

5 表示設定

(1) [Blog] ウインドウの [表示設定] をクリック。[フィードに表示する項目] を設定することができます。

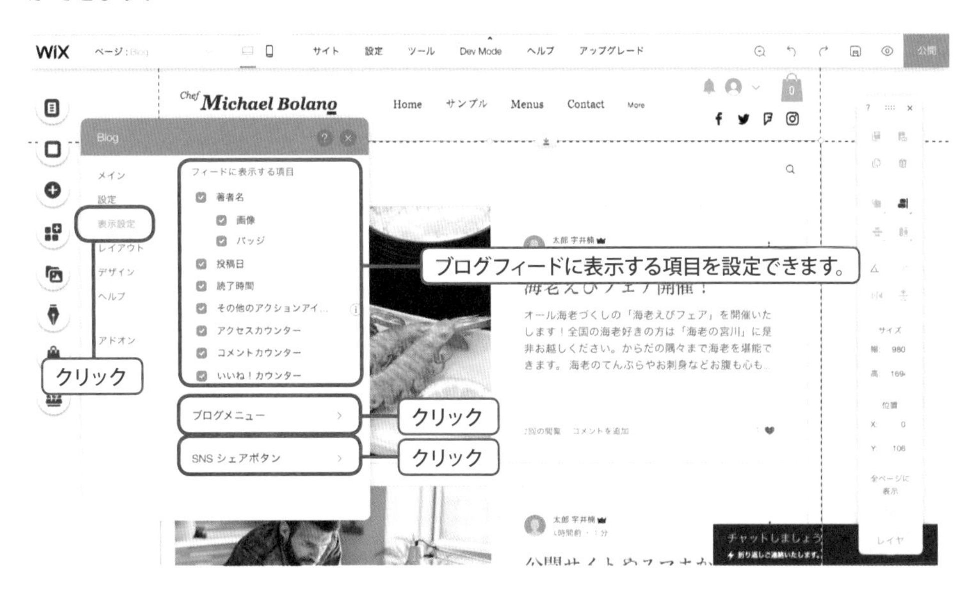

(2) [ブログメニュー] をクリックすると [ブログメニュー] に表示する項目を設定することができます。

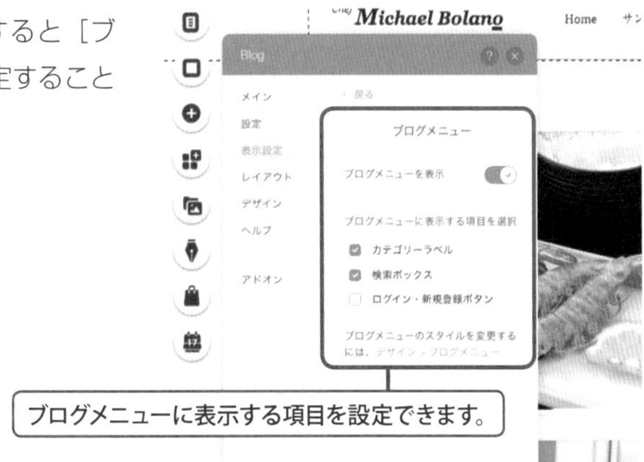

(3) [SNS シェアボタン] をクリックすると、Facebook や Twitter などの SNS ボタンの表示を設定することができます。

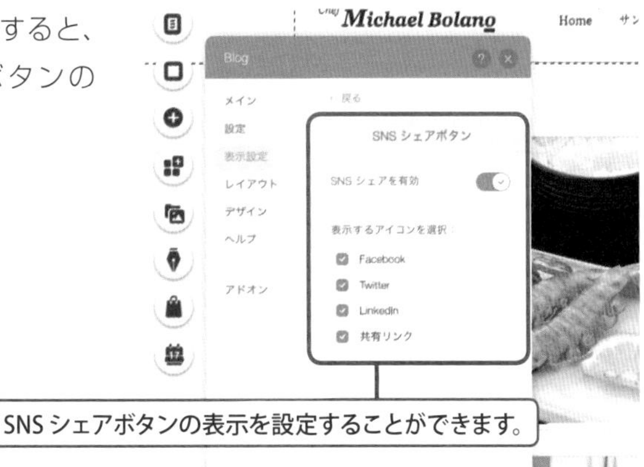

6 レイアウト

[Blog] ウィンドウの [レイアウト] をクリックして画面を開きます。[全記事フィード] の [レイアウトを選択] の [雑誌] をクリック。同様に [カテゴリーページ] も [雑誌] を選択します。

7 デザイン

(1) [Blog] ウィンドウの [デザイン] をクリック、[ブログメニュー] をクリックして画面を開きます。

(2) [クリック·ホバー時のフォント色] を [#DE5021] に、[背景の不透明度·色] を [#B0E8E1] に設定します。

(3) [Blog] ウインドウの [デザイン] から [Posts] をクリック。全記事フィードの [タイトルのスタイル・色] を [文字サイズ] を 28px にして [太字] を選択します。

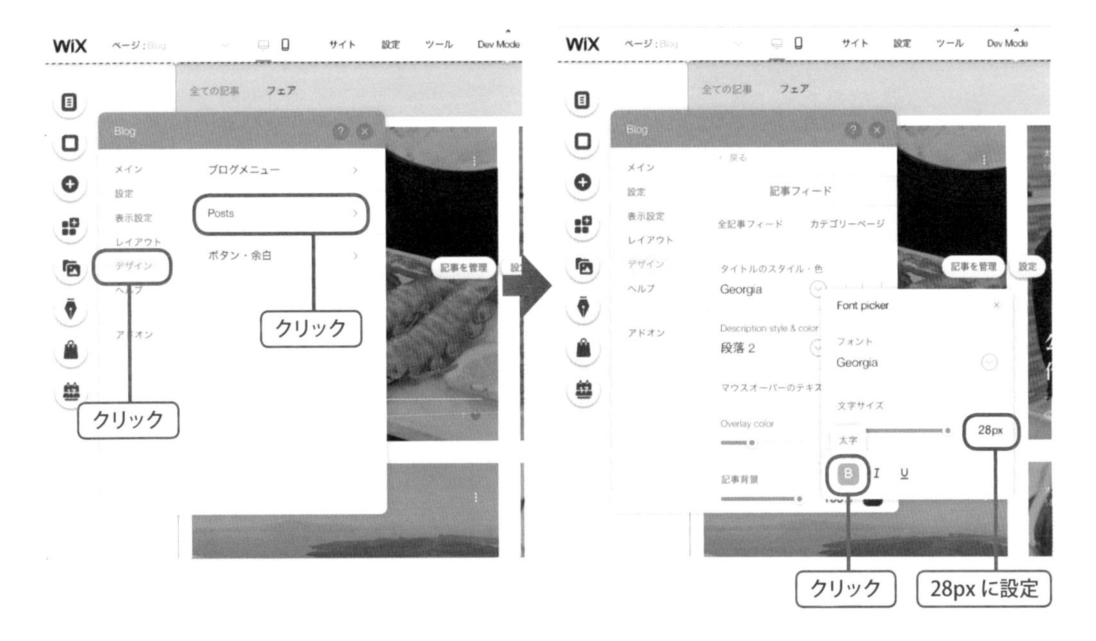

(4) 同じように［Blog］ウィンドウのデザインから［ボタン・余白］をクリック。フィードの背景を［#F4EAB1］にします。設定が終わったら、［Blog］ウィンドウを［×］ボタンで閉じましょう。

8 アドオン

(1) アドオンを追加する事でページに［カスタムフィード］や［最新記事フィード］［ユーザーページ］［RSS ボタン］などを追加する事ができます。ブログを選択し［設定］をクリックして［Blog］ウィンドウを開き、［アドオン］をクリックします。

(2) アドオンのウィンドウが開きますので、［最新記事フィード］の［ページに追加］ボタンをクリック。表示されたメニューの［Home］をクリックするとページの［Home］に［最新記事］フィードが追加されます。

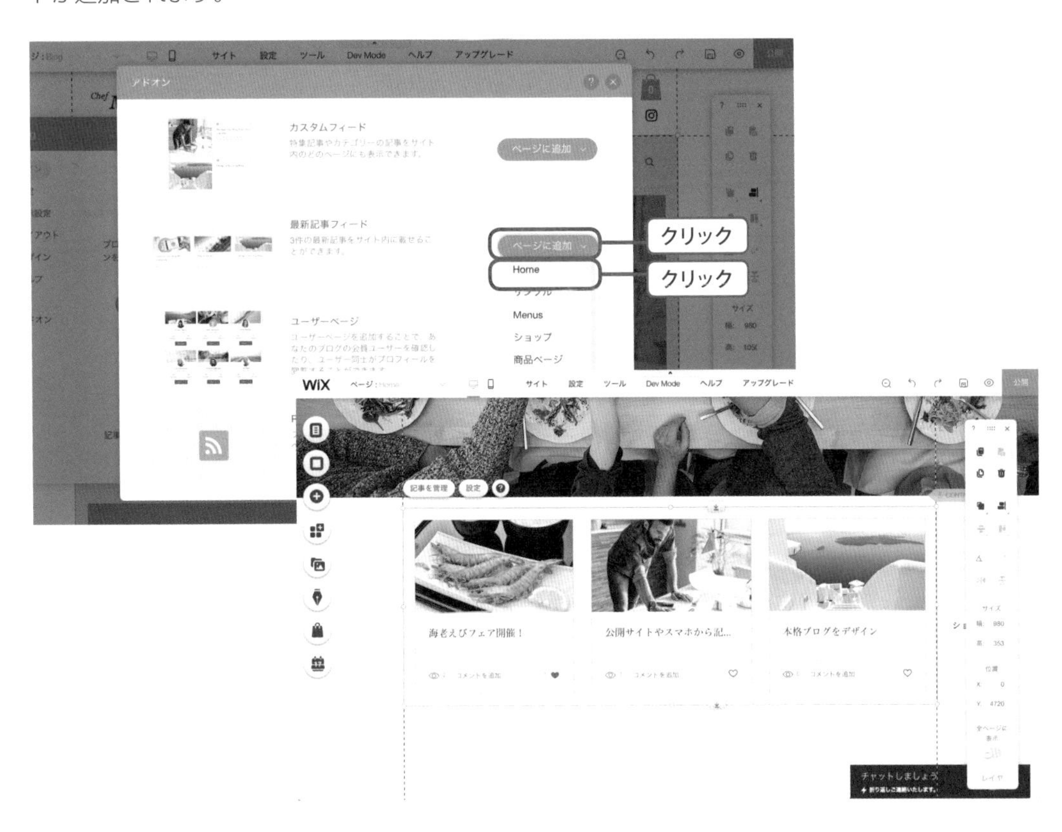

チェック

［ブログ］ボタンをクリック、［ブログパーツを追加］をクリック。ここからも［最新記事］のフィードを追加する事ができます。この場合は表示しているページに［ブログパーツを追加］が適用されるので自分の使いやすい方法で追加してください。

26

Wix App Market

Wix には様々な機能追加が簡単に行えるアプリケーションが用意されています。無料とプレミアム（有料）に分かれており、日本語化されたものとローカライズしていないものがあります。

1 SNS をまとめて表示

(1) SNS をまとめて表示させるフィードを追加します。[アプリ (Wix App Market)] ボタンをクリックし、[ソーシャル] をクリックします。[Social Media Stream] をオンマウスして [＋追加する]をクリックします。[アプリを追加しようとしています] 画面が現れるので [＋アプリを追加] をクリックします。
※ここでは、[ブログパーツ] の [最新記事] の下に配置します。

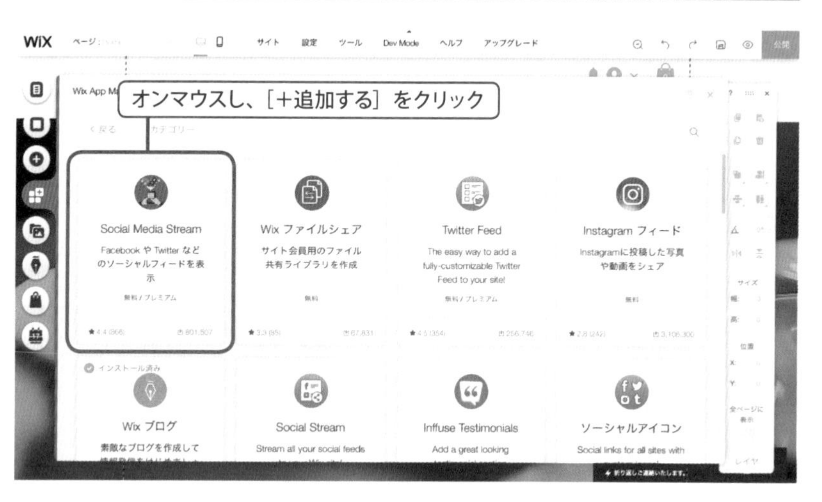

第1章 基本操作

(2) 追加した［Social Media Stream］を選択して［設定］をクリックし、［Feeds］をクリックし、［Add Feed］をクリックします。次の画面で［Facebook］をクリックし［Select account type to connect］の［Facebook Page］にチェックを入れます。ログイン画面が現れた場合はご自分の Facebook のアカウントでログインしてください。その後管理している Facebook ページを選択する画面が出てきますので、任意のページを選択して［次へ］ボタンをクリック。［Social Media Stream に許可するアクセスの設定］をして［完了］をクリック。次の画面で［OK］をクリックします。

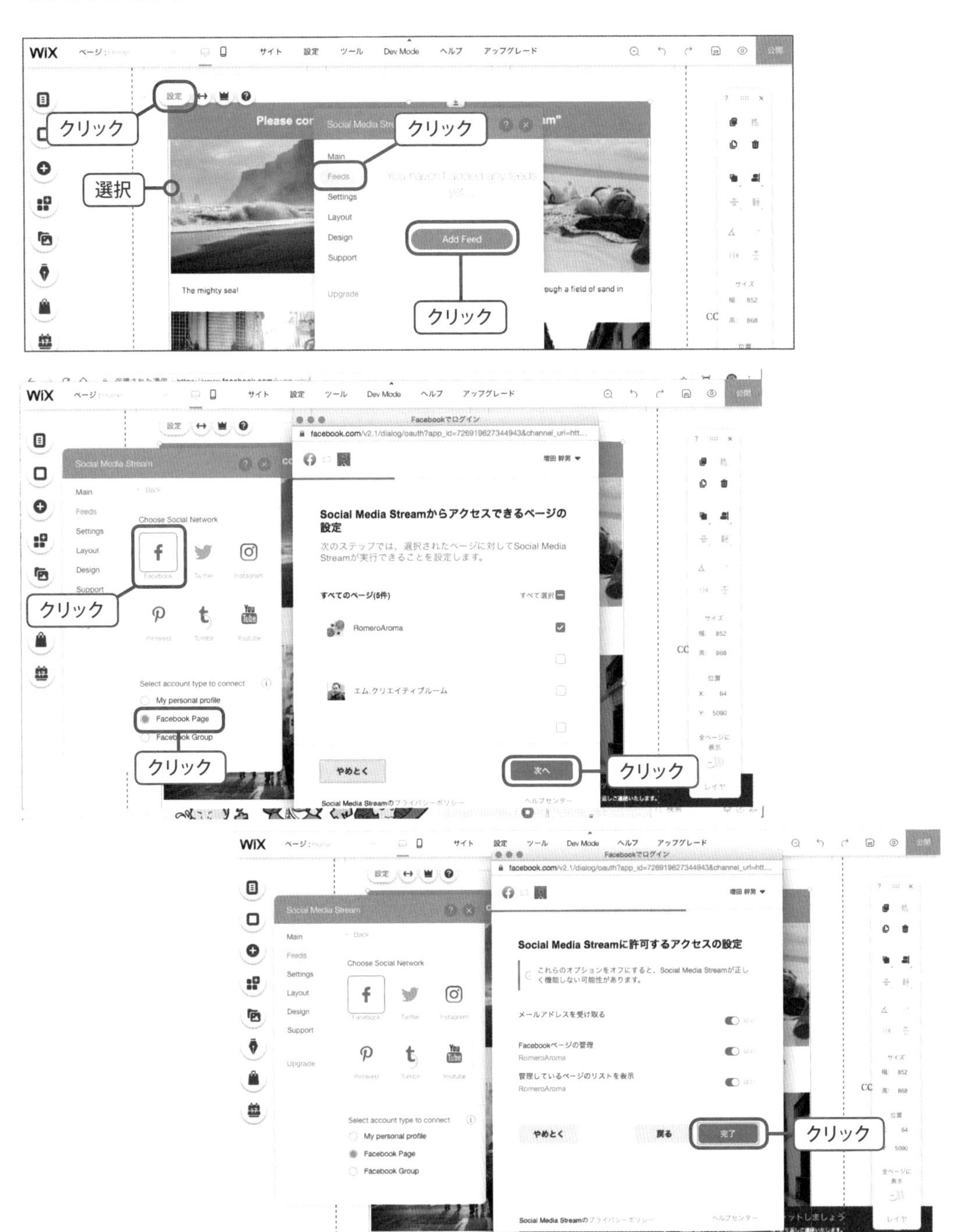

(3) [Please select] をクリックし、先ほど設定した Facebook ページを選び [Connect Account] をクリックします。

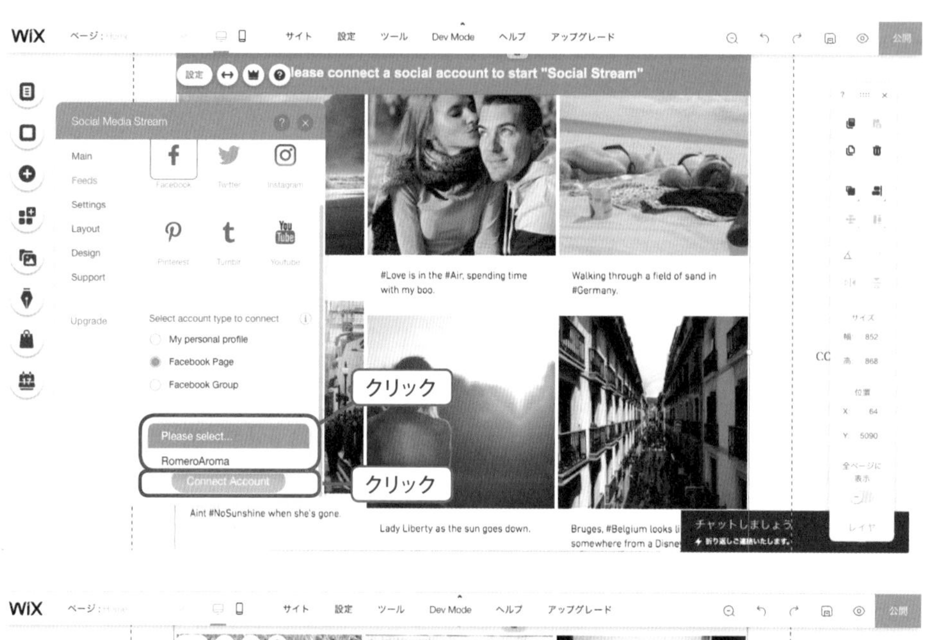

(4) 同様の手順で他の SNS を接続してみましょう。フィードに追加されます。

2 トップへ戻るボタン

(1) スクロール中にトップへ戻るボタンを追加します。[アプリ(Wix App Market)] ボタンをクリックし、[Made by Wix] をクリックします。次の画面で [トップへ戻る] にオンマウスして [+追加する] をクリックします。
※画面に探しているアプリが表示されない場合はスクロールしてください。

(2) ［トップへ戻る］を選択し、［レイアウト］をクリックします。［レイアウトオプション］の［アイコン］を選択し、［ボタンのサイズを選択］を［小］に設定します。

チェック

プレビューで確認してみましょう。

第1章　基本操作

メディア

Wix では画像・ベクターアート・動画・フォント・文書・音楽ファイルをアップロードすることができます。アップロードしたファイルはダウンロードすることも可能です。

1 画像・ベクターアート・動画・文書・音楽ファイル

［メディア］ボタンをクリックし、［メディアをアップロード］をクリックすると、［アップロード］ウィンドウが開きます。ファイルをドラッグ & ドロップするか、［PC からアップロード］をクリックし、アップロードするファイルを選択します。同様の要領でベクターアートや動画ファイル、文書、音楽ファイルもアップロード可能です。

2 Instagram アカウントから画像や動画のインポート

Instagram などの SNS から画像をインポートすることもできます。[メディア] をクリックし、[Instagram] をクリック。[アップロード] ウィンドウが現れるので [Instagram を接続] をクリックします。認証画面が現れるので [承認] をクリック。Instagram 内の画像をアップロードできるようになります。

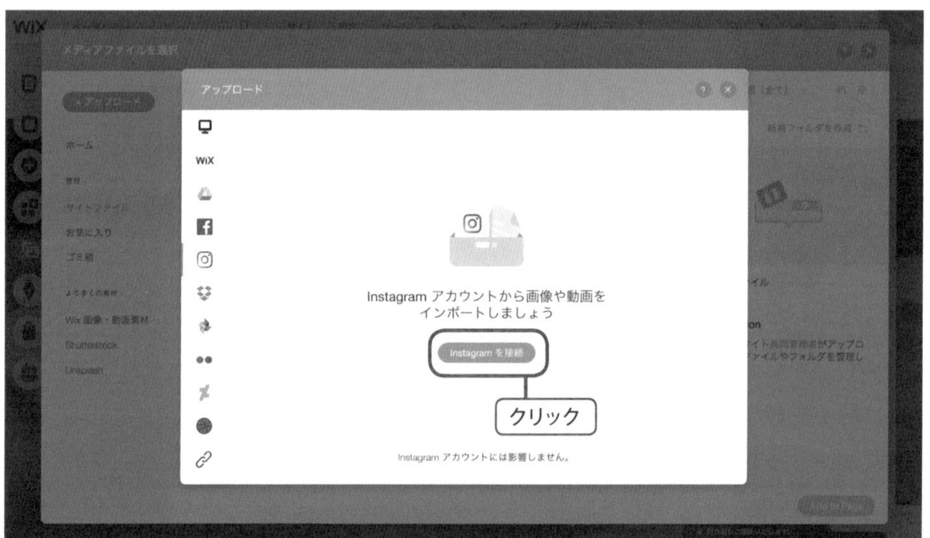

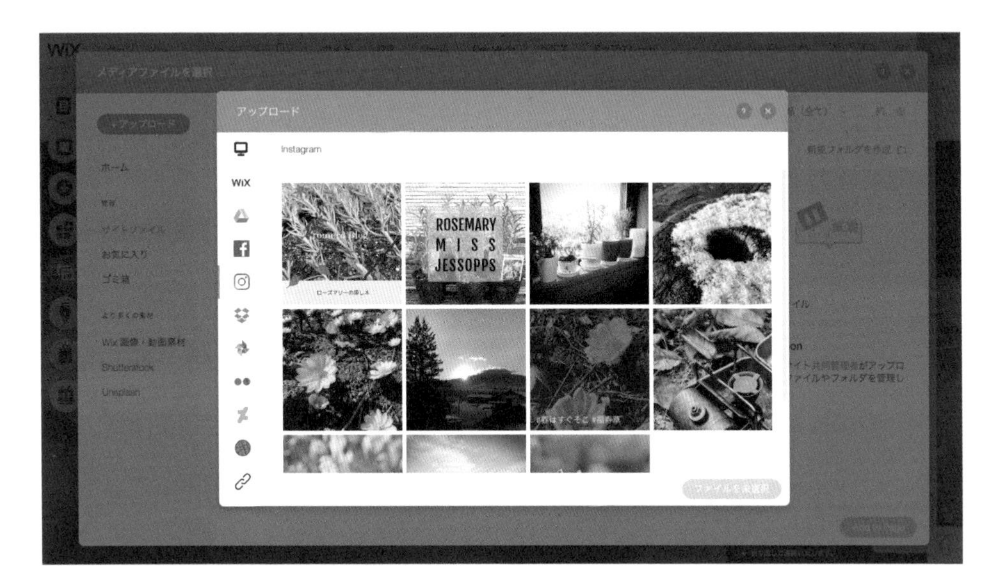

注意

Wix でサポートされているメディアファイルの形式

画像：jpg、png、gif

フォント:TTF タイプ（フォントは［テキストを編集］の［フォント］から［フォントのアップロード］でアップロードできます。著作権フリーのフォントをご利用ください。）

ベクターアート：svg

音楽ミニプレーヤー：MP3

Wix ミュージック：WAV、FLAC、M4A（Apple Lossless）、MP3

Wix ビデオ：QuickTime、AVI、MP4 など

文書：.doc と .docx、.xls と .xlsx、.ppt と .pptx、.odt、.odp、pdf（パスワード保護されたファイルはアップロードできません）

第2章

サイトの管理

サイトの複製、削除、ドメインの管理、Wix アカウントの管理などを行います。ドメインの変更（サブドメインとディレクトリ部分）では、任意の名前が付けられるのでサイトに関連するものに変更してみます。また、Wix アカウント間でのサイトの移動も可能です。

サイトの管理

Wix のサイトの基本情報、アップグレード、SEO などの設定を行う管理画面を解説します。サイト単位で様々な操作が可能です。
参照ページ URL　https://ja.wix.com/

1 サイトの管理へのアクセス

(1) Wix のトップページ（http://ja.wix.com/）へアクセスし、未ログインの場合は画面右上の［ログイン／新規登録］をクリックし、次画面にて［メールアドレス］と［パスワード］を入力して［ログイン］します。

(2) ダッシュボード画面へ移動します。サイトの複製・削除・移行メニューや、サイトの管理画面、設定画面に移動する際の目次のような画面です。ダッシュボード画面の左側にあるメニューから［設定］をクリックします。

(3) 管理しているサイトが複数ある場合は、管理しているサイトのサムネイル画像が並んでいるので、編集したいサイトの画像の上にマウスを載せ、表示された［選択］をクリックします。

2 サイト管理画面

①**プラン**　アップグレードを行います。アップグレード済みの場合は、支払い方法の更新や、プラン変更等のプランの管理を行います。

②**ドメイン**　独自ドメインの新規取得や購入、接続済みのドメインの管理を行います。

③**公開状況**　サイトの公開と非公開を切り替えます。

④**サイト名**　サイト名を変更します。フリードメインの場合は、サイト名と、URL の末尾を変更するポップアップ画面が表示されます。

⑤**ウェブアドレス**　フリードメインの時は、④サイト名と同様のポップアップが表示されます。独自ドメイン接続済みの場合は、②ドメインと同じページへ飛びます。

⑥**編集履歴**　編集履歴を閲覧し、過去の状態に復元が可能です。

⑦**基本情報**　ビジネス情報を設定する画面へ飛びます。

⑧**ファビコン**　基本情報（⑦）ページ内にあるファビコン設定画面へ移動します。ファビコンとは、ブラウザタブのアイコンです。アップグレード時のみ設定が可能です。

⑨**ソーシャル**　SNS のシェア画像の設定や、Facebook のユーザーネーム設定を行います。

⑩**共同管理者**　複数のアカウントでサイトを管理する際に、他 Wix アカウントへサイトの編集が可能な権限の付与設定が行えます。

⑪ **SEO**　サイトの SEO 管理関連の画面へ移動します。

⑫**アクセス解析**　Google アナリティクスや、他アクセス解析に関する設定を行います。アップグレード時のみ設定可能です。

⑬ **SSL サーバ証明書**　SSL サーバ認証のオンオフを切り替えます。サイト公開後、有効になります（フリープランも独自ドメイン接続も同様）。SSL とは、サイトと訪問者間のデータ送受信を暗号化し、セキュリティを強化する仕組みのことを言います。基本的には有効にしておきましょう。

⓮**設定メニュー**　右側メニューと同じ数字のショートカットです。右側にないメニューが 8 項目あります。

⓮ **-1 ビジネス用メール**　G suite を使用したメールアカウント作成ページへ移動します。独自ドメインが必要となります。フリープランの際はドメイン設定へ案内されます。独自ドメインがある場合は、メールアカウント作成へと案内されます。別途費用が必要となります。

⓮ **-2 支払い状況＆決済方法**　サイト内で、ショップ機能、予約機能などで決済が必要な場合の支払い状況や決済方法の設定を行います。

⓮ **-3 ストア配送料**　サイト内で、ショップ機能での配送料を設定します。都道府県別設定が可能です。※ショップアプリを追加した際のみ表示。

⓮ **-4 ストア消費税**　サイト内で、ショップ機能の消費税を国別に設定します。消費税の表示設定も設定できます。※ショップアプリを追加した際のみ表示。

⓮ **-5 リリースマネージャー**　サイトの新しいバージョンをリリース候補版とし、閲覧できる人数の割合を設定し、現在公開しているサイトと、リリース候補版が表示される割合を設定します。

⓮ **-6 ショップ設定**　ショップ機能を利用する際のみ表示されます。受注／規約・ポリシー／お支払い画面の設定／注文の通知メール等の設定を行います。

⓮ **-7 Inbox 設定**　Inbox では、ショップ購入時・予約時・お問い合わせ時にサイト訪問者の動作が一覧で表示され、やりとりができます。返信をする際などに使用します。返信は、訪問者が入力したメールアドレスへとなるため、返信時のビジネス名や送信元の名前、件名、著名などのメール設定をします。通知のオンオフも切り替えができます。

⓮ **-8 見積書・請求書**　見積書・請求書の設定を行います。

■基本情報

サイトやビジネスの情報を入力して Google などの検索エンジンに登録します。

- 連絡先情報：メールアドレス・電話番号
- 基本情報：ビジネス名またはサイト名・詳細・ロゴ
- ファビコンの設定（アップグレード時のみ設定可能）
- 決済方法：オンライン決済を行う場合、決済方法を追加します
- 配送地域：オンラインショップを利用する際、配送地域を設定します
- 地域：ビジネスの所在地がある場合は、住所等を設定します
- 地域設定：言語や通貨、時間帯の設定をします

■ SEO

設定状況の確認、SEO ウィザードアプリへのアクセス、［SEO 詳細設定］ではヘッダーのタグ編集と 301 リダイレクト設定が行えます。

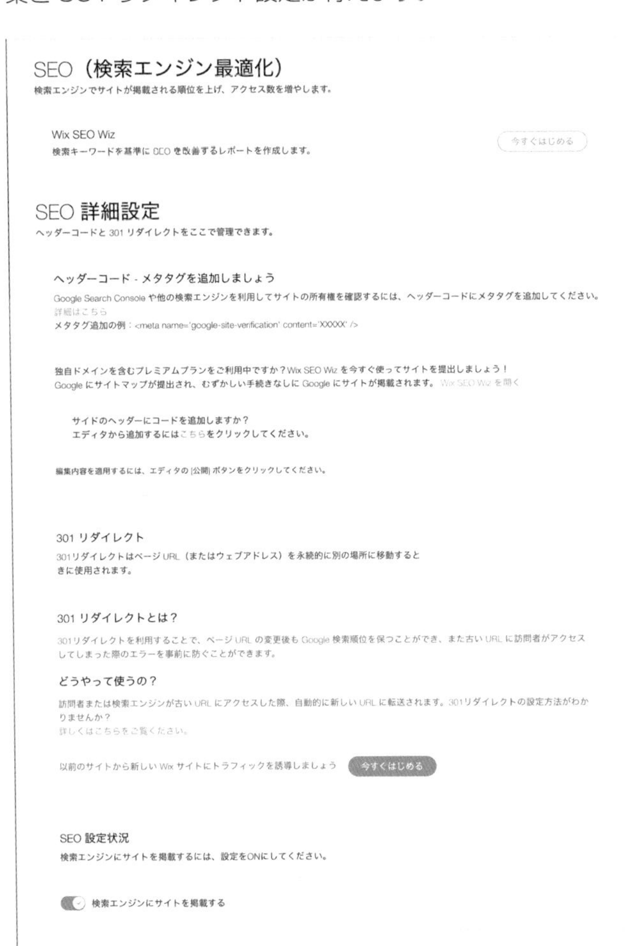

■ソーシャル

SNS でのシェア画像、Facebook のアカウント設定を行います。

■アクセス解析

Google アナリティクス、他アクセス解析の設定を行います。

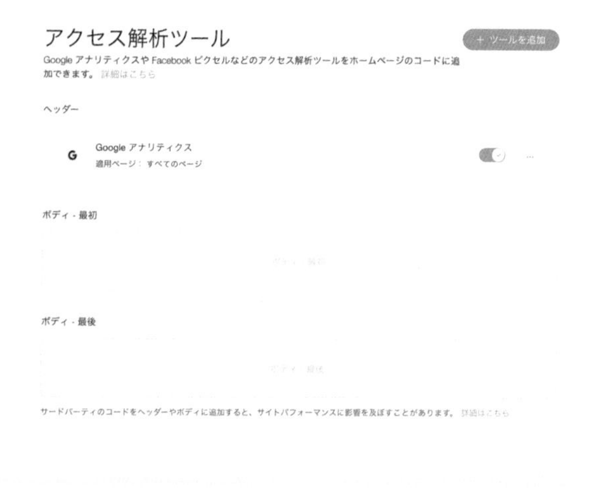

■共同管理者

共同編集が行える Wix アカウントを追加します。

ドメインの変更

Wixで割り当てられたドメインを変更します。サイトに関連性のあるドメイン名でわかりやすいものにしましょう
参照ページURL　https://ja.wix.com/

1 ドメインを変更

(1) 引き続き「サイトの管理」画面でドメインを変更します（正確にはサブドメインとディレクトリ部分の変更です）。Wixのドメインの構成は、https://www.□□□.wixsite.com/△△△となっています。□□□部分は登録時のメールアドレスを元にWix側から割り当てられた英数字で、△△△部分は保存時に自分で設定したものです。まず□□□部分の変更方法です。アカウント名のオンマウスで表示される［アカウント設定］をクリックし、「アカウントの設定」の［ユーザー名］を6文字以上20文字以内の英数で任意のものに変更し（ユーザー名は□□□部分に該当します）、［変更内容を保存］をクリックします。

WiX　マイサイト　ヘルプ　太郎 宇井楠
□□□変更時にクリック
＜ メインメニュー
サイトを管理
管理メニュー
プレミアムプラン
ドメイン
メールアカウント
SEO
ファビコン
ソーシャル
アクセス解析

管理メニュー

プラン	無料	アップグレード
ドメイン	独自ドメインに接続してください	管理
公開状況	未公開	詳細はこちら
サイト名	Sample02	編集
ウェブアドレス	未公開	管理
編集履歴	サイトの過去の編集履歴から復元できます。	編集履歴から復元

WiX　マイサイト　機能紹介　作成事例　プレミアム　テンプレート　サポート

アカウント設定
□□□部分を変更

ユーザー名 / メールアドレス
ユーザー名　daisuki1
メールアドレス　wixdaisuki@gmail.com
変更内容を保存

名前 / プロフィール画像
名　太郎
姓　宇井楠
プロフィール画像　画像をアップロード
変更内容を保存

パスワード
現在のパスワード
パスワードがわからない？
ソーシャルログイン

(2) 続いて△△△部分の変更方法です。サイト管理メニューの ((1) の図にある)「サイト名」の［編集］をクリックすると「サイト名を変更」ウィンドウがポップアップされます。「サイトアドレス (URL)」の末尾部分に 4 文字以上 20 文字以内の英数字を入力し、［保存］をクリックします。
※いずれも、他のユーザーとの重複、管理しているサイトの重複があった場合は登録できません

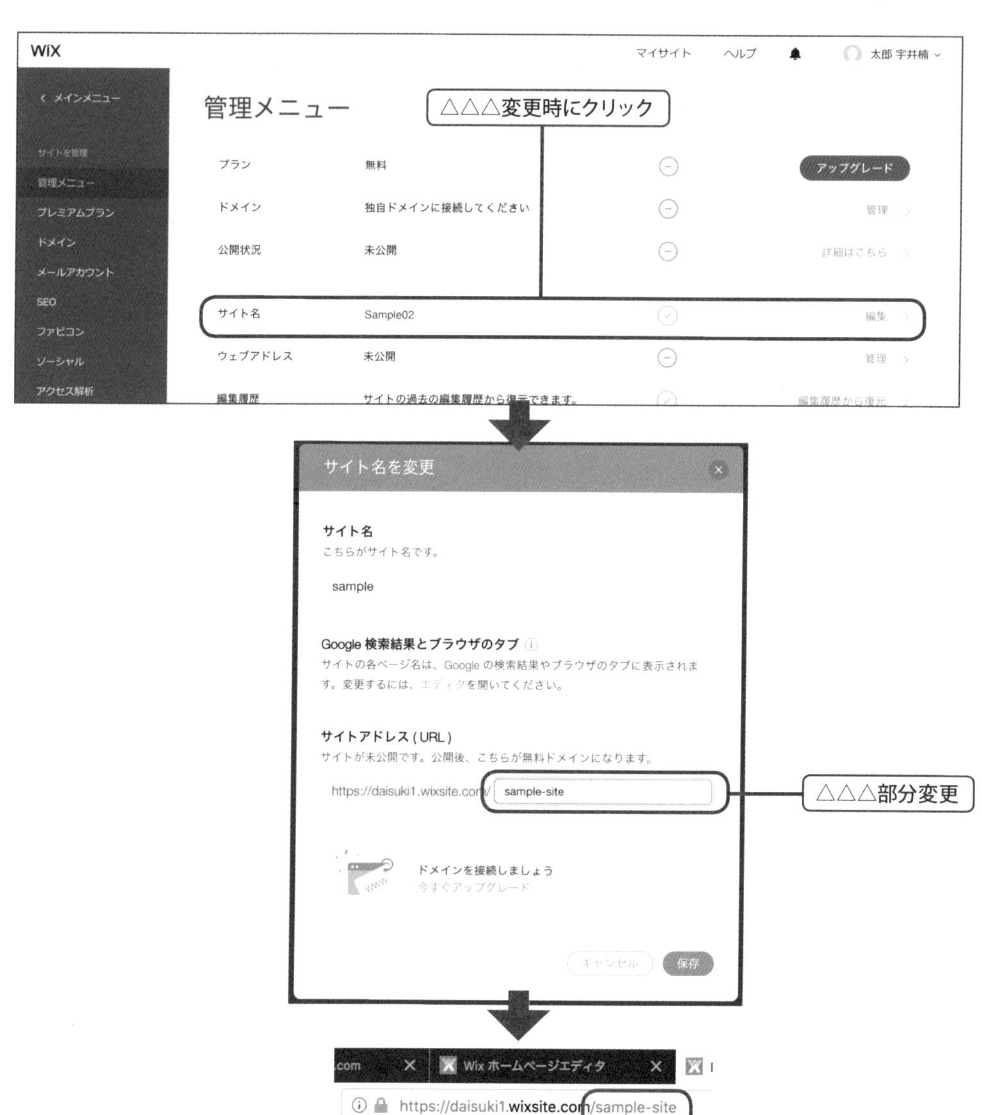

第2章 サイトの管理

サイトの復元

Wix はエディタ画面の「戻る」「進む」の作業単位での操作とは別に、サイトの「保存」、「公開」の履歴を記録しています。履歴を元に過去に戻ってサイトを復元することが可能です。

1 サイトの編集履歴

(1) サイト管理画面で［編集履歴から復元］をクリックします。

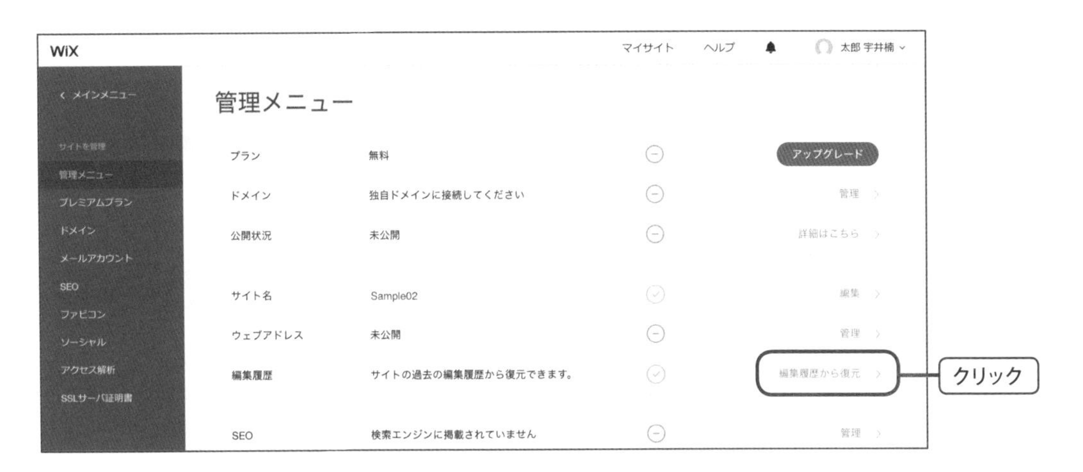

(2) サイトの「保存」と「公開」の履歴が画面左に表示されます。「公開済み」と「手動で保存されました」と、履歴が保存までか、公開済みであるかを確認できます。マウスオンすると［表示］ボタンが表示され、該当日時のバージョンを表示して確認することができます。［表示］するとボタンが［復元］へ変わり、［復元］をクリックすると、「お待ちください！」という、誤って押していないかの確認のための画面がポップアップされます。再度［復元］をクリックすると、該当日時のバージョンを復元します。「復元」は「保存」状態なので、［エディタを開く］へと誘導されます。「復元」の内容をサイトへ反映するためには、［エディタ］画面にて［公開］が必要です。

(3) また、日時の部分をクリックすると、バージョンの名前を編集できます。

(4) 星マークをクリックすると、履歴に対してマークが設定できます。

(5) 編集したい履歴を探す場合、［表示］のプルダウンから［すべての編集履歴］［公開済み］［手動で保存されました］［星付き］のフィルタをかけて表示することができます。

サイトの複製と削除

一度作成したサイトをベースに新たなサイトを制作したい場合など、サイトを丸ごとコピーして編集することができます。逆に、サイトを丸ごと削除する方法もありますので、紹介します。

1 サイトの複製

※この項目では実際の編集作業は行いません

(1) サイトを丸ごと複製します。ダッシュボード画面の［簡易アクション］をクリックしてプルダウンメニューにある［サイトを複製］をクリックします。

(2) ポップアップした画面で［以下のサイトを複製しますか？］へ任意の名前を付けて［複製］をクリックします。

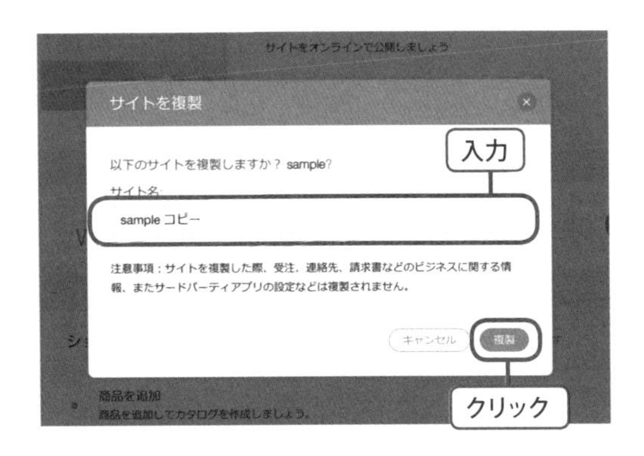

(3)「マイアカウント」の画面で、複製したサイトが一番上に追加されたことを確認しましょう。

2 サイトの削除

※この項目では実際の編集作業は行いません

(1) サイトを丸ごと削除します。ダッシュボード画面の［簡易アクション］をクリックしてプルダウンメニューにある［サイトを削除］をクリックします。

(2) ポップアップした「サイトを削除」ウィンドウで［削除］をクリックします。削除され、マイアカウント画面が開きます。

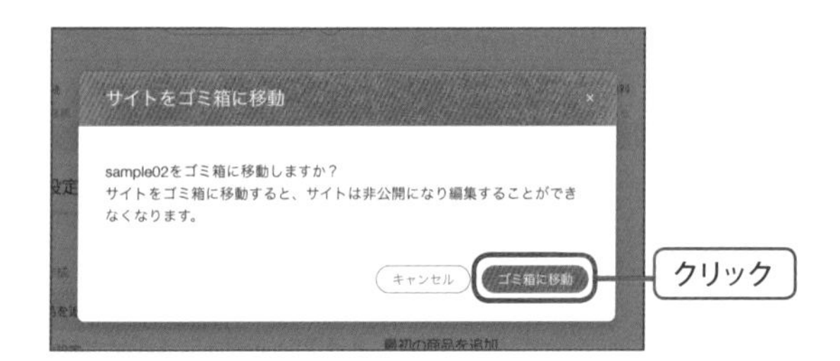

アカウント間の移動

本節では、別のアカウントへサイトを移動させます。プレミアムパッケージへの移動はできないのでご注意ください。

1 サイトの移動

※この項目では実際の編集作業は行いません。

(1) サイト管理画面の［簡易アクション］をクリックしてプルダウンメニューにある［サイトを移行］をクリックします。

(2) ポップアップしたウィンドウで、移動先のアカウントのメールアドレスを入力し、［移行後もサイト共同管理者として維持する。］［移行元アカウントにサイトのコピーが保存されます。］に任意でチェックを入れ、［次へ］をクリックします。

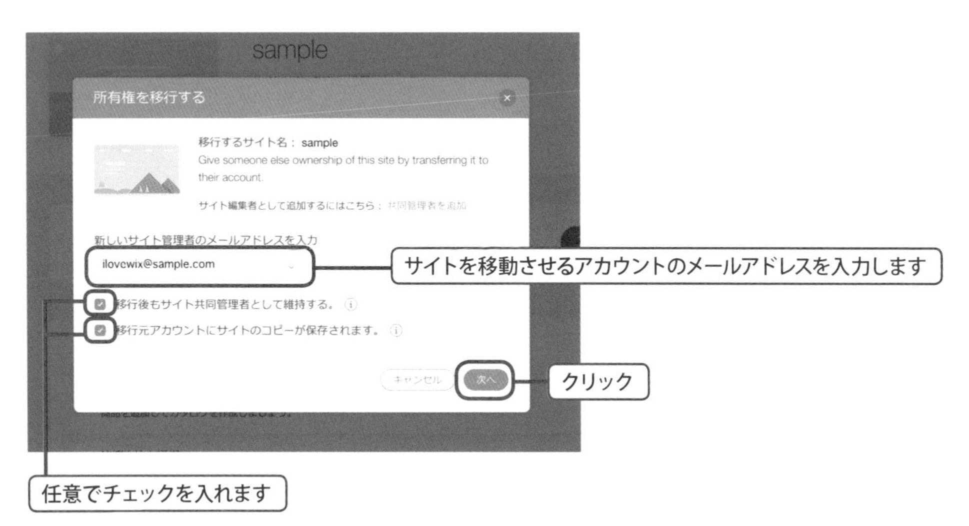

(3) 次の画面でチェックボックスにチェックが入っていることを確認し、[所有権を移行する] をクリックします（チェックボックスにチェックが入っていないとクリックできません）。

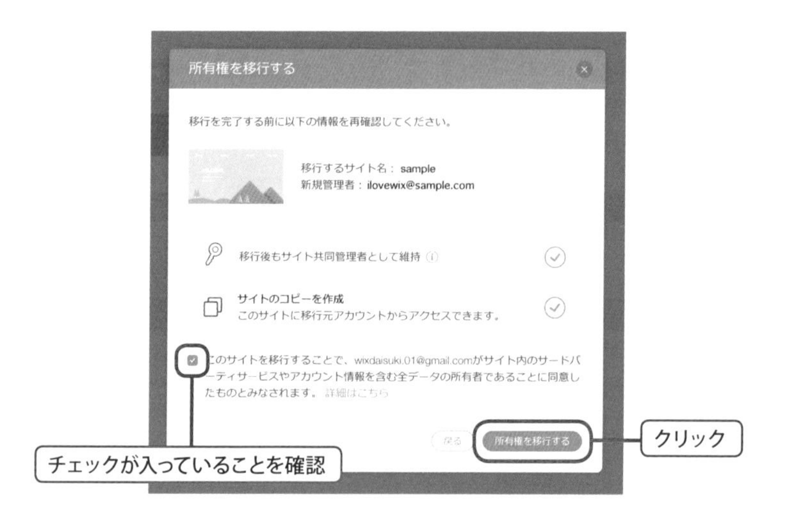

2 サイトの受け取り

(1) 移行先アカウントのメールアドレスへ Wix.com からメールが届きます。メール文内の [サイト移行を承諾] をクリックします。

(2) (1) の [サイト移行を承諾] をクリックすると Wix アカウントでログインが求められます（違うアカウントでログインしている場合はログアウトしてから (1) の手順を行います）。ログイン後、ポップアップ画面内の [Got it] をクリックします。これで移行完了です。

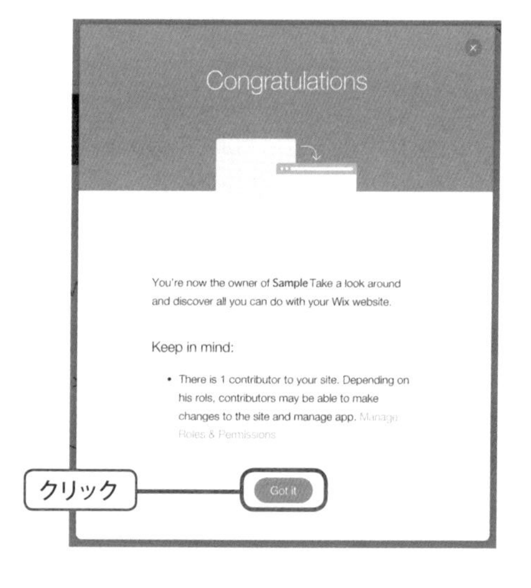

SEO ウィザード

SEO ウィザードは、タグの適正やキーワードの出現回数、密度をレポートしてくれるので内部 SEO の改善に役立ちます。ただし、現時点では英文となっており SEO の基本的な知識も必要なため、難易度の高い機能です。

1 Wix SEO ウィザードを利用して検索エンジン最適化を行う

(1)［ダッシュボード］から［マーケティング］をクリックします。次に［SEO レポート］のタブをクリックします。

(2) 画面左の［今すぐはじめる］をクリックします。次の画面で［サイト名またはビジネス名を入力］>［所在地域を入力］>［検索キーワードを追加］とそれぞれ必要項目を入力し［SEO レポートを作成］をクリックします。

(3) まずはステップ 1 から設定します。チェックリストで、それぞれの項目が検索エンジンに最適化されているかされていないかを一覧で確認できます。最適化がなされていない項目は［!］が表示されるので、［詳細を見る］で内容を確認し、サイトの改善を行いましょう。全ての項目を設定したら［サイトを提出］をクリックして Google にサイトを提出します（プレミアムプランのみ有効)。

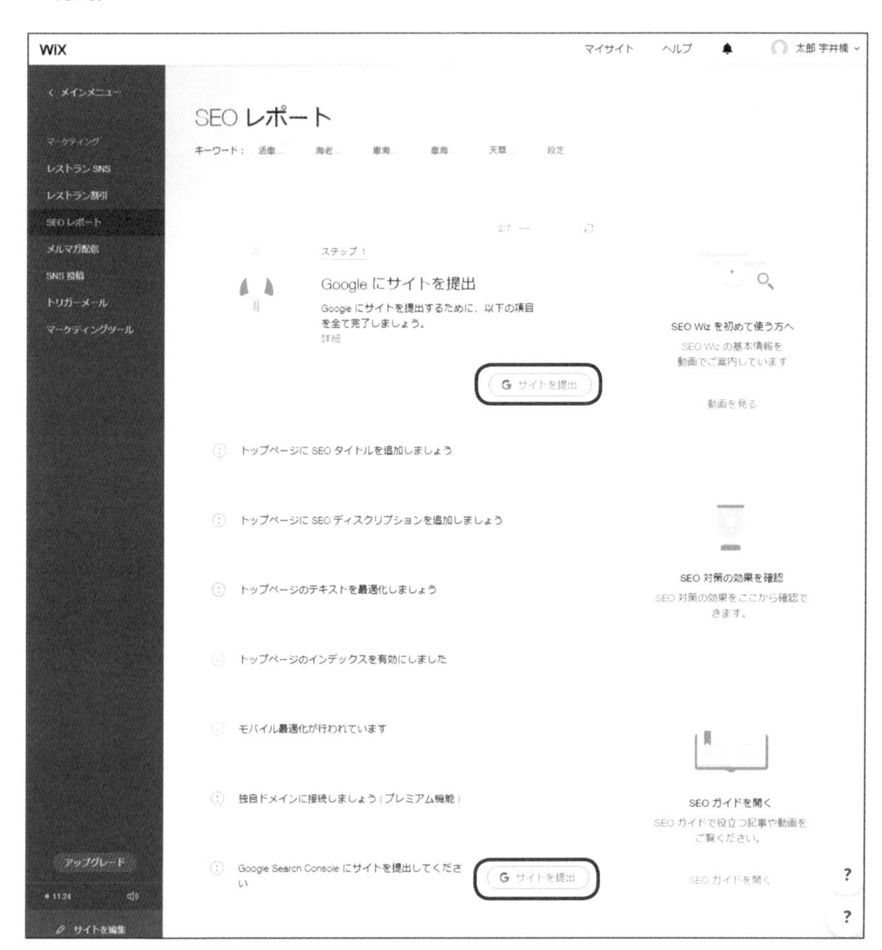

2 各部の修正

(1) ステップ 1 が完了したら、ステップ 2 に進みます。各ページ毎に SEO の設定を確認してみましょう。

■ Title（タイトル）

検索エンジンで表示されるタイトル部分です。Wix エディタのホームに設定している［ページ］でオンマウスで表示される［ページ SEO］をクリックして設定できる「ページタイトル」の部分です。

■ Description（ディスクリプション）

タイトル同様に Wix エディタのページ SEO で設定できる「ディスクリプション」の部分です。

■ H1（ヘッディング 1）

サイトに H1 タグが含まれるか、長さを検出します。テキストのスタイルで設定できます。

■ Image Name（画像の詳細）

画像の詳細に、キーワードが含まれているかを検出します。画像を選択して［設定］から［画像の詳細］を編集しましょう。

(2) エディタでの SEO 設定を完了後、もう一度［SEO レポート］の画面に戻り、ステップ 2 の更新ボタンをクリックします。[!] の表示がなくなるように設定しましょう。

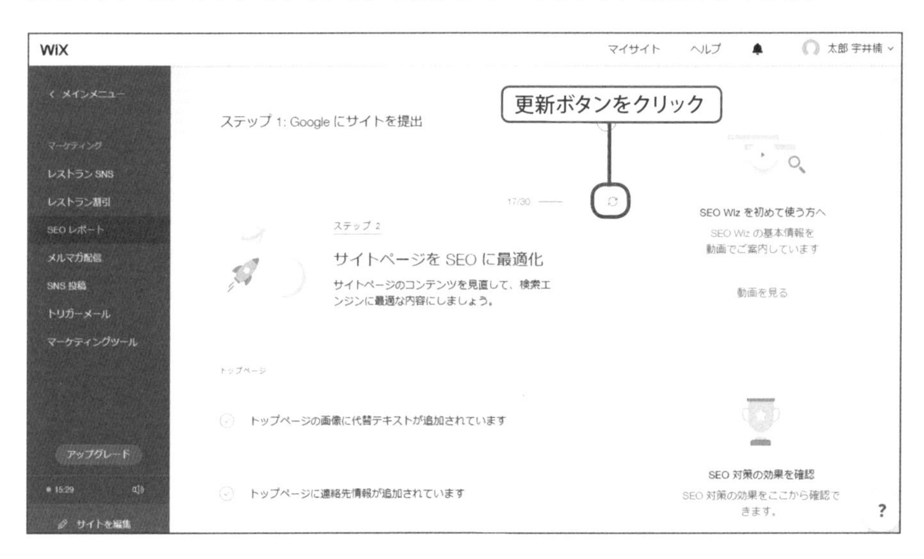

Wix サイトの SEO・SEM

SEO、SEM の基本的な概念と、Wix で検索エンジンに適正化する際のタイトルやキーワード、代替テキスト、ディレクトリサイトへの登録などのポイントを紹介します。計画的に更新して上位表示を目指しましょう。

1 2つの方法

Google などの検索エンジンで検索ワードを入力して検索した結果、上位に表示されるサイト程よくアクセスされる傾向があります。そのため、多くの企業やお店がこぞって SEO 対策を行います。また、SEO を専門とする業者も存在し、高額な費用を払って SEO 対策をするサイトも増えています。そうした業者に依頼をするにしても SEO の基本的な概念は把握しておく必要があります。Google 検索結果で上位表示させる方法は、大きく 2 種類です。

●Google 広告などで広告として表示させる
キーワード、ワンクリック単価と上限予算を設定して、優先的に表示させます。上位表示させたいキーワードが競合性の高い場合や、立ち上げて間もないサイトなどの場合手っ取り早い SEO 対策としておすすめです。
●オーガニック検索を SEO 対策する
オーガニック検索とは Google 広告などの有料広告を含まない、検索エンジンのアルゴリズムに基づいた純粋な検索結果です。これを上位表示させたい場合は、アルゴリズムに基づいたサイトにすることが求められますが、このアルゴリズムは公開されていないため「傾向と対策」による方法で上位を目指します。

要約すると「有料で手っ取り早く優先的に表示させる」か、「無料でも地道にアルゴリズムに基づいたサイトに修正していく」か、という違いです。広告にあまり予算のかけられないスモールビジネスの場合は後者を選びたいものですが、基本的な知識がないと難しいかもしれません。また、このアルゴリズムは常に進化しているのでこれまで成功していた方法が、一夜にして通用しなくなる事態もあることを知っておいてください。

2 オーガニック検索で上位表示されるためのポイント

狙ったキーワードでの検索順位を上げる事でサイト訪問者の数を飛躍的に増やすことが出来ます。検索順位 1 位と 2 位では 2 倍、1 位と 3 位だと 3 倍、1 位と 10 位だと 20 倍ほどサイト訪問者数が違うといわれています。このセクションでは、現在有効と言われている SEO 施策のポイントの中からいくつかをホームページ作成、更新する際に行う場合に合わせてまとめています。アルゴリズムに適したサイトにする、つまり Google が求めているサイトに適正化し、狙ったキーワードで上位表示させることで、あなたのサイトの訪問者数を飛躍的に伸ばしていきましょう。

●ページ SEO の設定を行う

ページのオンマウスで表示される［ページ SEO］のページタイトルなど、もれなく設定しましょう。

●画像の代替テキストを設定する

検索エンジンは画像や動画の内容を完璧に把握することができません。そのため、設定された代替テキストから画像や動画の内容を判断します。通常のサイト閲覧時には表示されない部分なので見落としがちですが、ブラウザの不具合など予期せぬ原因で画像が表示されなかった場合は、この代替テキストが画像の場所に表示されることになります。またテキスト読み上げソフトを使用した際には、この代替テキストが読み上げられますので、ウェブアクセシビリティの観点からも空白のままにせず、必ず設定を行いましょう。

●キーワードをサイト内のテキストに盛り込む

サイト全体のテキストの文字数をしっかりと確保することもとても重要です。実際テキストの総量が少ないサイトは情報量が少ないと判断されがちなので、テキスト量は多いにこしたことはありません。但し、無駄に文章を長くするだけでは意味はありません。Google の公式な発表では

「テキスト量はSEOの評価に関係しない、大事なのは質だ」といわれています。文字数を稼ぐために意図的に文章を長くするような行為は絶対にしないこと。その様なサイトは、Googleにとってもユーザーにとってもいいサイトだと認識してもらえることはありません。現在のGoogleのアルゴリズムは、ユーザー目線により近くなってきています。無駄に文章を長く書くのではなく、そのページのテーマに特化したコンテンツを作り、ユーザーに有益な情報を提供しましょう。そうすればキーワードに関連する言葉は自然とテキストの中に入ってくるでしょう。ユーザーにとって有益となる情報を盛り込んでいく事を第一としながら、その際に必要なキーワードを出来るだけ含んでいくというイメージで文章を作成していきましょう。あなたのサイトを狙ったキーワードで上位表示させるにはとても有効な方法です。テキストの総量に問題があると感じた場合は加筆しましょう。

●内部リンクの強化

SEOに最適なページ構成として、サイトのすべてのページをトップページから3クリック以内で見ることができるという考え方があります。サイトのページ数があまりにも膨大な数の場合は全てのページを3クリック以内というのは難しい事かもしれませんが、重要なページに関しては出来る限り3クリック以内で全ページへアクセスできる設計を心がけましょう。もちろんこれもキーワードを無駄に盛り込むとマイナスになるのと同じで、内部リンクを張り巡らせ、とにかく3クリックですべてのページに行ける事にすればいい、という事では全くありません。あくまでもユーザビリティが高くなるようなサイト構成を考慮して、内部リンクを正しく構築していく事が重要です。

●外部リンクの強化

外部リンクを増やせば増やすほど、SEOの効果が高くなるという対策は、一昔前のGoogleアルゴリズムに対して効果があった方法で、現在ではただ外部リンクを増やすだけでは全く意味がありません。SEO業者から購入されたユーザー目線でない不自然な被リンクが多いサイトはGoogleからの評価は下がってしまいます。SEO業者が販売しているリンクの多くが、ページランクだけが高いリンクが多く貼られたサイトですので、そのリンクからあなたのサイトに訪問するユーザーはほぼいません。訪問者がいないリンクが多く貼られているサイトはGoogleから見ると、ユーザーにとって必要のないリンクをどんどん貼られているユーザビリティが低いサイトとみなされ、評価が下がってしまうのです。無駄な被リンク集めに一生懸命になっても、結果的には質の低い被リンクの数が増えてしまい、Googleからのサイト評価が下がってしまうという事態に陥る可能性が高いのです。意図的に無駄な被リンクを集めるのではなく、自然にSNSなどで拡散されるような質の高いコンテンツをサイト内に追加することに力を注ぎましょう。

●Googleマイビジネスへの登録とMEO

Googleマイビジネスへの登録とともに、マップ検索エンジンの最適化（MEO = Map Engine Optimization）を行いましょう。地図上で正しく所在地を表示できるよう登録することで「地域名＋業種」の複合キーワードでの検索時に、上位表示されやすくなります。

●継続的にサイトを更新する

Googleでは、常に新しい情報が掲載されているウェブサイトを上位表示させるという考え方が一つあります。この要素の重要度は業界によって様々ですが、出来る限りマメにサイトを更新するようにしましょう。また、新しいページが更新される頻度が高いほどGoogleのクローラーがサイトに訪問する回数も増える様になります。継続的なコンテンツの追加·更新は順位の向上、キープだけでなくユーザーの再訪にもつながることなので、手を抜かないようにしましょう。ハウツー本のようなコンテンツで、テキスト量が盛りだくさんなサイトは放置されていても順位をキープできることもありますが、それでも競合するサイトが最新情報を継続して発信しているとしたら、検索順位はすぐに抜かれてしまいます。必ず自社サイトの情報に関しては最新のものを載せる様にしましょう。また、これからサイトを作成する場合は、更新が簡単なコンテンツをサイト構成を決める段階で盛り込むことでサイトの情報更新が捗りやすくなるので、是非取り入れてみましょう。

●ソーシャルメディアの活用

Twitter、Instagram、Facebook などの SNS の利用者数は右肩上がりでどんどん増加しています。確かに SNS からの被リンクは通常の被リンクと比較すると効果は高い方ではありませんが、見込度の高いユーザーを集客できる可能性が高く、Twitter ではツイートが多くリツイートされたり、ファボされると訪問者を飛躍的に増やすこともできますので、是非上手く活用してみましょう。

●どの方法でも不自然なやりすぎは禁物！

各項目でも何度か書きましたが、SEO 対策を行うにあたっては不自然な方法でのやりすぎは禁物です。形だけの SEO 対策、ユーザビリティがない、もしくユーザビリティが低い対策を行う事は Google に不自然なサイト更新だと認識されてしまい、検索エンジンでの表示におけるウェブサイトの評価は一気に下がります。それに伴って当然検索順位が下がります。一度 Google から低評価を受け検索順位が下がった場合、そのサイトで上位表示されることはかなり難しくなります。SEO 対策は出来る限り正攻法で、ユーザーのためになるという事を念頭に置いて対策を行いましょう。本気でウェブで売上を上げたい。SEO 対策で狙ったキーワードで上位表示させたい。そういう方は、Google サーチコンソールのヘルプなどを参照し、サイトの SEO 最適化を行うことで上位表示を目指しましょう。

Google サーチコンソールヘルプ

https://support.google.com/webmasters#topic=3309469

ウェブ集客はここでは書ききれないくらいに多くの要素を含んでいます。また、常に情報は新しくなります。常にアンテナを張り巡らし、現在の Google のアルゴリズムに最適な方法で SEO 対策を行う事を心掛けましょう。

Google Analytics

Google Analyticsはコンバージョン数、ユーザーの行動、訪問経路などを解析できるほか、サイト訪問者のリピート率を高める方法を詳しく分析することができます。
※Google Analyticsの使用は、プレミアムプランでのみ有効です。フリープランの状態では使用できません

1 トラッキングIDの取得

(1) はじめにGoogle Analyticsで、トラッキングIDを取得します。

https://analytics.google.com/analytics/web/provision/?authuser=0#provision/SignUp/

●アカウントを持っていない場合
［お申し込み］をクリックします。

●既にアカウントを持っている場合
サイトを管理しているGoogleアカウントを選択してログインします。ページ左下の［管理］から［アカウントを作成］をクリックします。

(2) 新しいアカウントを作成します。［アカウント名］、［ウェブサイト名］に任意の名前を、［ウェブサイトのURL］にGoogle Analyticsを設定するURLを入力し、［業種］は登録するウェブサイトの内容と合致する業種を選択します。［レポートのタイムゾーン］を日本にし、［データ共有設定］は、不要であればチェックマークを外します。最後に［トラッキングIDを取得］をクリックします。

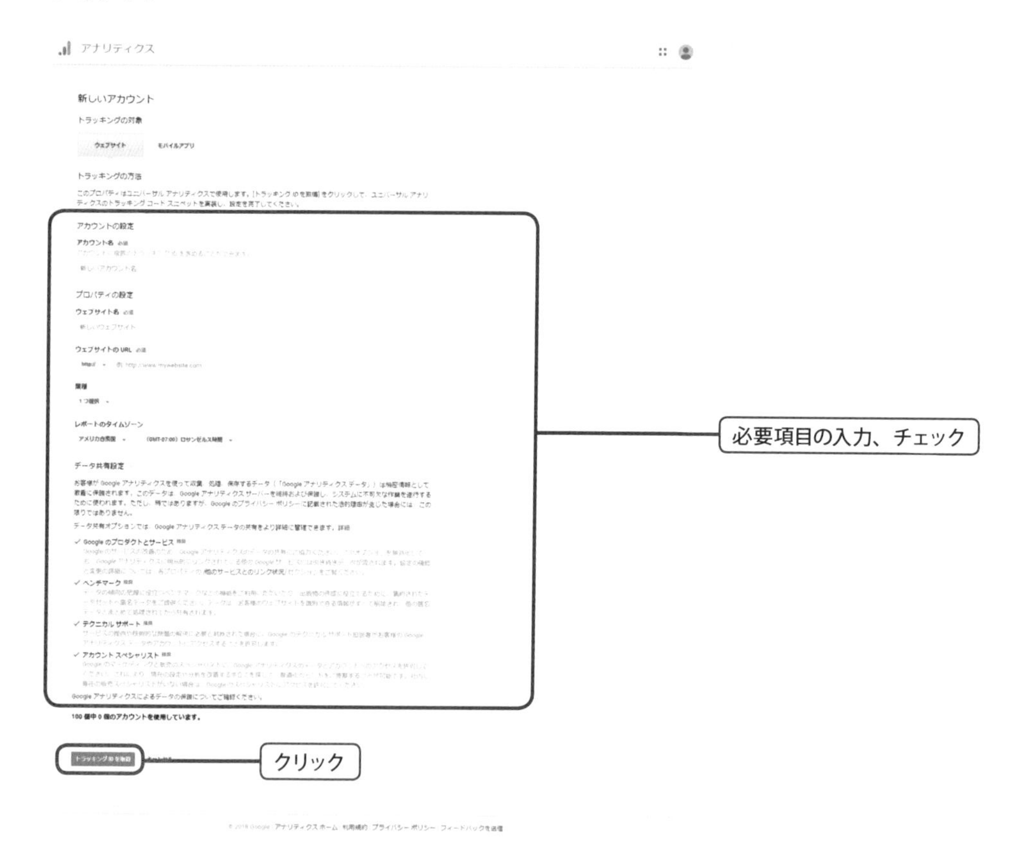

(3) Googleアナリティクス利用規約に同意します。

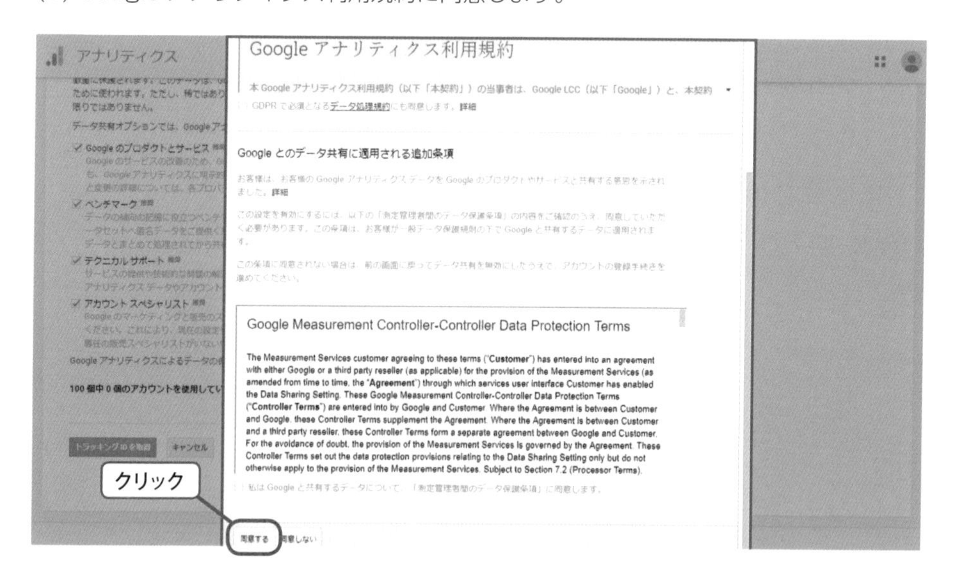

(4) 表示されたトラッキング ID をコピーして使用します。

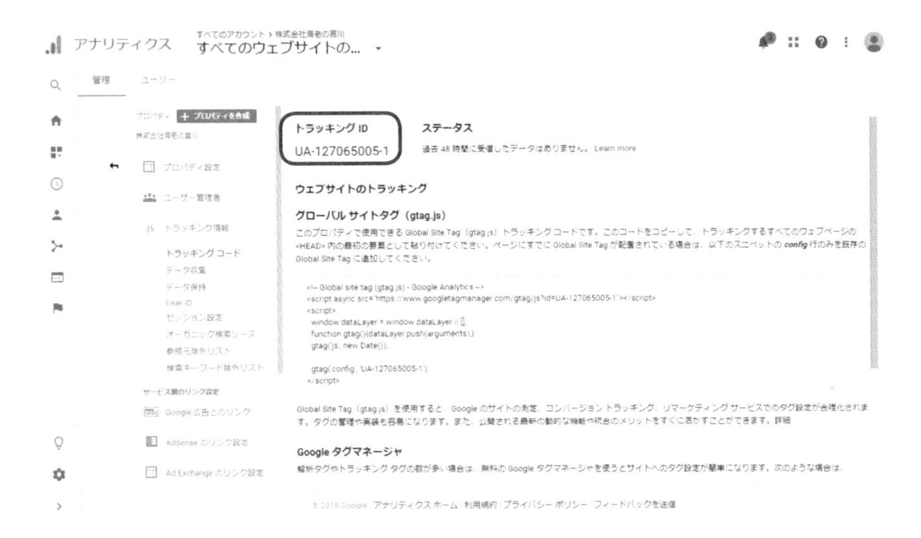

2 Wix へトラッキング ID を登録

(1) サイト管理画面で［マーケティング］をクリックします。次の画面で［マーケティングツール］をクリックし、表示されたマーケティングツールの中から Google Analytics を選択して［追加する］クリックします。

(2) ［Google アナリティクスを接続］をクリックします。

(3) コピーしたトラッキングコードを入力し、［Save］をクリックして、設定を完了します。

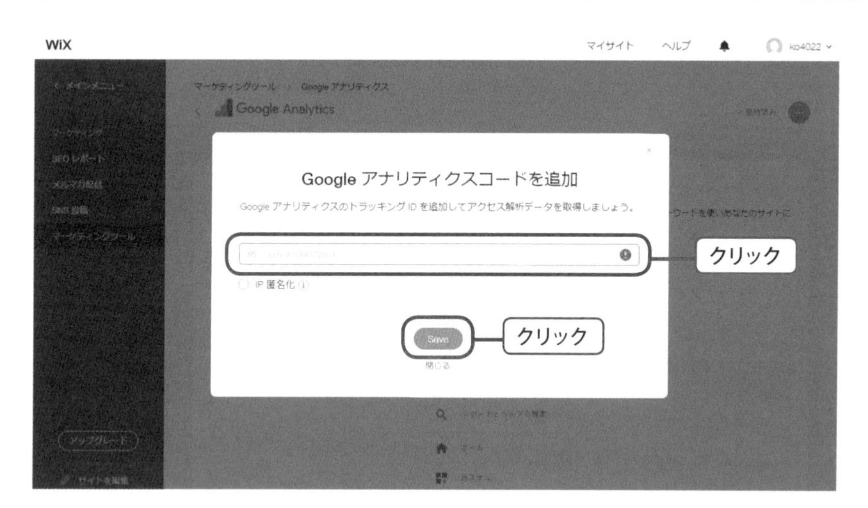

第3章

もっとWix App!

「26 Wix App Market」でも紹介しましたが、Wixの拡張機能であるWix AppはSNSの実装やコンタクトフォーム、ムービープレーヤーなど、様々な機能を備えています。日本語化されていない機能も多数ありますが、よく使う機能を紹介していきます。

36 Wix Appの一覧

Wixのサイトをさらに便利にする拡張機能「Wix App Market」を紹介します。日本語化していないものや、有料プランなどもあります。
※各カテゴリーでの重複は省略して記載しています。
参照サイトURL https://ja.wix.com/app-market/main

1 アクセス解析

Visitor Analytics
訪問者のアクセス状況をリアルタイムで解析

Web-Stat
訪問者のアクセスをリアルタイムで表示

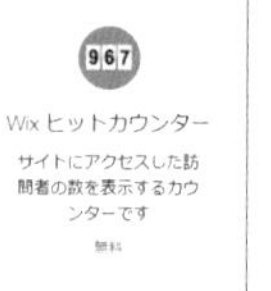

Wix ヒットカウンター
サイトにアクセスした訪問者の数をカウント

Hit Counter
ウェブサイトのトラフィックを簡単に追跡

rankingCoach SEO
キーワードの有効性を分析し、オンラインマーケティングを管理

StoreMetrics
Wixストアのパフォーマンスを追跡し、最適化

2 ブログ

Wix ブログ
Wixのブログ機能

Comments
質問、フィードバック、サイトユーザーとリアルタイムでコミュニケーション

Easy Magazine
サイトコンテンツを自動で提供

Newsroom by Paper.li
記事、画像、ビデオを雑誌形式で毎日、または毎週配信

Voice Comments+
お客様の声、フィードバックなどを収集

Easy Blog
簡単なブログ投稿の作成と管理

Eazy Content
インターネット上の記事をサイトに自動で追加

Comments Plus+
ユーザーのフィードバックを収集

Latest News
コンテンツでウェブサイトを自動更新

Recipes
レシピを簡単に作成・表示・管理します

Smart Popups & Forms
素晴らしいポップアップとフォームを簡単に作成します

3 オンライン予約

Wix ブッキング
オンライン予約機能。管理やメール送信などの業務を自動化

Online Scheduling
ビジネスのためのオンラインスケジューリングソフト

チケット販売
チケットを販売、参加者を管理。イベント用フォーム

Booking + Scheduling Pro
オンライン予約とスケジュール管理機能

Simpl-e-Schedule
イベントスケジュールと受付フォーム

イベントカレンダー
Google カレンダーと連携可能なイベントカレンダー

Wix フォーラム
記事やコメントを投稿できる掲示板機能

Countdown Timer
カスタマイズ可能なカウントダウンタイマー

Inffuse Testimonials
イベント用フォーム

Moovit - Maps & Routes
交通手段を検索できる Moovit の埋め込み

Free Call
クリックひとつで使える通話ボタン

Located Store Locator
オフィスや店舗所在地をマップ上で見やすく表示

Ontime
楽しいアナログ時計。複数の時計を追加して、異なるタイムゾーンを表示

RatingWidget
ユーザー評価を受け取るアプリ

4 ビジネス

クラウドファンディング
プロジェクトを支援してくれる人々から寄付を受け付け

PayPal ボタン
PayPal の購入ボタン

Amazon
Amazon の商品販売、アフィリエイトなど

Contact Page & Phone
お問い合わせフォーム

Wix マルチリンガル
多言語サイト構築

Eazy Magazine
ニュースコンテンツの自動表示

Conversion Popup
カスタム・ポップアップを表示

Form Creator
メール送信機能付きフォーム

Calculator Builder
インタラクティブな電卓

Currency Converter
リアルタイムな通貨変換フォーム

Wix FAQ
よくある質問と回答を管理できる FAQ アプリ

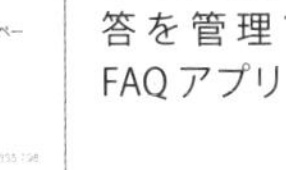

Visual Stars Bar
サイトに棒グラフを追加

Local Listing Pro
インターネット上の顧客レビュー収集

Welcom Bar
テキストメッセージや購読フォームを表示するウェルカムバー

サイト検索
テキスト、画像、商品など、コンテンツを簡単に見つけられる検索ツール

Google Ads & Shopping
ターゲットを絞った顧客をビジネスに呼び込む

GetTraffic
トラフィックの流れを最適化

My Mobile App
サイトをモバイルアプリに変換

MightyCall Toll-Free
お客さまが無料で電話を掛けることのできる番号を取得

Website Content
プロのライターにコンテンツを発注

Instant Resume
オンライン履歴書を作成

Games
サイトにゲームを追加してトラフィック増加

チケット販売
Wixサイトでチケットを販売してイベント参加者を管理

Instant Mobile App
Wixサイトを Web経由で配信されるモバイルアプリに変えます

Pay Button
ウェブサイトに支払いボタンを追加

Open Sign
営業中であるかどうか自動的に表示

5 チャット

Wix チャット
チャット機能

Skype 通話 / チャット
Skype 通話、チャットボタン

Live Messenger
Facebook メッセンジャーで訪問者とチャット

Tidio Live Chat
ライブチャット機能

Formilla Live Chat
お客様の質問や要望にチャットで対応

ライブチャット
掲示板型のライブチャット機能

LiveChat
カスタマーサービスとオンライン販売のためのヘルプデスク

Intelligent Live Chat
ビジネス向けチャット機能

SMS Hero
電話番号収集用フォーム

Live Chat Room
ライブチャット機能

Callback
コールバック受付用アプリ

AtomChat
オーディオ、ビデオ、テキストを統合したライブチャットボックス

Easy Chat
チャットボットの追加

Jivo Multichannel Chat
1か所でメッセージとチャットの履歴を確認

6 デザイン

Impressive Welcome Bar
フッターに固定で設置できるウェルカムバー

Lumifish ポップアップ
ポップアップ機能

Lumifish Timeline
カラフルなタイムライン

FlipFolio
画像や動画を冊子形式で表示

Impressive slider
テキスト入りのスライドを作成

Impressive Text Slider
テキストアニメーション

Impressive Site Menu
動きのあるサイドメニュー

PromoSlider
カウントダウン機能付きのスライダー

Before and After slider
ビフォー＆アフター用スライダー

CoolText
テキストをアニメーションで表示

Rollover
オンマウスで動く画像

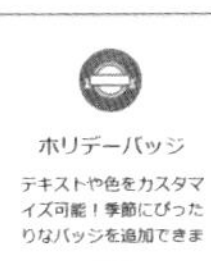

ホリデーバッジ
サイトにオリジナルバッジを作成

flip booklets, web booklets, and sliders
ブック形式のスライド

Portfolio
多様な形式で画像を表示

telething Dropbox Gallery
Dropboxから画像を直接表示

Description Dots Gallery
画像内に説明文を追加

Lumifish Info Bar
インフォメーションバーを追加

Charts Ninja
HTMLのグラフを作成

Post It Notes
付箋を貼り付け

FilpBook
PDFファイルや写真をインタラクティブなフリップブックで表示

カスタムロゴデザイン
オリジナルロゴデザインの作成

Quotes
著名人の格言を引用

Welcome Bar
リンクなどをサイトの上部または下部に表示するアプリ

News Ticker
ニュースアイテムをスタイルに合わせてレイアウトや色をカスタマイズ

Impressive Welcome Bar
訪問者に向けたメッセージを表示

FlipBook
PDF ファイルと写真をインタラクティブなフリップブックに変換

Button Magic
魔法のようなアニメーションボタンを追加

Impressive Tooltips
ツールチップを追加して、訪問者に役立つ情報を提供

7 イベント告知

Wix イベント
イベントを作成、管理。招待メール、出欠確認、ゲストリストなど

カレンダー
シンプルで見やすいカレンダー。Google カレンダーとの連携も可能。

Lumifish Timeline
1つのフィードに複数のソーシャルチャンネルをすべて表示

Event Viewer
イベントの投稿、管理

イベントカレンダー
カレンダーを追加して開催予定のイベントを掲載

8 フォーム

Wix フォーム
どんなフォームでも手軽に作成

Form Builder Plus+
カスタマイズ可能なフォームビルダ

123 Form Builder
カスタムフォームを数回のクリックだけで手間なく作成

Epic Form Builder
オリジナルフォームを簡単作成

Magic Form Builder
テンプレートからフォームを作成

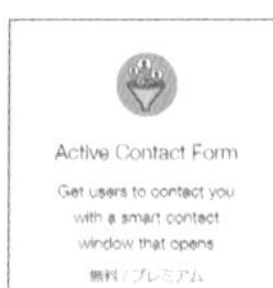

Active Contact Form
ビジネス向けコンタクトフォーム

Mailing List
購読者管理、メーリングリスト機能

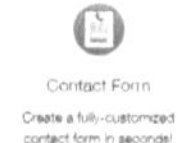

Contact Form
シンプルなコンタクトフォーム

vCita Contact Form
シンプルで直感的なコンタクトフォーム

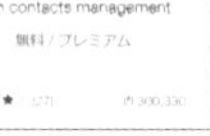

vCita Contacts and CRM
中小企業向けの CRM ＆コンタクト管理

QuickForm
価格の見積もり依頼の受付

Contact Me by OwnerListens
個人情報を非公開にしながら直接双方向通信が可能

Poll
投票受付用フォーム

Fyrebox Games and Quizzes
顧客情報収集のためのゲーム、クイズアプリ

Quick Polls
サイト訪問者へのアンケートフィード

Contact Collection

メールマーケティング

Lightbox

メルマガ購読フォーム

Form Creator

多機能のオンラインフォームを簡単に作成

9 無料アプリ

Google イベントカレンダー

Google カレンダーを掲載して開催予定のイベントを宣伝

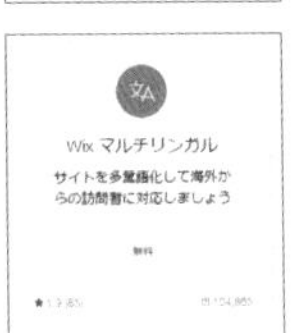

Wix マルチリンガル

多言語に対応したサイトを作成

右クリック保護

右クリックで画像ダウンロードなどを防ぐ

PDF ビューア

PDF ファイルを訪問者に公開

クッキー警告ポップアップ

Cookie の使用を示す警告を表示

レストランメニュー

レストラン用メニュー作成アプリ

Google マップ

ビジネスの所在地や、周囲の施設などを視覚的に表示

Google ドキュメント

Google ドキュメント、スプレッドシートなどファイルの共有

Google AdSense

AdSense の広告を簡単に掲載

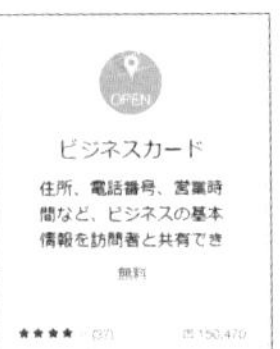

ビジネスカード

ビジネスの基本情報が一目でわかる

テーブルマスター

表を使ったコンテンツを作成

営業時間

サイト上に「営業時間」を掲載

ドキュメント

サイトに文書ファイルをアップロード

Flash エレメント

Flash を使ったコンテンツを追加

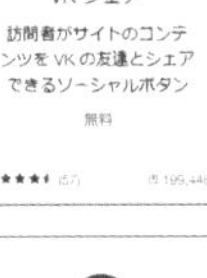

VK シェア

VK をシェアできるソーシャルボタン

管理者ログイン

サイトから直接エディタを開く

Invoicing and Accounting

会計および請求ソフトウェア

HTML iFrame/埋め込み

ウェブアドレスや HTML コードを埋め込み

Yandex マップ

ピンを使用して、お店やサービスの正確な場所を表示

Patreon

Patreon の支援画面へ簡単に移動するボタンを追加

Small Business Accounting

銀行口座に接続し、在庫、請求書などを自動で管理する

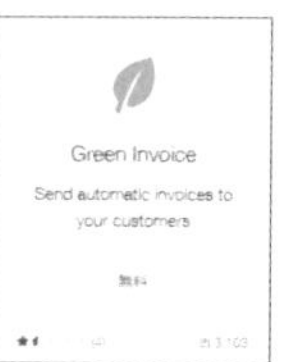

Green Invoice
オンラインストアの請求書を簡単に作成できる。

Hotels & Airbnbs Map
Airbnbs の情報をサイトに埋め込む

Download My App
スマホに直接サイトへ誘導するリンクを送信

10 ホテル&トラベル

Wix ホテル
ホテル・旅館のオンライン宿泊予約システム

Live Visitors Maps
最新の訪問者のライブマップをサイトに表示

Map
カスタマイズ可能なマップ

Simple Google Maps
Google マップの埋め込み

Weather
カスタマイズ可能なリアルタイムの天気フィード

Vacation Rental Booking
旅行事業者向けのオンライン予約

Simple-Real-Estate
不動産物件情報一覧を表示

11 Wix アプリ

カウントダウンクロック
無料のカウントダウン式タイマー

Wix 天気予報
天気予報を表示

レストラン ネット注文
レストラン用ネット注文システムを追加

Wix レストラン予約
サイトからFacebook ページにお店のメニューを記載

Wix レストランキット
レストランに必要な SNS アイコンを追加しメニューをシェア

Wix ポッドキャストプレーヤー
Wix にポッドキャストプレーヤーを追加

Wix ファイルシェア
訪問者とファイル共有できるライブラリ

12 マーケティング

MyReviews
顧客レビューを履歴で表示

Social Offers
ソーシャルメディアでのシェアを促進

サイトブースター
各種ディレクトリサイトへの掲載

Rabbit SEO
サイトの SEO を管理し改善

検索
サイトに検索機能を追加

Customer Reviews
顧客からのレビューを表示

Testmonial Builder
お客様の声を収集できるアプリ

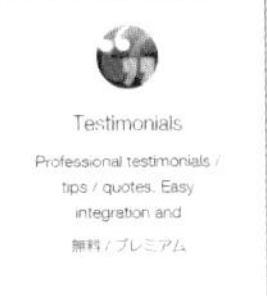

Testimonials
ユーザーのレビューを共有

Kudobuzz Reviews
さまざまなソーシャルメディアサイトからのレビューを管理

Birthday Club
誕生日を収集しマーケティングに活用

Visitor Hook
スライドショーポップアップボックスを作成

Webstore Ads
パートナーストアへ広告を表示

Retarget Online Ads
再訪問者増加のための広告

V.I.Plus - Email Marketing
顧客との関係をつくるメーリングリスト

Hotjar
サイト内での訪問者の行動分析ツール

Hello Bar
適切なタイミングでメッセージを表示し購入促進

Crazy Egg
セッション記録やABテストにより訪問者の行動を調べる

VK Pixel
ターゲットを絞った広告キャンペーンを作成

Fullstory
データ記録によるユーザーの視点から見た顧客体験の最適化

Wise Pops
ポップアップキャンペーンの実装と追跡

VWO
ABテストの実施と調査

CallRail
電話を促す広告などの分析

Privy
ターゲットを絞ったポップアップなど

HubSpot
HubSpotに接続し訪問者の行動追跡

Zoomd Search
サイトのトラフィックを最大化し、滞在時間を増やす

VideoAsk
ビデオや音声でサイト訪問者に応答

Testimonials Slider
Wix Webサイト上にお客様の声を追加

Ads for LinkedIn
LinkedInの広告キャンペーンをすばやく設定

13 音楽

Wix ミュージック
サイトに多機能音楽プレーヤーを追加

SoundCloud
SoundCloud オーディオプレーヤーを追加

iTunes ボタン
iTunesのリンクを追加

Spotify フォロー
Spotify フォローボタンを追加

Spotify プレーヤー
オリジナルのプレイリストを訪問者と共有

Bandsintown
ライブスケジュールとチケット販売

Music Backgrounds
ロイヤルティフリーの音楽プレーヤー

14 ネットショップ

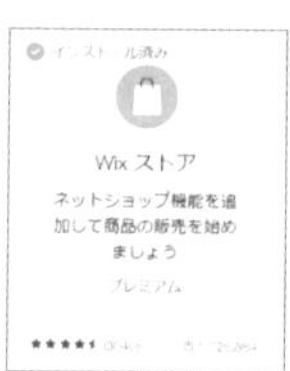

Wix ストア
ストア機能。商品管理、受注管理、オンライン決済、メルマガ配信、など

Wix アートストア
アーティスト向け展示、オンライン販売

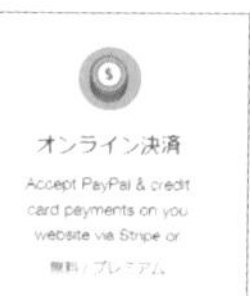

オンライン決済
PayPal、クレジットカード決済

ネットショップ
スマホ対応のネットショップ機能

Etsy Shop
手作り雑貨を取り扱うオンラインショップ

PayPal
Paypal ボタンを追加

Sellfy
あらゆるタイプのデジタル製品を販売

eBay eCommerce
サイト内にあなたの eBay 製品を展示

McAfee SECURE
McAfee SECURE トラストマーク

今すぐ購入ボタン
PayPal ボタンを使用して「Now On Sale」ウィジェットを追加

MyTshirt
オリジナルTシャツをサイトで販売

Simpl-e-Commerce
PayPal かクレジットカードでの支払いを追加

Price Table
カスタマイズ可能な価格表

Contact Us - Get Leads
クーポンの発行

有料プラン
複数のプラン毎に価格設定や商品をカスタマイズ

Plan Comparison
プラン、製品、および機能を並べて比較表示

Compare Ninja
比較表を作成、編集、管理

Pricer Ninja
価格設定テーブルを作成

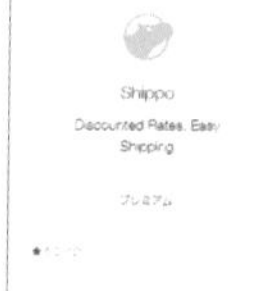

Shippo
受注からの迅速な発送支援

Printful
Tシャツや帽子、ポスターなど自分のオリジナル製品を販売

15 写真

Wix プロギャラリー
写真や動画を並べて表示

Wix フォトアルバム
オンライン写真アルバムを簡単に作成

スライダー
写真やビデオを表示させるマルチスライダー

ギャラリー
写真、動画、ブログ記事、イベント情報などをフィード形式で表示

フォトエディタ
キャプション編集、画像編集機能

Image Zoom
画像の拡縮

Virtual Tours
360 度全天球画像

Dropbox フォルダ
Dropbox のファイルを手軽に共有

16 ソーシャル

Facebook ポップアップ
訪問者に 1 回のクリックであなたの Facebook をフォロー

Facebook コメント
Facebook コメントボックス

Facebook いいね！
Facebook の「いいね！」ボタンを追加

Facebook シェア
Facebook シェアボタンを追加

Facebook フィード
「いいね！」ボタン付きの Facebook フィードをサイトに追加

Instagram Pro
複数の Instagram アカウント、動向ハッシュタグなどの写真を共有

Instagram フィード
Instagram に投稿した写真や動画をシェア

スマートソーシャルアイコン
YouTube 動画や Instagram の写真、Twitter プロフィールなどを直接表示

Social Media Stream
Facebook、Twitter、Instagram、YouTube の更新情報をまとめて表示

ソーシャルアイコン
使いやすい完全カスタマイズ可能なソーシャルメディアアイコン

ソーシャルバー
様々なソーシャルメディアアイコン

Social Stream
1 つのフィードに複数のソーシャルチャンネルをすべて表示

Twitter ツイート
サイトのコンテンツを Twitter でシェア

Twitter フォロー
Twitter の「フォロー」ボタンを追加

Twitter Feed
Twitter を表示

Twitter & Facebook 管理ツール
Twitter コミュニティを簡単に管理

Pinterest フォロー
Pinterest アカウントをフォローするボタン

YouTube チャンネル登録ボタン
YouTube チャンネル登録ボタンを追加

Pinterest ピンボタン
Pinterest の「ピン」ボタンを追加

Pinterest ピンシェア
Pinterest のピンをサイトに表示

Feeder Ninja
ソーシャルフィードウィジェットを無料で作成

Like Button
サイトに掲載しているものを訪問者がお気に入り登録

17 動画

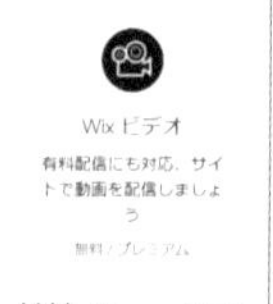

Wix ビデオ
動画の HD ストリーム再生、有料配信、定期購入、レンタルなど

iPlayer HD
広告無しの HD 動画を表示

123videoads
3 ステップで簡単動画広告作成

HDW PLAYER
ビデオギャラリーを作成できるプラットフォーム

TubePress
YouTube や Vimeo のビデオギャラリー

Google カレンダー

Google が無料で提供しているサービス、Google カレンダーを Wix のサイト内に設置することができます。イベントの告知や営業日の告知などをサイト上で公開したい場合に大変重宝します。
サンプルサイト URL　https://jwppor.wixsite.com/sample01/calendar

1 アプリの追加

(1) Google カレンダーをサイトに設置する方法を紹介します。事前に Google アカウントの取得、Google カレンダーの利用を開始しておく必要があります。
Google アカウントの取得は https://accounts.google.com/SignUp で行います。
[アプリ] アイコンをクリックして、[無料アプリ] カテゴリから、[Google イベントカレンダー] を選択します。

(2) [＋追加する] をクリックします。

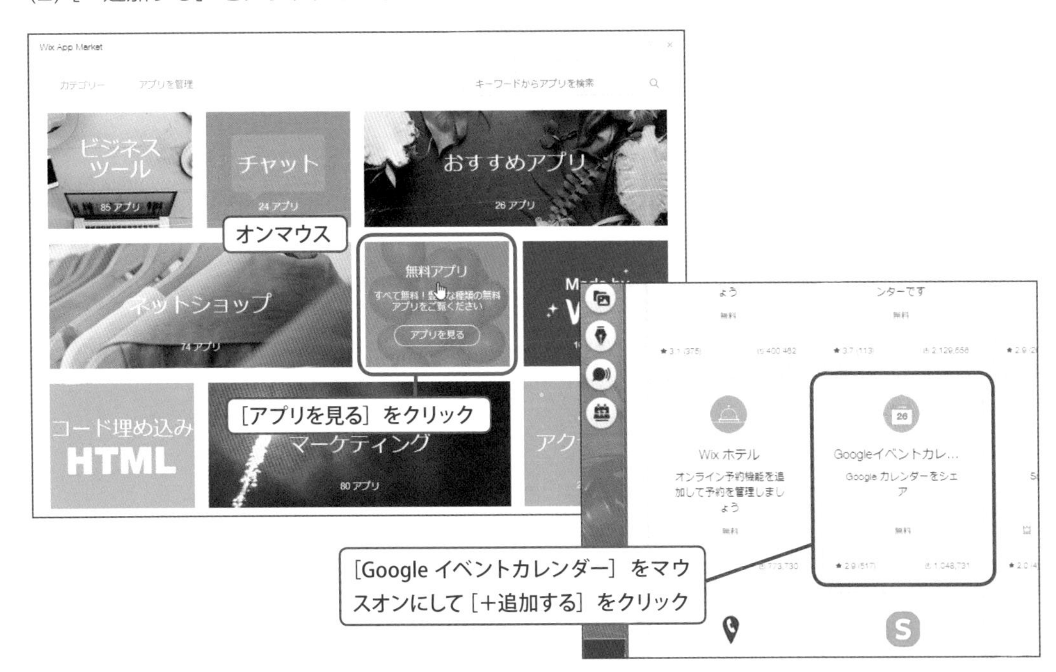

2 アプリの設定

(1) 追加されたカレンダーを選択し、メニューから［設定］をクリックします。

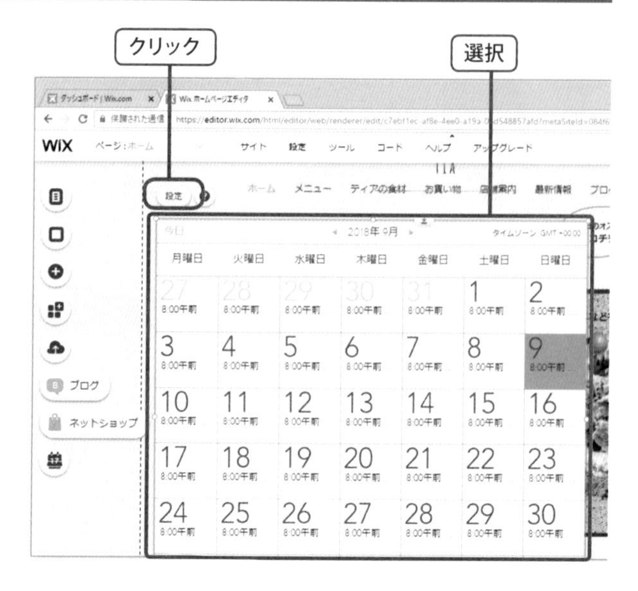

(2)［アカウントを接続］をクリックします。

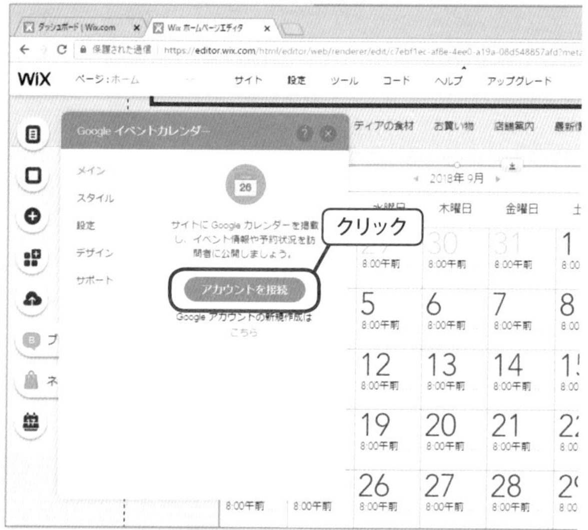

(3) Google カレンダーへのログインを求められます。
※ログイン済みの場合は、［許可］をクリックします。

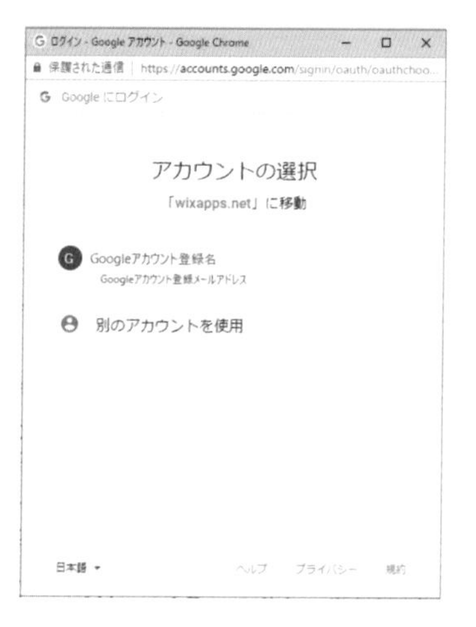

(4) Google カレンダーとサイト上のカレンダーが同期されます。

(5)［設定］では、カレンダーのレイアウト、週の初めの曜日、表示する曜日、時刻表示、色などを変更することができます。

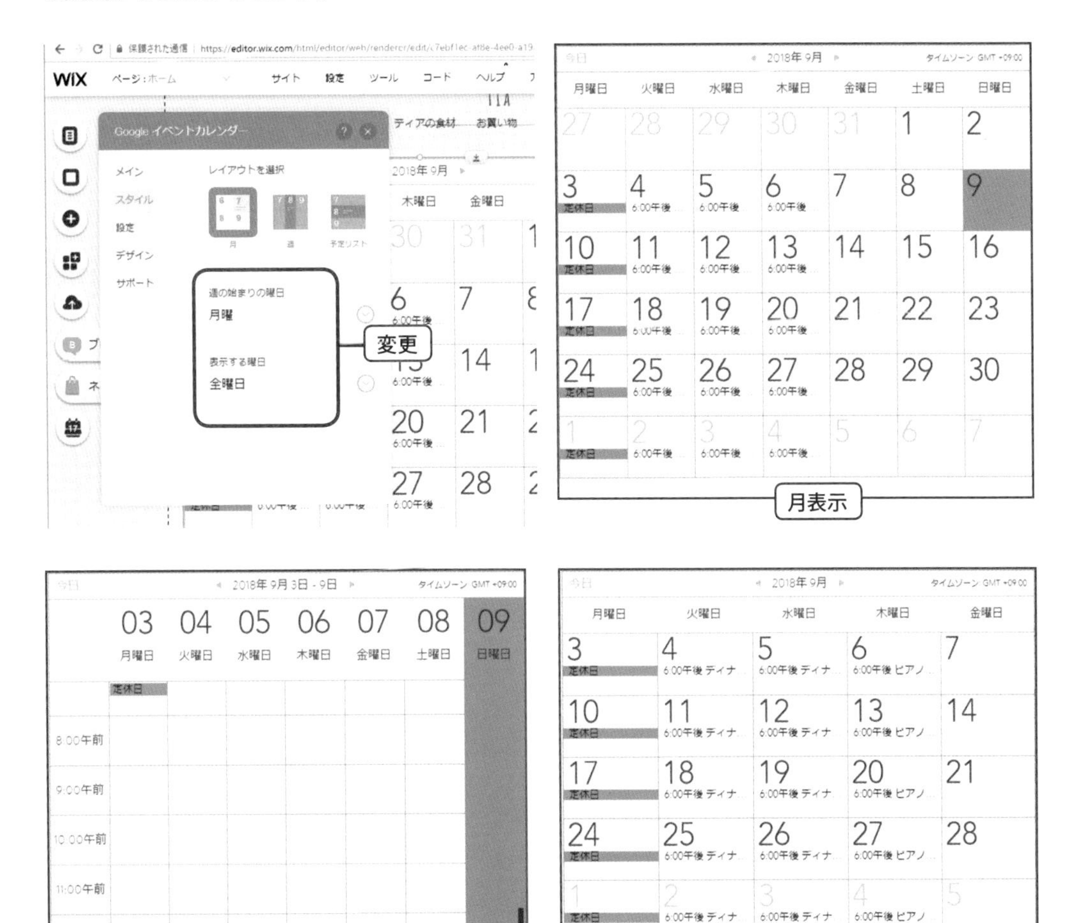

(6) Google カレンダーのスケジュールを変更すると Wix へ埋め込まれたカレンダーも連動して変更されます。

Google カレンダーの使い方は下記をご参照ください。

https://support.google.com/calendar/answer/2465776?hl=ja

PDF ビューワー

PDF を埋め込んで閲覧できるビューワーです。PDF で作成した資料をダウンロードすることなくサイト内で閲覧できます。
サンプルサイト URL　http://www.wixsample.com/

1 アプリの追加

(1) PDF ビューワーをサイトに設置する方法を紹介します。［アプリ］アイコンをクリックして、キーワード検索で「PDF」を検索します。

(2)「PDF ビューア」の［+追加する］をクリックします。

2 アプリの設定

(1) 追加されたアプリを選択し、メニューから［設定］をクリックします。［アップロード］をクリックします。

(2) 表示させたい PDF を選択し［文書ファイルを追加］をクリックします。

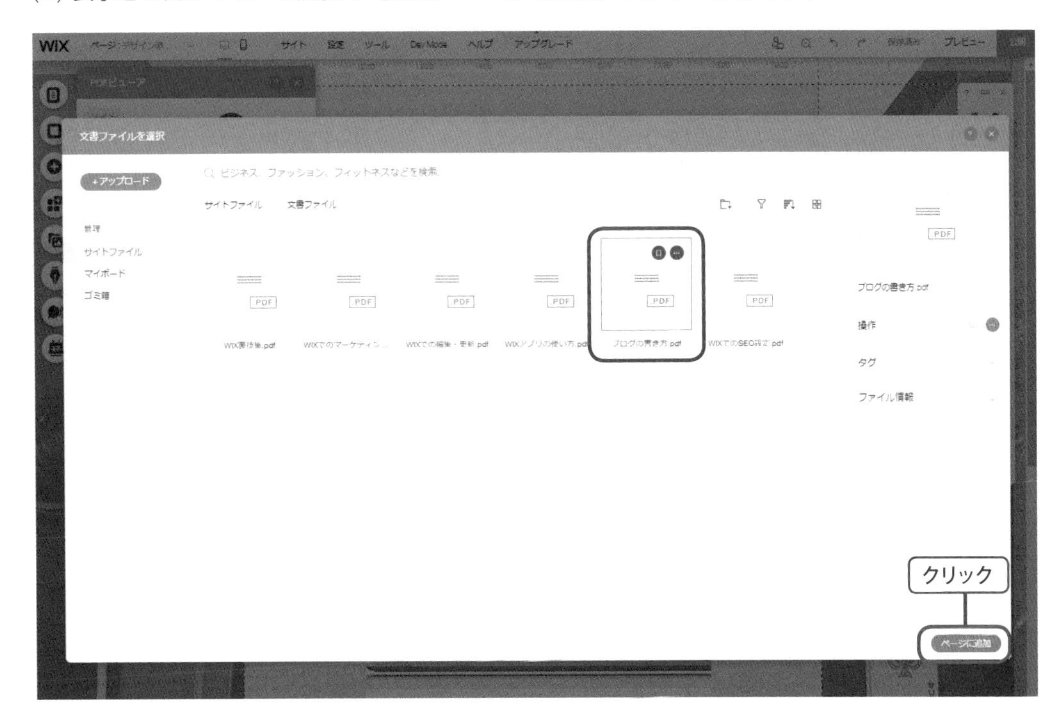

(3) 次にスタイルの設定を行います。[設定] をクリックし､「PDF ビューア」の中から [スタイル] 選択します。

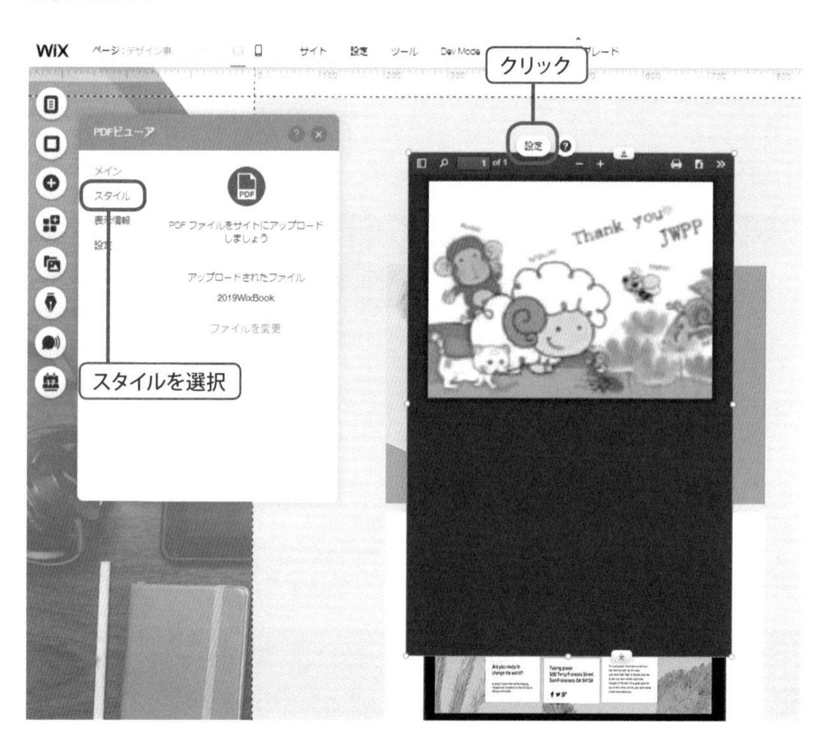

(4)「レイアウトオプション」の中から選択します。

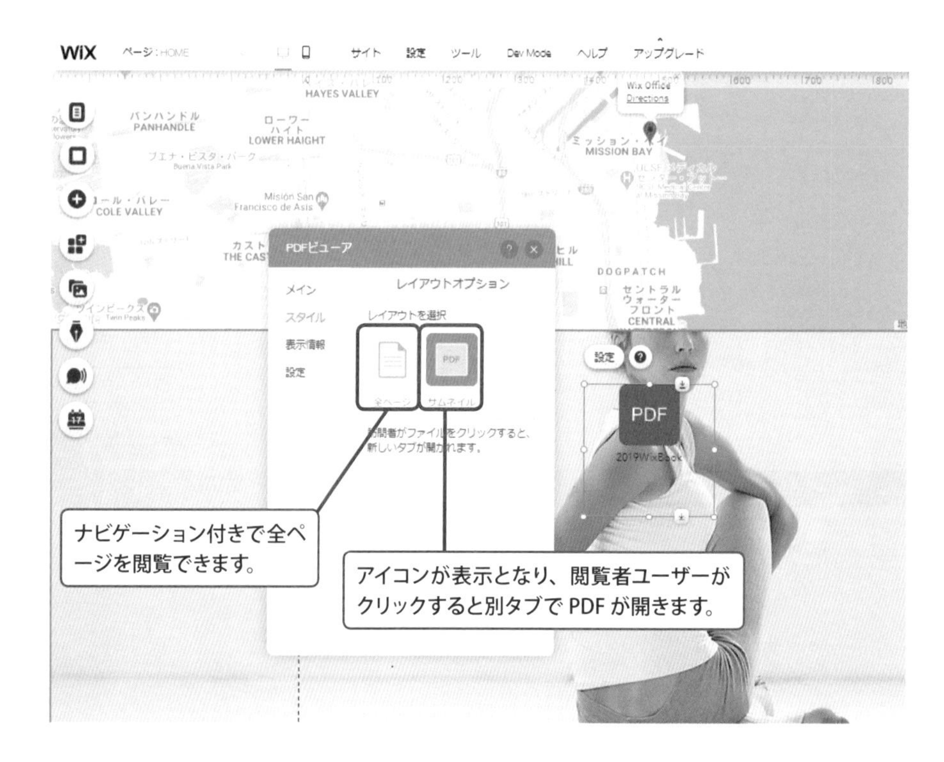

チェック

プレビューで確認してみましょう。右上の矢印で［ツール］をクリックするとプルダウンメニューが開きダウンロードや印刷が出来ます。

オリジナルお問合せフォーム（123 Form Builder）

123 Form Builder はテンプレートに初めから設置されているものよりも自由度が高く、ラベルの変更や項目の追加が可能です。
サンプルサイト URL　http://www.wixsample.com/

1 アプリの追加

(1) オリジナルのコンタクトフォームを設置する方法を紹介します。［アプリ］アイコンをクリックします。［フォーム］カテゴリから［123 Form Builder］を選択します。

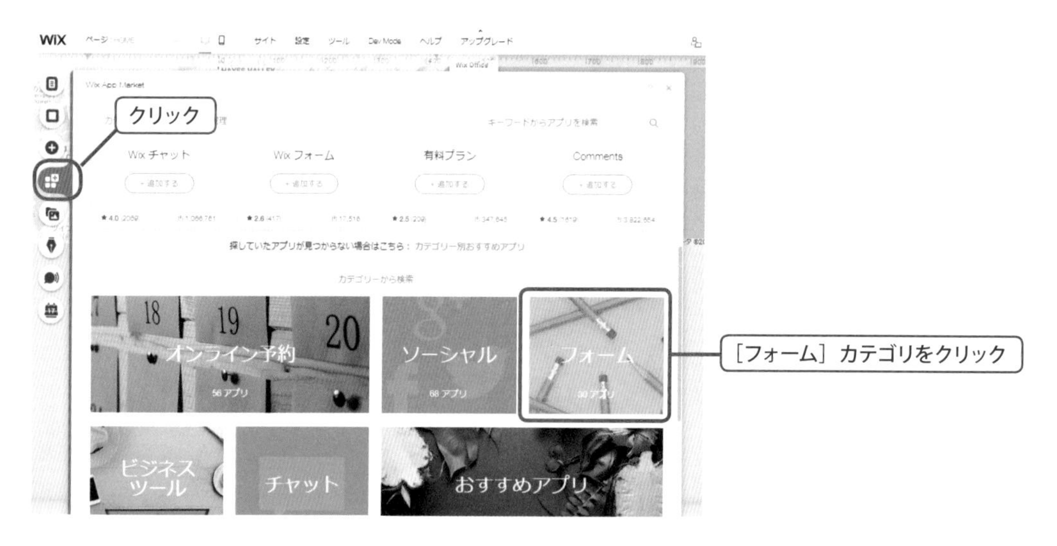

(2)［＋追加する］をクリックします。

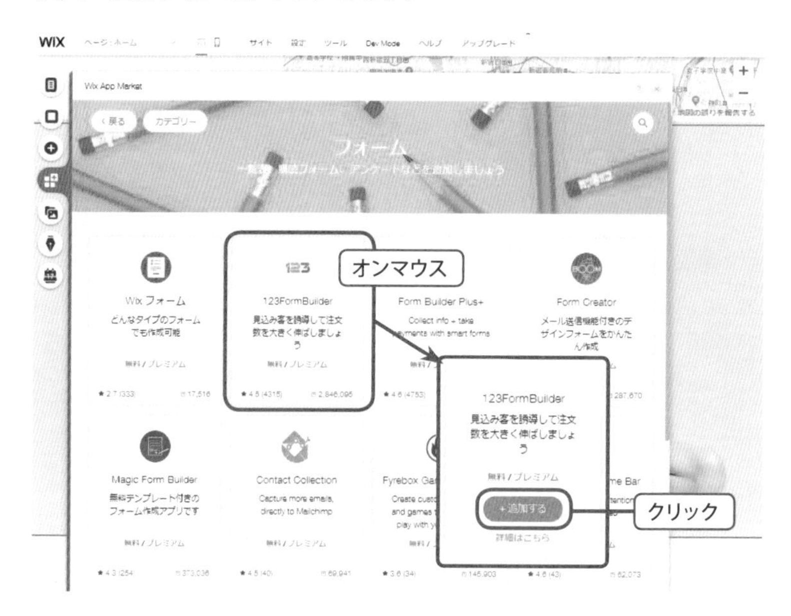

2 アプリの設定

(1) 追加されたお問合せフォームをタップし、メニューの「設定」をクリックします。123 Form Builder の設定ウィンドウが開きます。

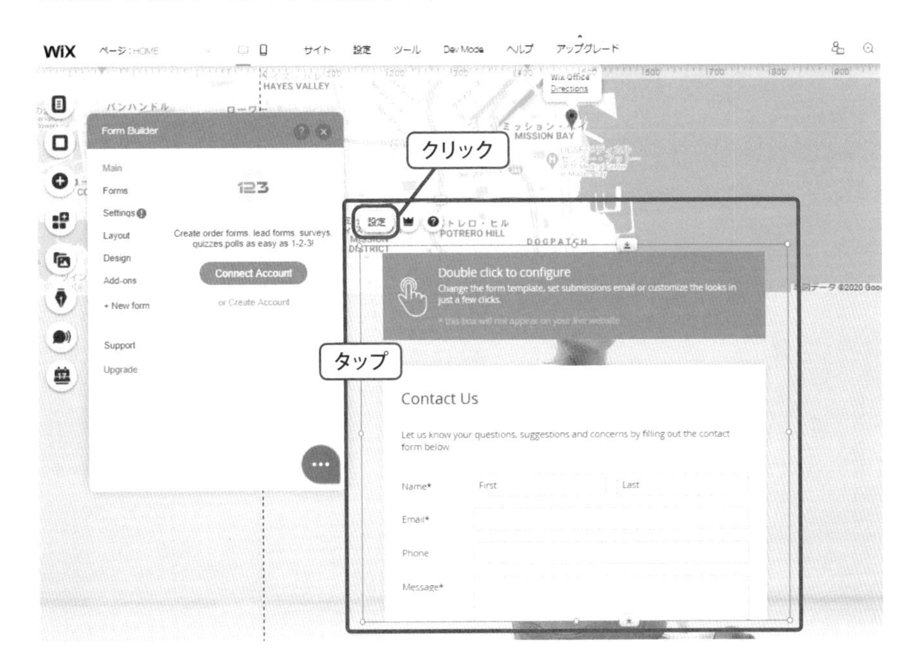

(2) 設定ウィンドウが開いたら［or Create Account］をクリックします。

※既に 123 Form Builder のアカウントを持っている場合は、［Connect Account］をクリックします。

(3) 必要項目を全て入力し設定を行います。ID とパスワードは絶対に忘れないように控えておきましょう。

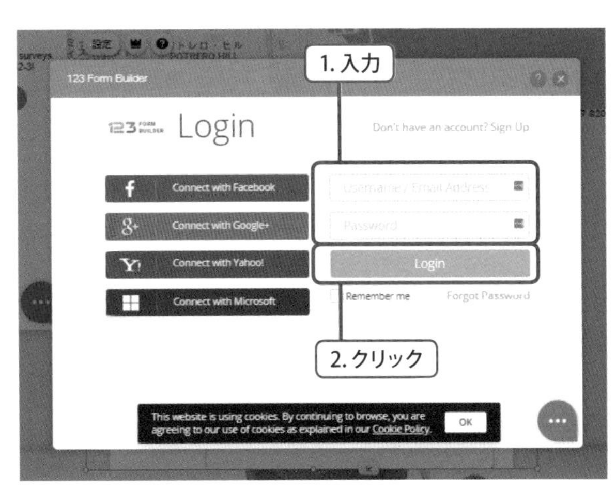

(4) 貴社の情報「Contact Us」へ入力します。
「Send Email（メール送信）」をクリックします。（※は必須となります。）

(5) アカウントを作成したら［Create a Form］をクリックします。「Start a new form or visit our Template gallery」のウィンドウが開くので作成したいフォームの種類を選択します。今回は「Newsletter Subscription Form」を選択します。

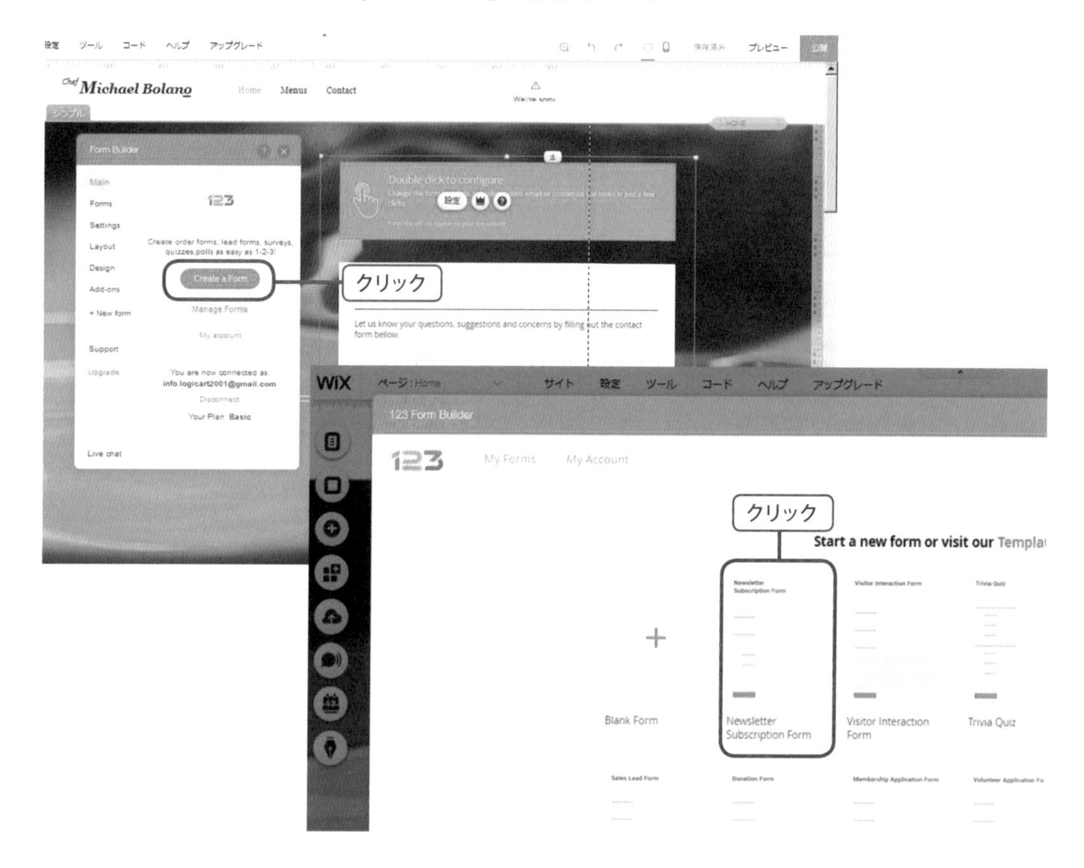

(6) 次に、フォームのカスタマイズ設定ウィンドウが表示されます。［BASIC FIELDS］ではテキストボックスだけではなく、ラジオボタンやドロップダウンの項目をフォームに追加することが可能です。追加したい項目をそのままドラッグし右のフォームのエリアにドロップで追加できます。

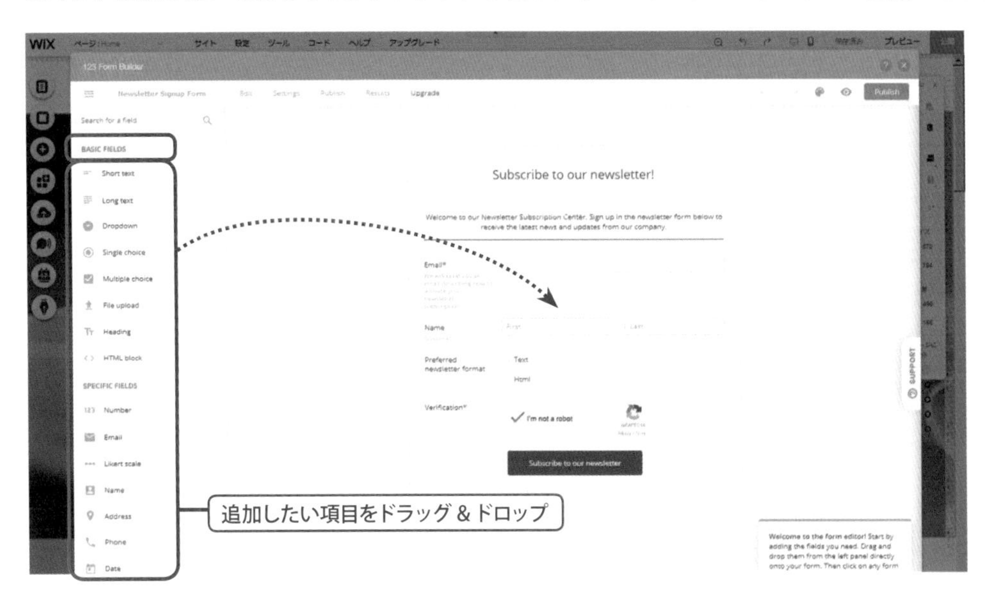

(7) 各項目をクリックすると、項目名（Label）の変更や初期値（Default Value）の設定ができます。

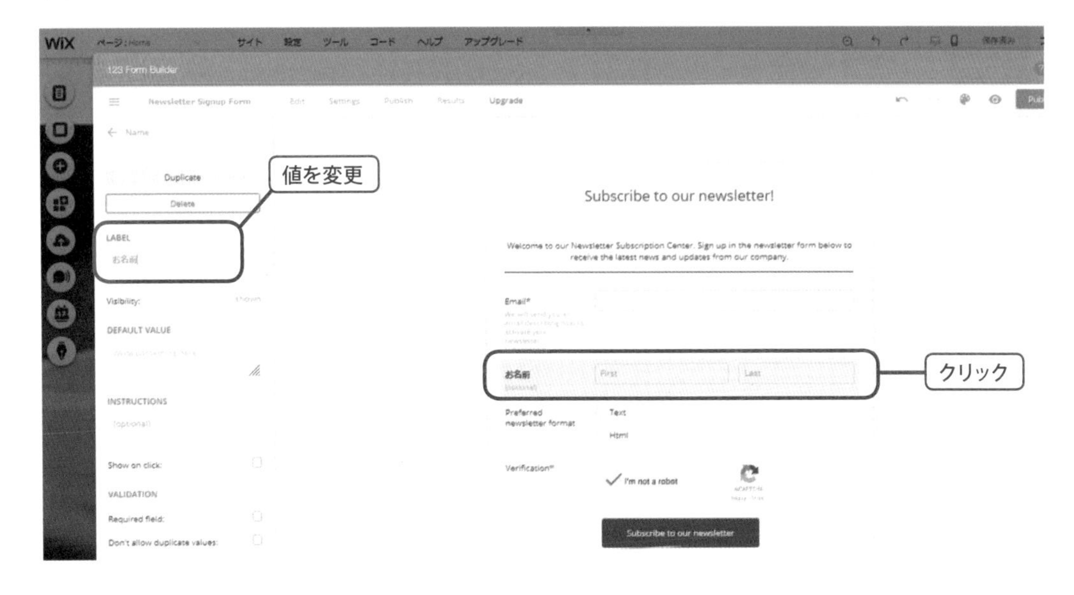

(8) 作成が一通り完了したら、[Verification]で [I'm not a robot]をクリックします。[Publish]をクリックすると、作成した内容が反映されます。

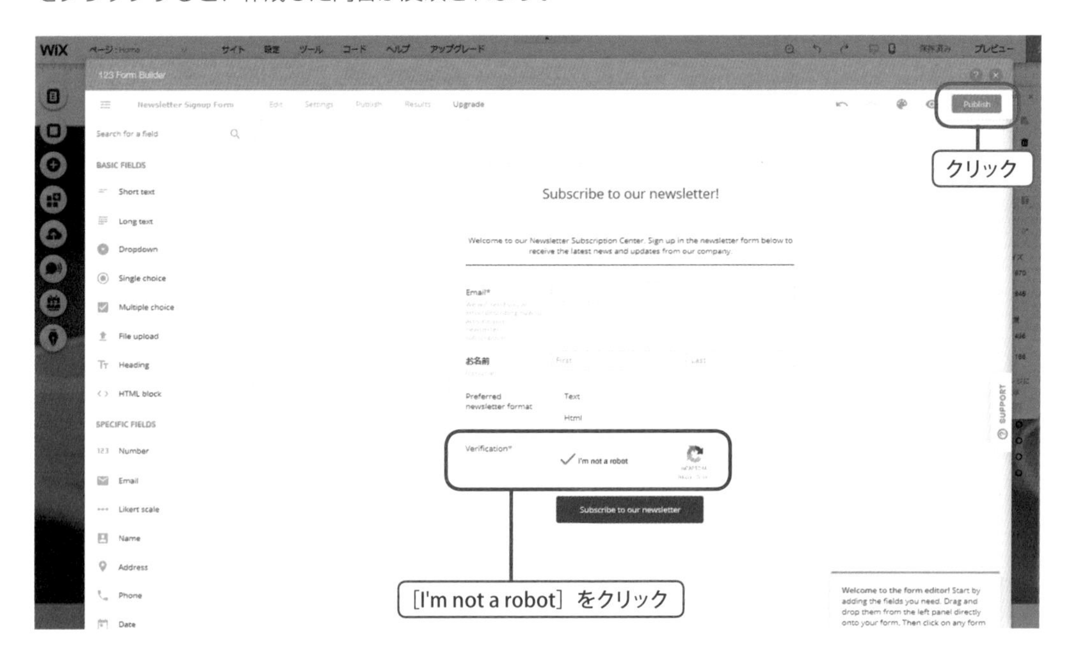

カウントダウン・クロック

このアプリを活用して、イベントなどの開催までの期間やキャンペーン終了までの期間をカウントダウンして見せることができます。
サンプルサイト URL　http://www.wixsample.com/

1 アプリの追加

(1) カウントダウン･クロックをサイトに設置する方法を紹介します。[アプリ] アイコンをクリックして、「カウントダウン」と検索し、[カウントダウンクロック] を選択します。

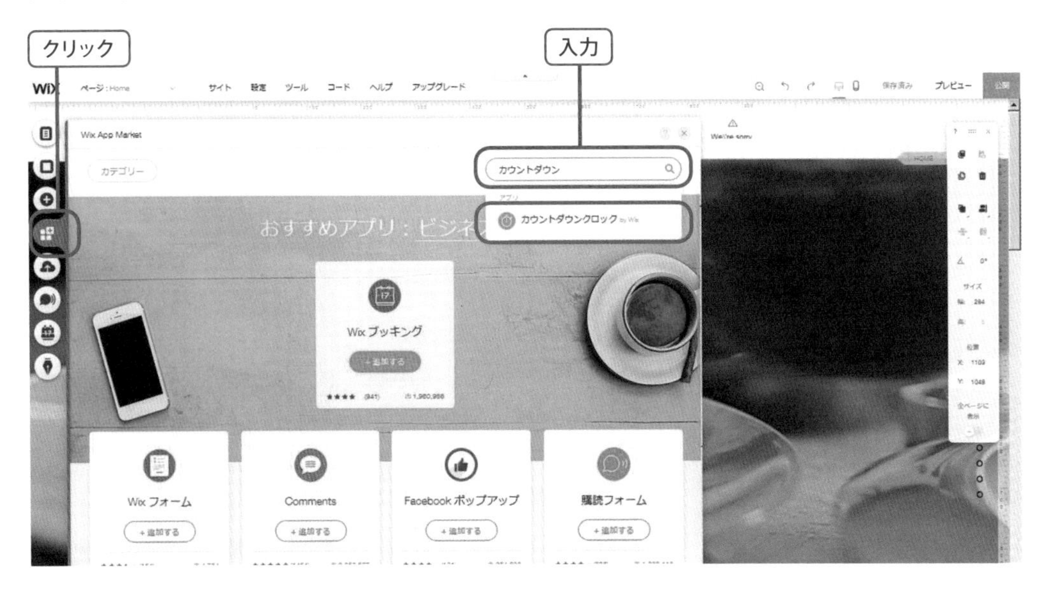

(2) [＋追加する] をクリックします。

2 アプリの設定

(1) 追加されたカウントダウン・クロックを選択し、メニューから［設定］をクリックします。［カウントダウン・クロック］の設定ウィンドウが開きました。［カウントダウン ...］をクリックします。

(2)［終了日を設定］のカレンダーをクリックして終了日を設定します。［終了時刻を設定］の時、分、秒の順に設定します。

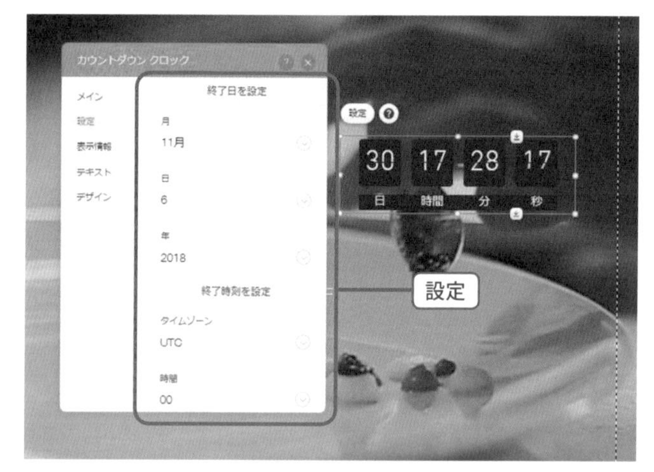

(3) カウントダウン終了時にテキストを表示するように設定します。下へスクロールし［カウンターの設定］の［メッセージを編集］のラジオボタンにチェックして「テキストタブ」をクリックします。
※画面右上の［プレビュー］をクリックするとプレビューされます。

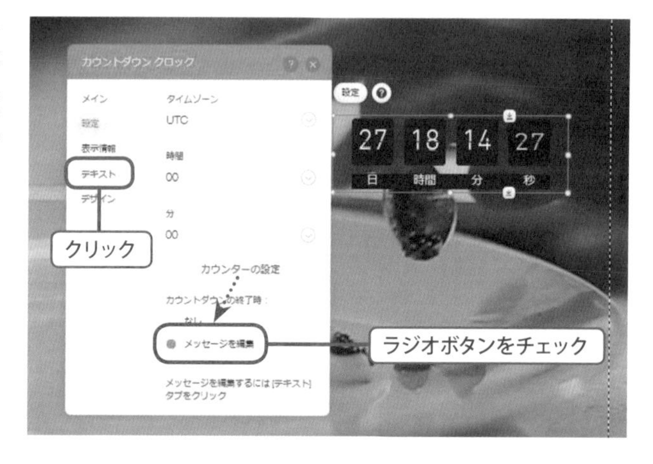

(4) カウントダウン・クロックが追加されました。

テーブルマスター

テーブルマスターでは、オリジナルの表の作成や、Google ドライブに保存してある表をそのままサイト上に反映させることができます。
サンプルサイト URL　http://www.wixsample.com/

1 アプリの追加

(1) テーブルマスターをサイトに設置する方法を紹介します。[アプリ] アイコンをクリックして、[無料アプリ] カテゴリから、[テーブルマスター] を選択します。

(2) テーブルマスターの [＋追加する] をクリックします。

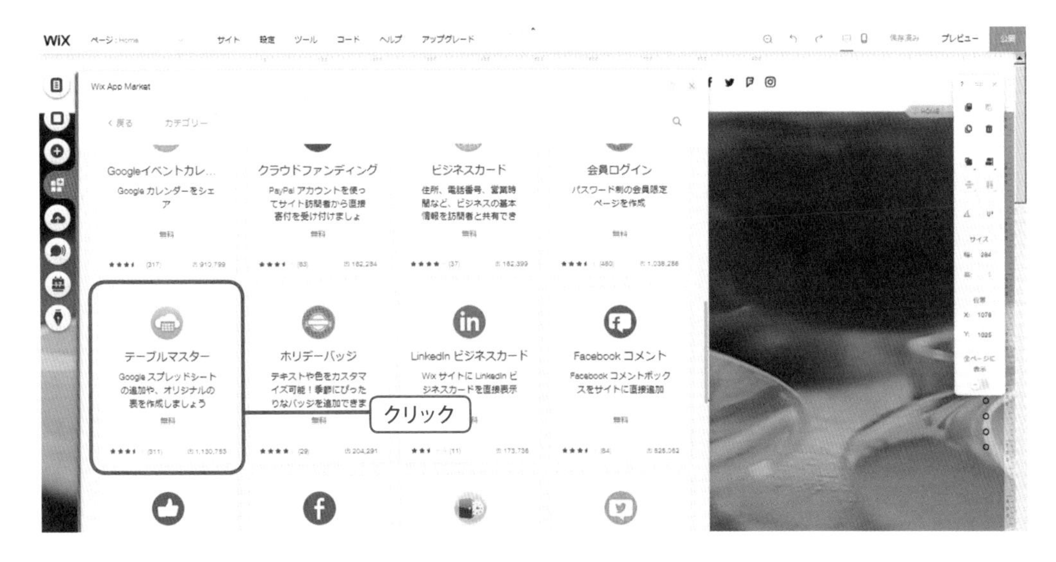

2 アプリの設定

(1) 追加されたテーブルマスターを選択し、メニューから［設定］をクリックします。データソースの入力ウィンドウが開くので、ここに直接データを入力します。入力完了後に［提出］ボタンをクリックすると数値が反映されます。

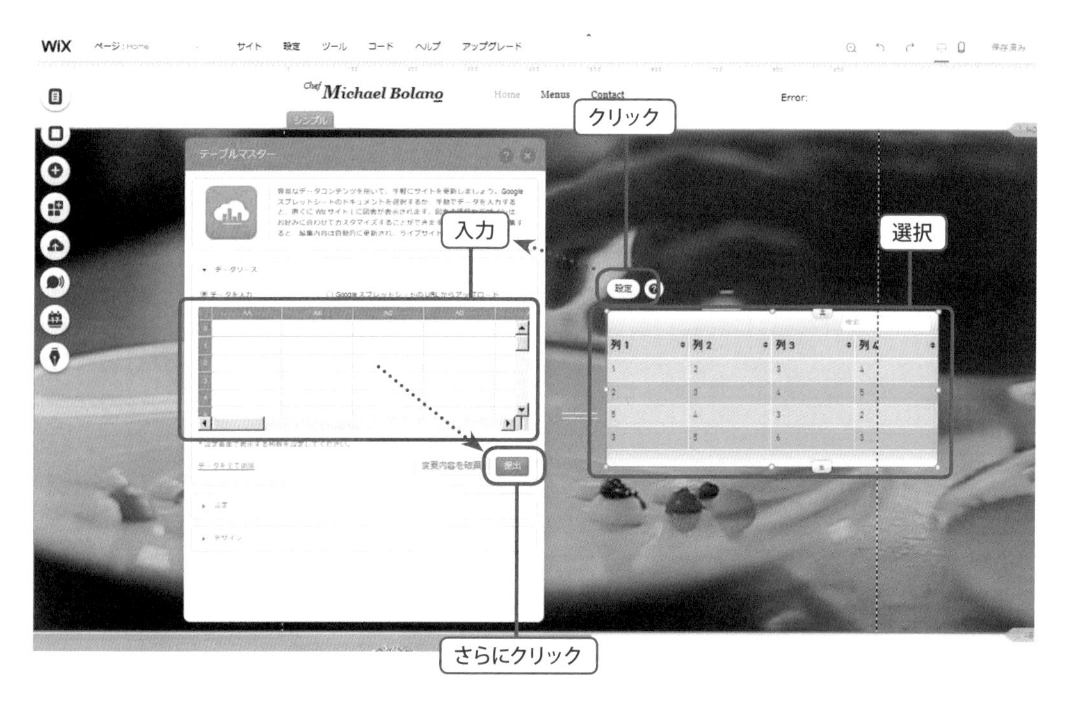

(2) また、テーブルマスターアプリには Google スプレッドシートを Web 上にアップロードすることで URL を「提出」することで簡単に同期することが可能です。

手順

① Google スプレッドシートの準備をします（Google ドライブ内で制作できます）。
② Google ファイルをウェブで一般公開します。
③ アップロードしたい Google ファイルを公開し URL をコピーします。
④ エディタ上のテーブルマスターアプリをクリックし「設定」をクリックします。
⑤「Google スプレッドシートの URL からアップロード」を選択し、貼り付けて［提出］をクリックすることでデータシートが表示できるようになります。

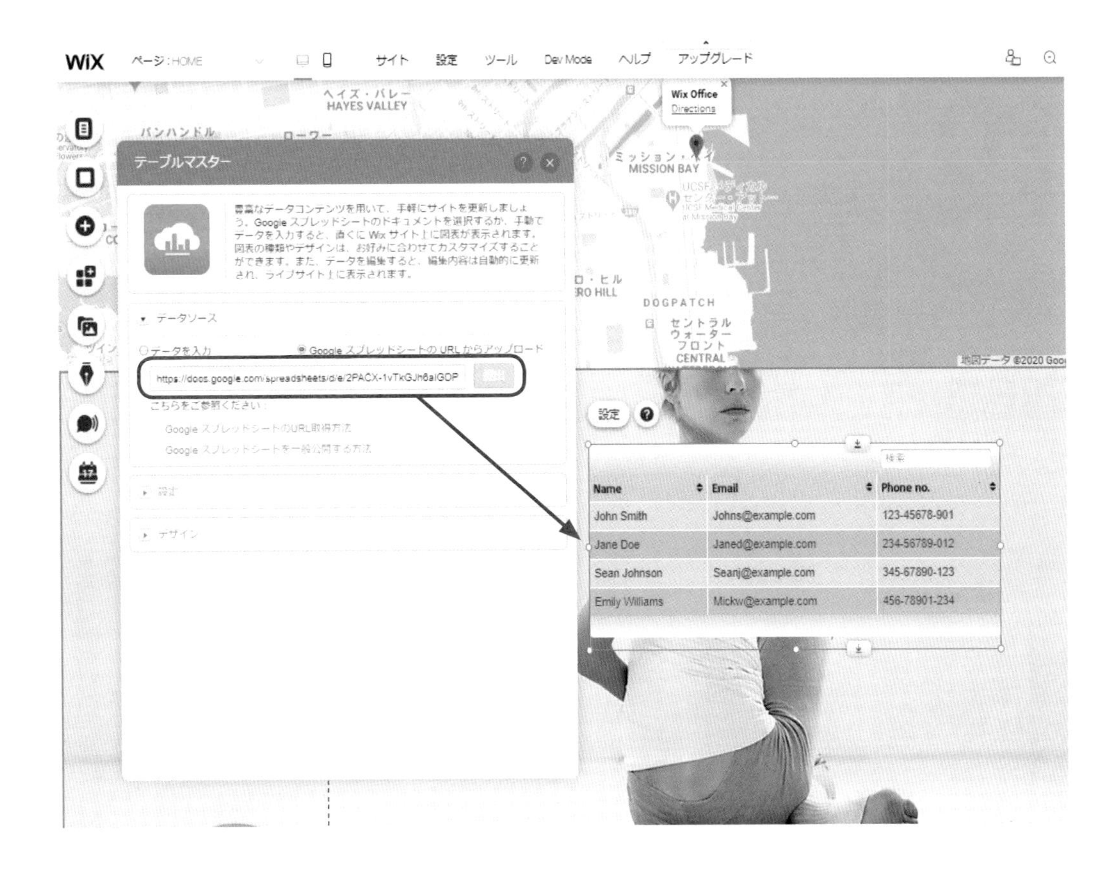
WiX
ページ：HOME
サイト
設定
ツール
Dev Mode
ヘルプ
アップグレード
ヘイズ・バレー
HAYES VALLEY
Wix Office
Directions
ミッション・ベイ
MISSION BAY
ロ・ヒル
DOGPATCH
セントラル
ウォーター
フロント
CENTRAL
地図データ ©2020
テーブルマスター
豊富なデータコンテンツを用いて、手軽にサイトを更新しましょう。Google スプレッドシートのドキュメントを選択するか、手動でデータを入力すると、直くに Wix サイト上に図表が表示されます。図表の種類やデザインは、お好みに合わせてカスタマイズすることができます。また、データを編集すると、編集内容は自動的に更新され、ライブサイト上に表示されます。
データソース
データを入力
Google スプレッドシートの URL からアップロード
https://docs.google.com/spreadsheets/d/e/2PACX-1vTkGJh6alGDP
こちらをご参照ください：
Google スプレッドシートのURL取得方法
Google スプレッドシートを一般公開する方法
設定
デザイン
設定
Name
Email
Phone no.
John Smith
Johns@example.com
123-45678-901
Jane Doe
Janed@example.com
234-56789-012
Sean Johnson
Seanj@example.com
345-67890-123
Emily Williams
Mickw@example.com
456-78901-234

41 テーブルマスター

Wix FAQ

Wix FAQ はリスト形式で FAQ を管理でき、いつでも質問と回答を追加、削除することができます。レイアウトも選べるので、自分で位置調整をすることなく FAQ を管理できます。
サンプルサイト URL　http://www.wixsample.com/

1 アプリの追加

(1) Wix FAQ をサイトに設置する方法を紹介します。［アプリ］アイコンをクリックして、［Made by Wix］カテゴリから、［FAQ］を選択します。

(2)［＋追加する］をクリックします。

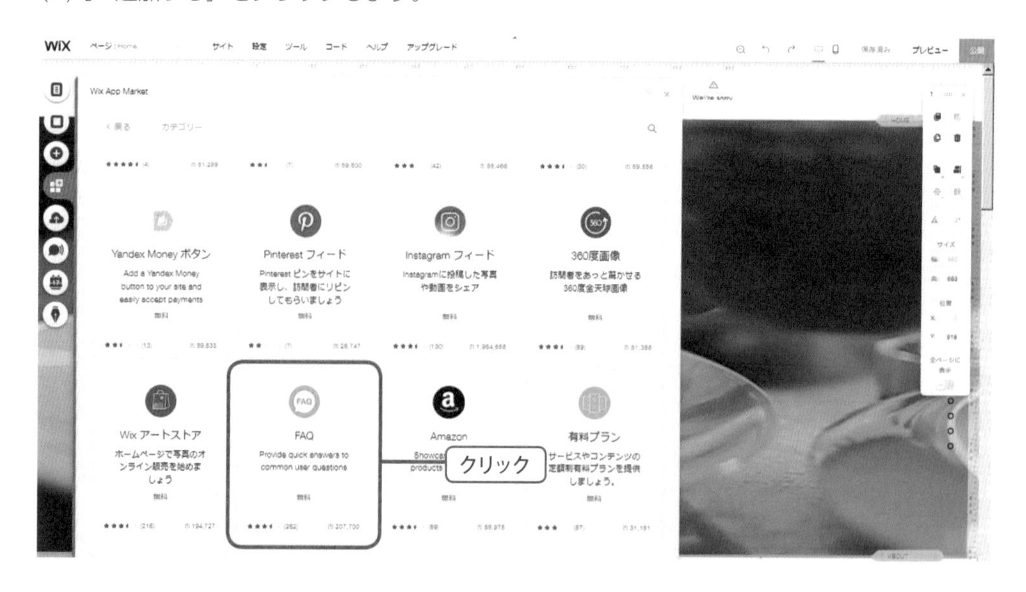

2 アプリの設定

(1) 追加された Wix FAQ を選択し、メニューから［設定］をクリックします。[FAQ Widget]の管理画面が開きます。

(2) 新しく「質問を管理」のウィンドウが開きます。質問を追加、再編集、複製、削除とドラッグ＆ドロップによる並び替えが出来ます。

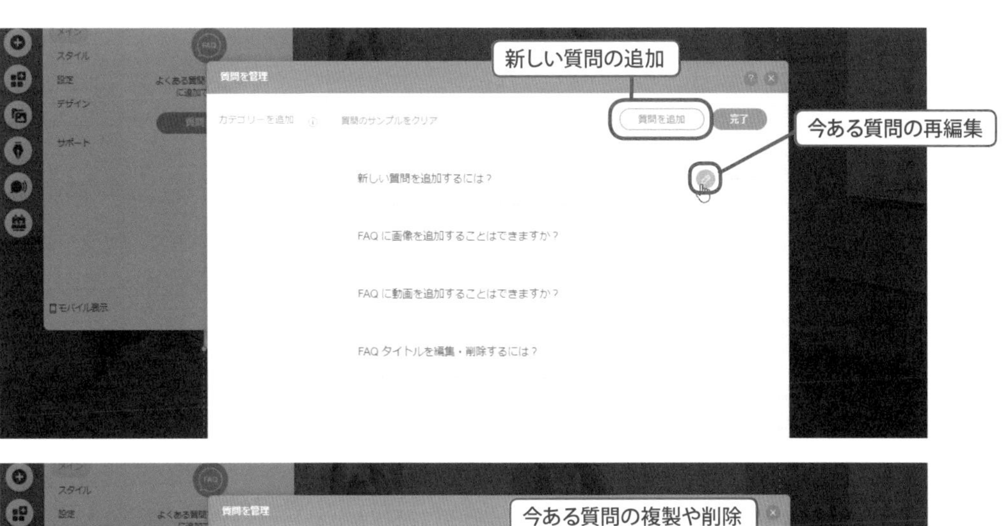

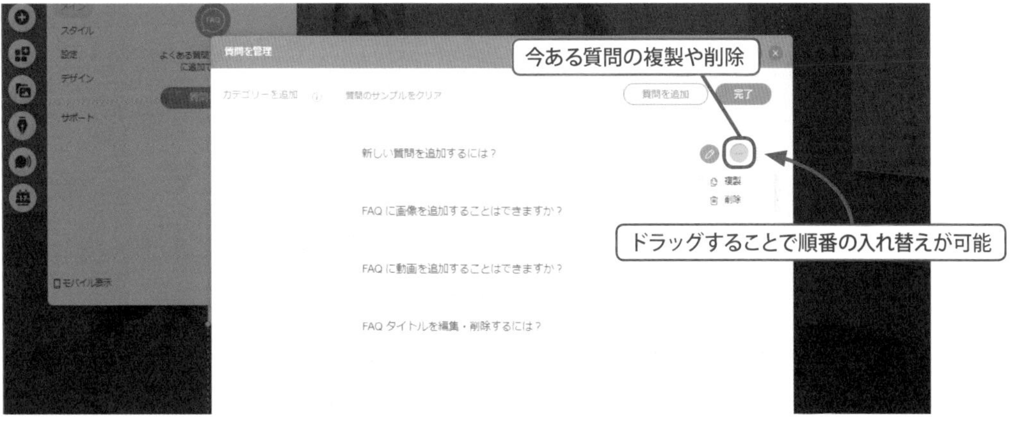

(3)［スタイル］のタブではインターフェースの編集など、［設定］ではタイトルの設定など、［デザイン］ではフォントや背景の編集が出来ます。

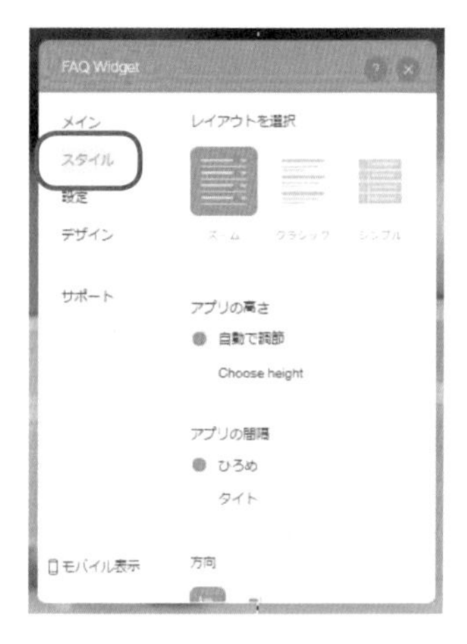

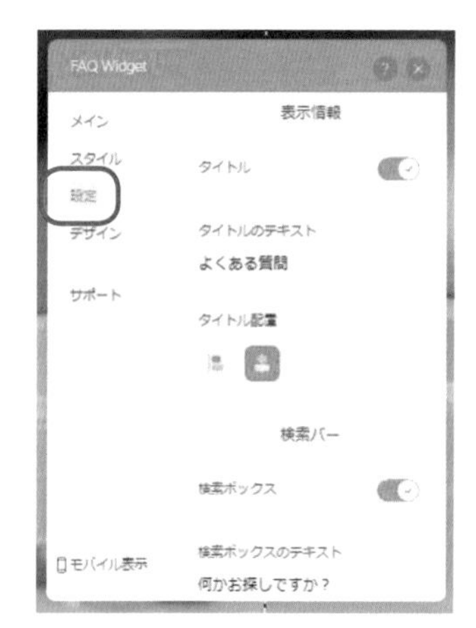

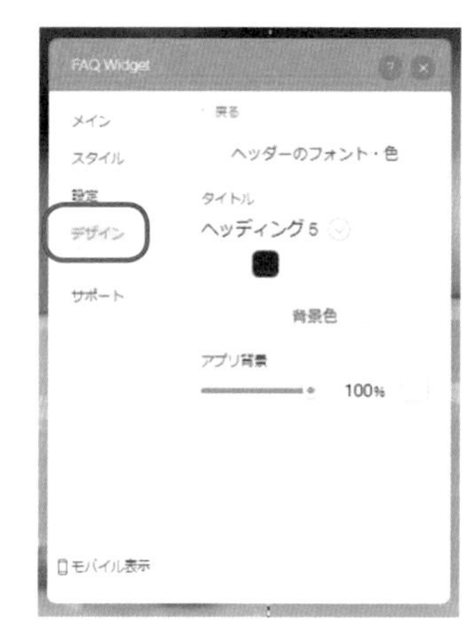

(4) FAQ の回答は、隠すことができ、ボタンをクリックすることで表示に切り替える設定もできます。

第4章

モバイルサイトの編集

Wix では、モバイルサイトの制作も簡単に行うことができます。現在、国内で普及しているほとんどのモバイル端末での表示が可能で、メールや電話などのアクセスをスムーズに行うMobileActionBar（モバイルアクションバー）などの便利な機能も備えています。

モバイルエディタ

Wix では、PC での表示とは別にモバイルからアクセスした場合に表示されるレイアウトを設定することが可能です。編集画面もスマートフォンを想定したものが表示されるので、とても分かりやすくなっています。

1 モバイルエディタ構成

(1)［モバイルエディタに切り替え］ボタンをクリックし［モバイルエディタ］へ切り替えます。

■各ボタンの説明

メニュー＆ページ メニュー＆ページ	編集するページを移動したり、モバイル版のみの非表示に設定できます。
背景 背景	PC 版サイトとは別の背景をモバイル版サイト用に設定することができます。PC 版で動画背景を使用する場合などに、とても役に立つ機能です。
モバイルツール モバイルツール	こちらからモバイル最適化の設定、トップへ戻るボタン、モバイルアクションバーの設定が行えます。
非表示のパーツ 非表示のパーツ	PC 版サイトに配置されているアイテムで、モバイル表示に対応していないものなどは自動的に非表示となっています。ここでは各アイテムの表示、非表示設定が行えます。
ページレイアウト最適化 ページレイアウト最適化	PC 版のエディタで設置したアイテムのレイアウトを自動的に整列させて配置します。

メニュー & ページ

Wix では、モバイルから見た時に閲覧できるページを選択することができます。

1 モバイルで特定のページを非表示にする

(1) PC エディタと同じように、こちらでページの切り替えを行うことができます。モバイルでは表示しないページもここから設定することができます。

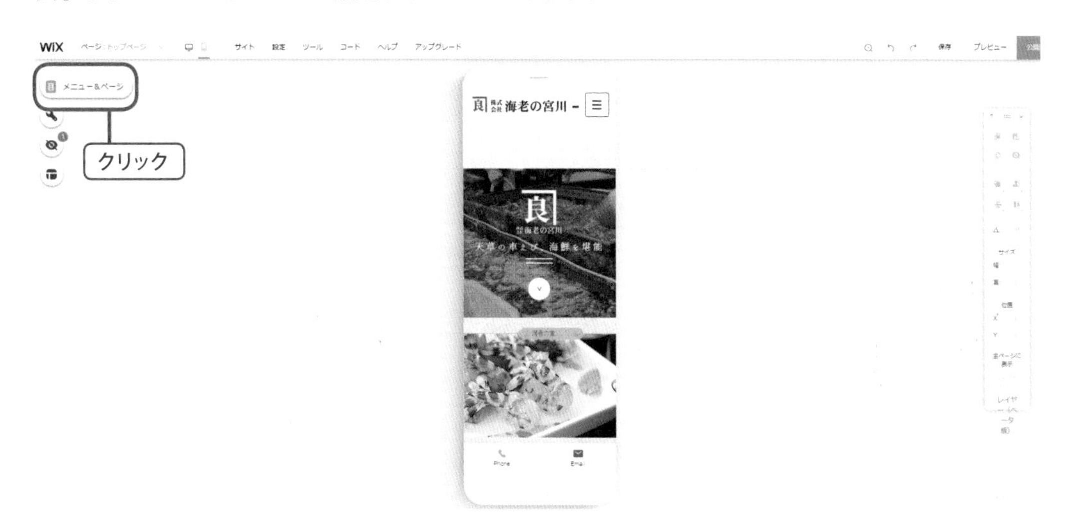

(2) 非表示にしたいページの名前の［…］にカーソルをかざし、［モバイルで非表示］をクリックします。

モバイル背景

モバイルサイトはPC版のサイトよりも縦長で横幅は狭いレイアウトになるので、それに合わせた背景を設定しましょう。また、モバイルサイトでは通信容量を考慮して、動画を背景に設定することはできなくなっています。

1 モバイルサイト用の背景を変更

(1) 右クリックして［重複するパーツ］→［ページ］の順にクリックします。次に［ページ背景を変更］をクリックします。

(2) モバイル背景の設定ウィンドウが開きます。背景の色を変更する場合は［単色］ボタン、背景の画像を設定する場合は［画像］ボタンをクリックします。

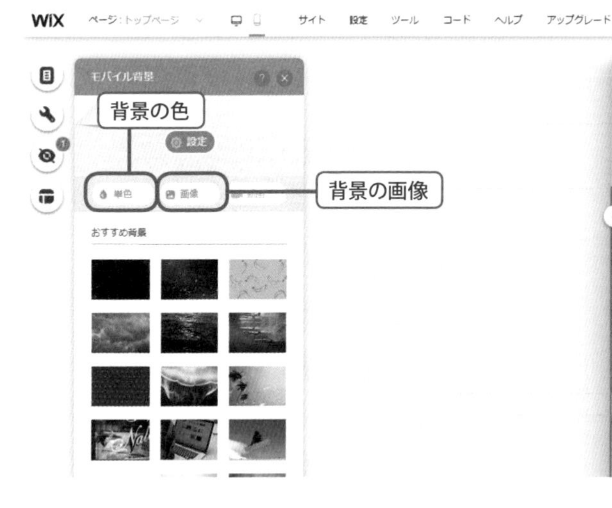

(3) [単色] ボタンをクリックするとカラーパレットが開くので、そこから背景に設定したい色を選択します。色の追加も可能です。

(4) [画像] ボタンをクリックすると、画像選択のウィンドウが開きます。今回は Wix フリー素材の中から、パターンを選択します。[背景を変更] をクリックすると背景画像が変更されます。

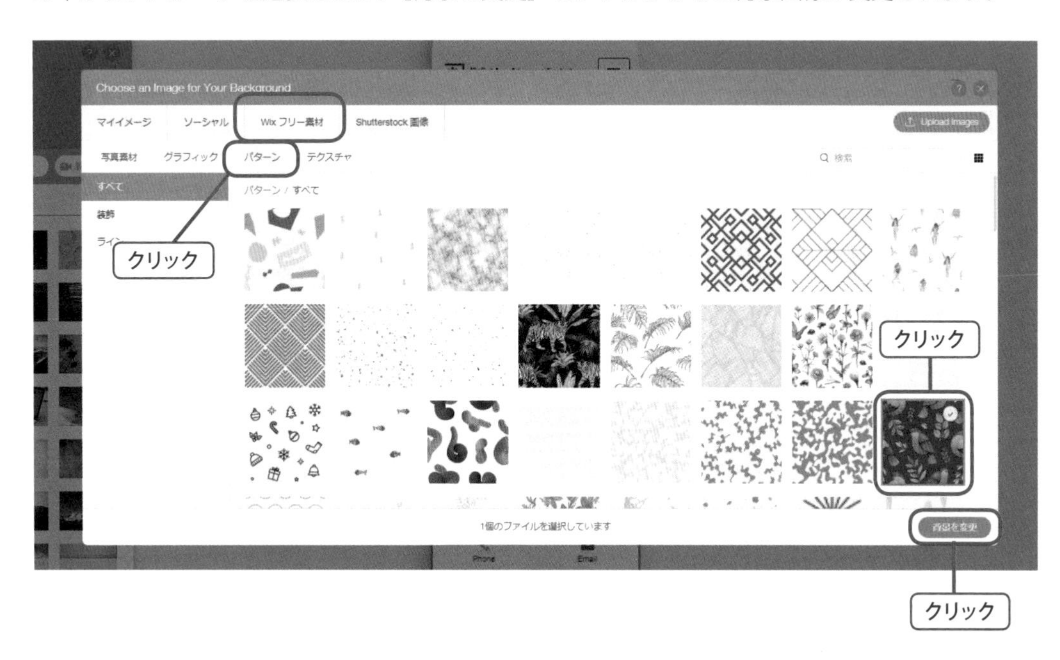

(5) 次に［設定］ボタンをクリックして、背景画像の設定を行います。ここでは、背景画像の不透明度や、背景画像の下に敷く色の変更が行えます。画像の下に敷いた色は、背景画像の不透明度を下げると表示されるようになっています。

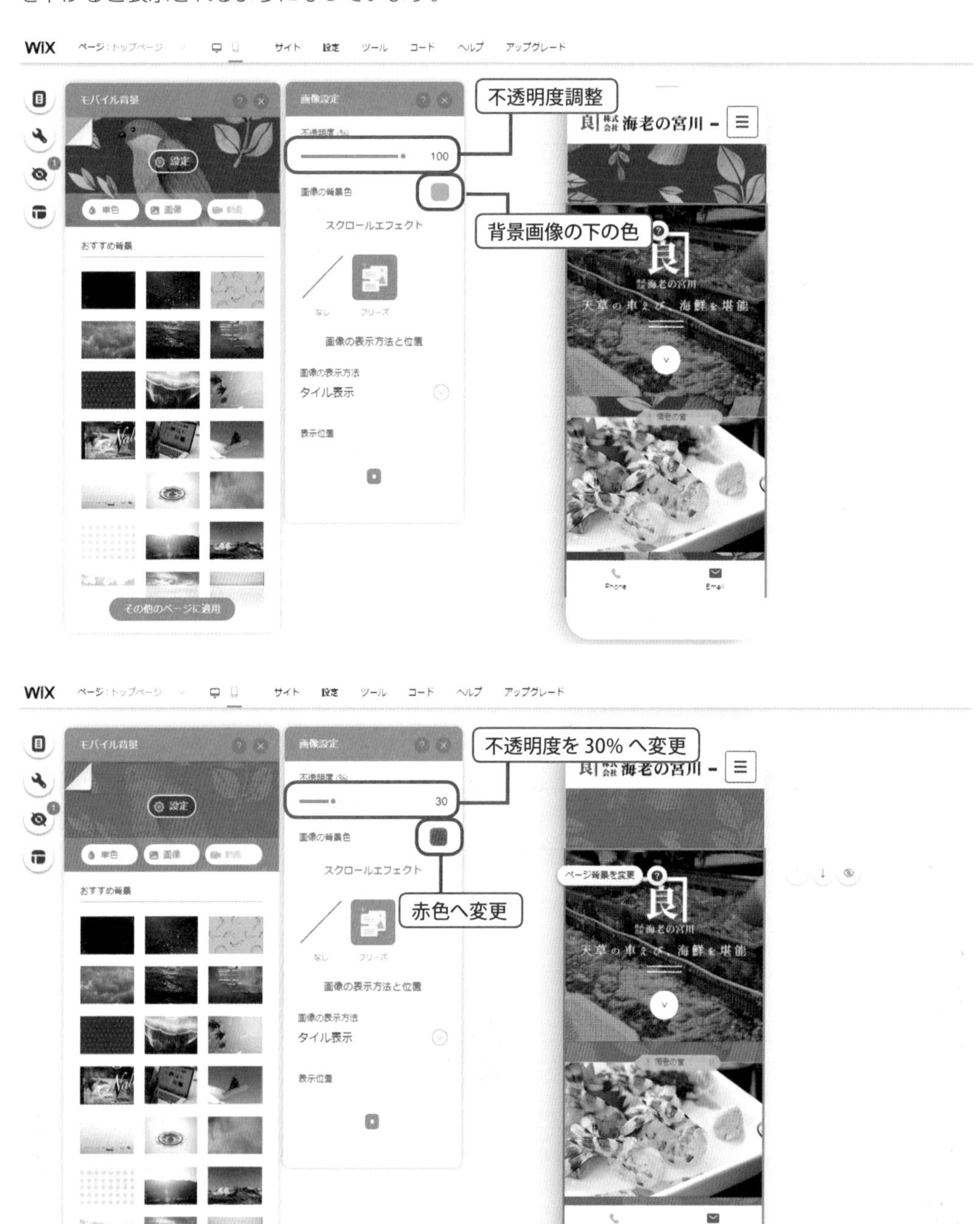

(6)［その他のページに適用］ボタンから、全ページに対してモバイル背景の設定を一括で行うこともできますし、個別に選択したページだけ背景を変更することもできます。

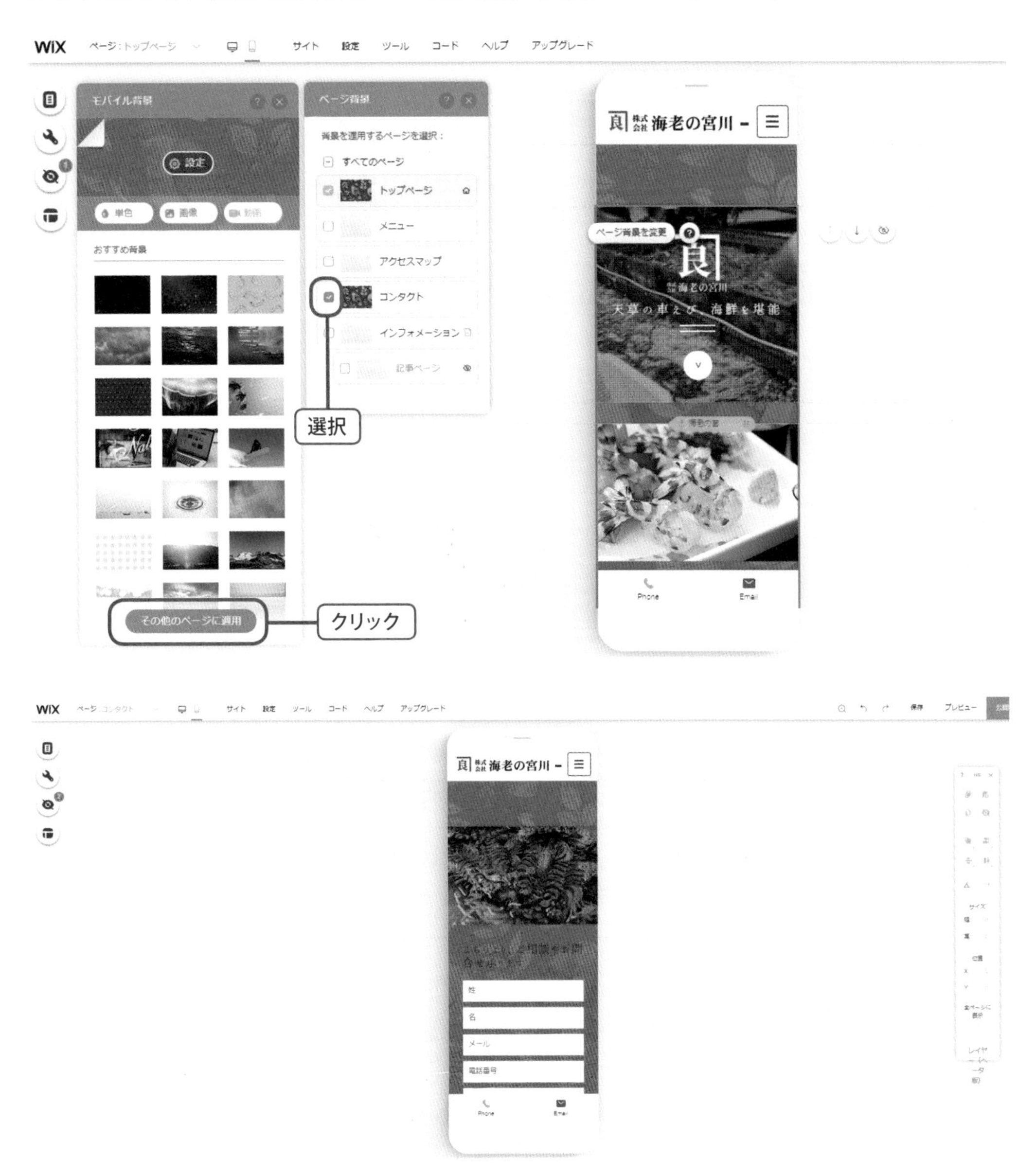

モバイルサイト

電話やメール、SNSへの誘導のアクションを促進させる、モバイルアクションバーの設定を行います。また、[TOPへ戻る]ボタンやウェルカム画面の設定、Chromeのテーマカラーの設定をすることができます。

1 モバイルアクションバーを設定する

(1) [モバイルアクションバー] をクリックすると、モバイルアクションバーが作成されます。

(2) [モバイルアクションを設定] をクリックすると、モバイルアクションバーに表示されるメニューが表示されます。こちらから、追加や削除、設定を行うことができます。

(3) メニュー右側の［…］ボタンを押すと、［設定］［名前の変更］［削除］が選択できます。

(4) 電話の場合は電話番号、メールの場合はメールアドレスと件名を入力することができます。SNS はそれぞれの URL を入力することができ、［新しいタブで表示させる］か［同じタブで表示させる］か選択することができます。

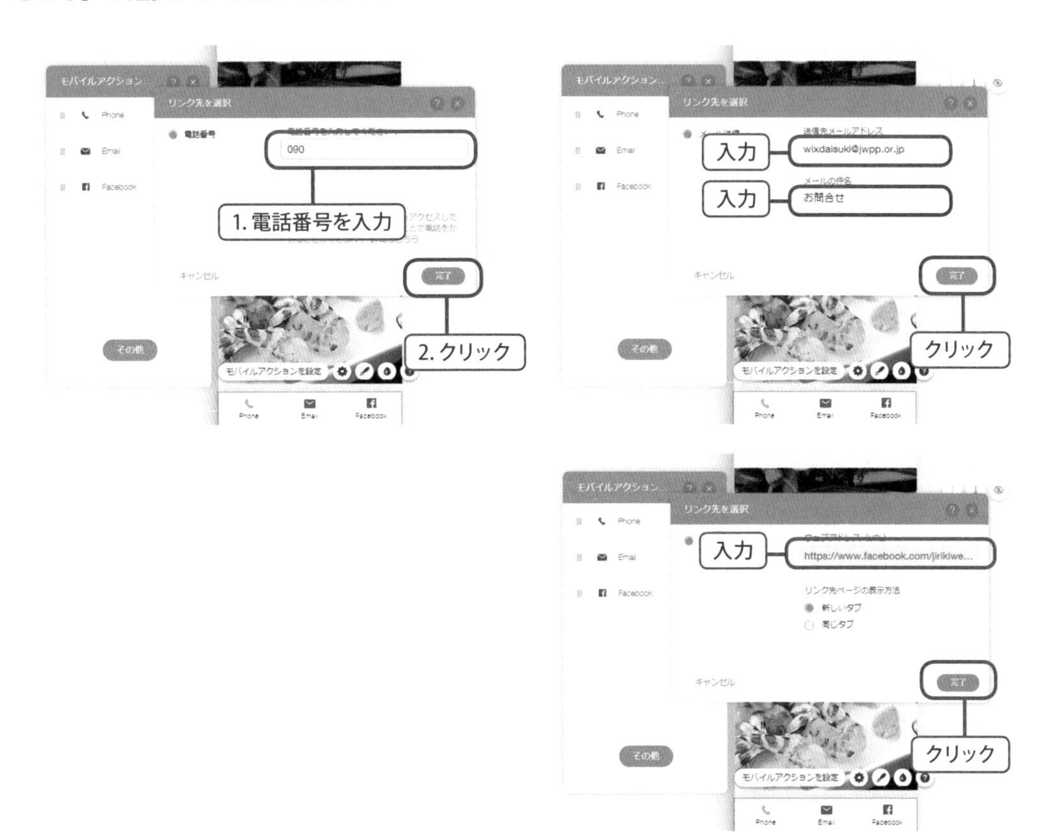

(5) モバイルアクションバーのデザインは［設定］［デザインを変更］［カスタマイズ］の3つのボタンで変更することができます。ラベルに文字を追加したり、色や形の設定を行うことが可能です。

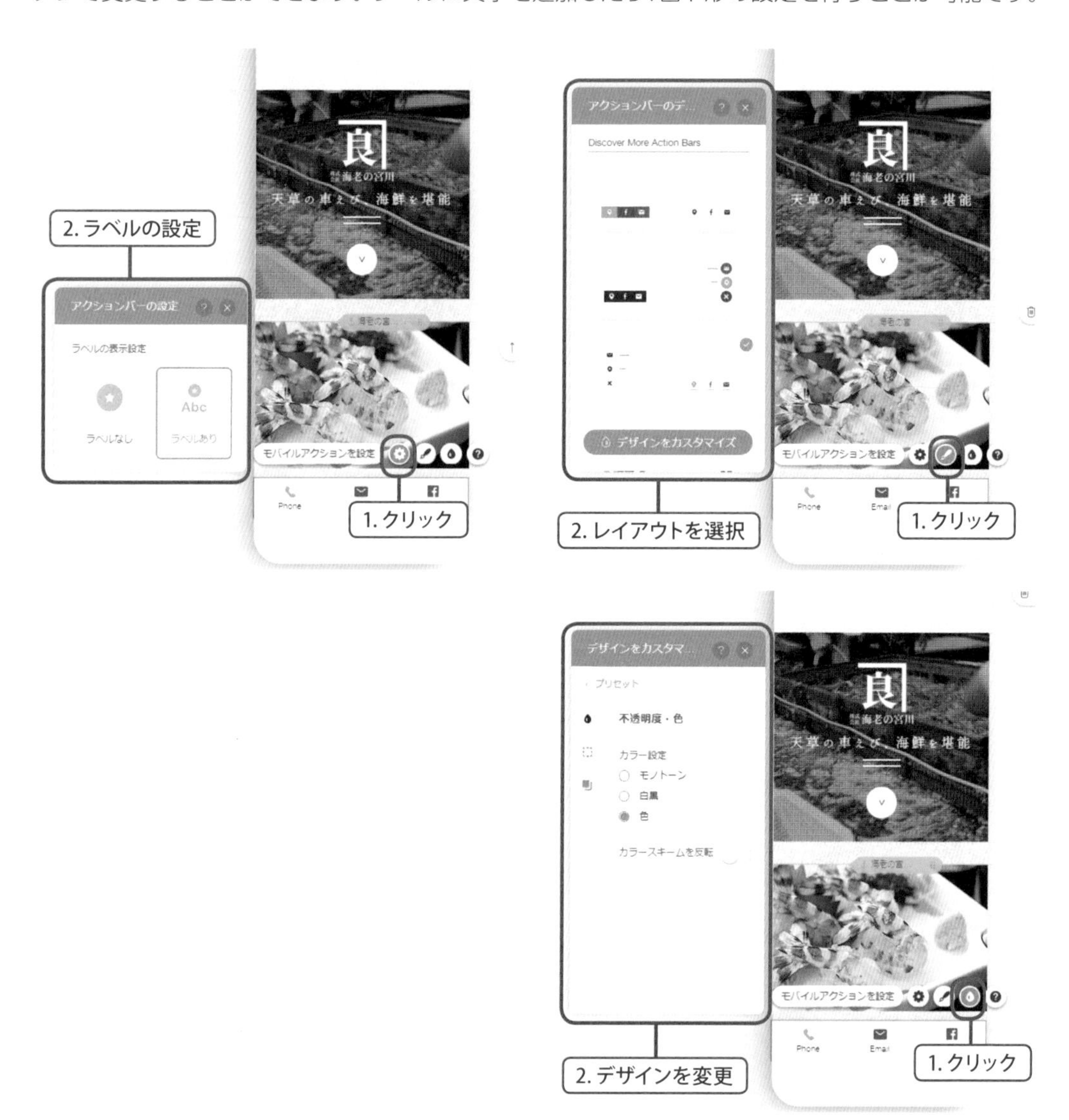

チェック

モバイルアクションバーの動作確認を行う際は、一度サイトを公開してから実際にスマートフォンでサイトへアクセスして確認を行います。

2 トップへ戻るボタンを設定する

(1) [トップへ戻る] をクリックすると、トップへ戻るボタンを設定することができます。

(2) それぞれのボタンからアイコンを変更したり、レイアウト、色、アニメーションの設定をすることができます。ウェブサイトの雰囲気にあったデザインに変更しましょう。

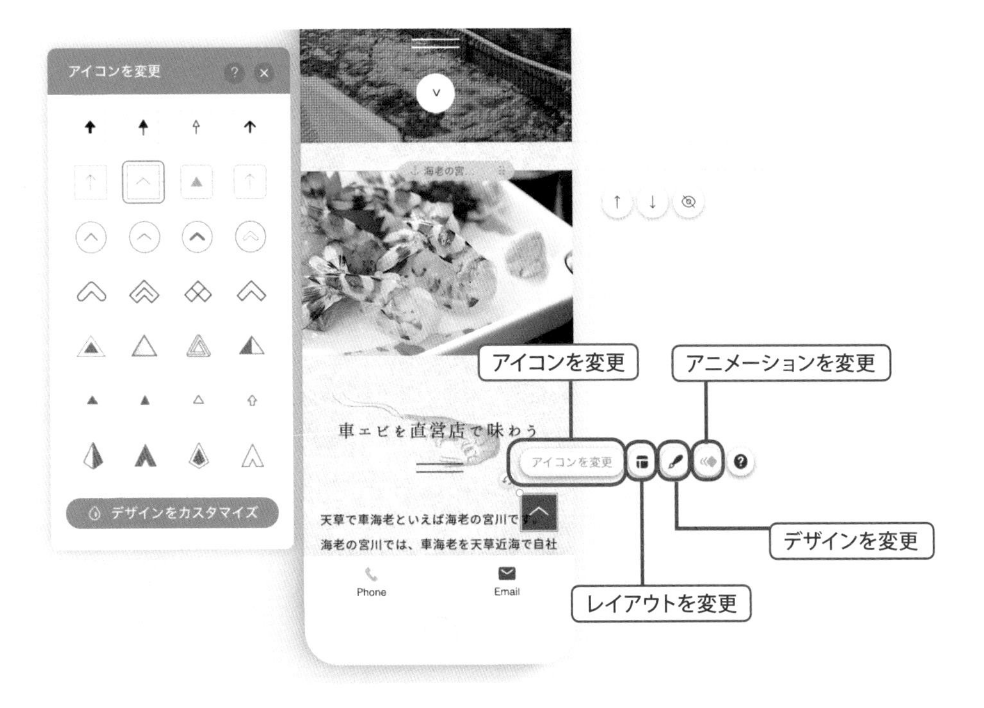

3 ウェルカム画面を設定する

(1)［ウェルカム画面］をクリックすると、モバイルサイトのウェルカム画面をを設定することができます。

(2) それぞれのボタンから、ロゴや背景の設定が可能です。

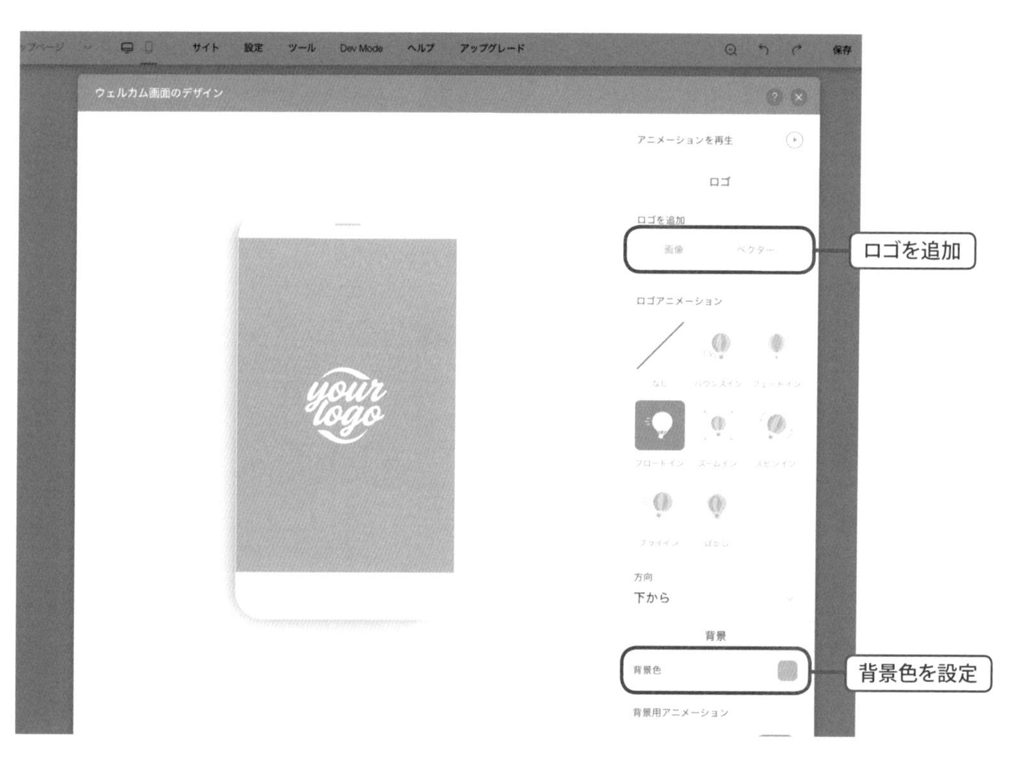

ページレイアウト最適化／非表示のパーツ

PC 版のサイトで追加したアイテムをモバイルサイトで表示するか、非表示にするかの設定を行います。モバイルサイトは PC 版のサイトよりも幅が狭いので、この機能を活用することで、モバイル機器に適したレイアウトにします。

1 ページレイアウト最適化

(1) レイアウトの自動調整を行います。［ページレイアウト最適化］をクリックし、下の方に配置されている［最適化する］ボタンをクリックすると自動的にレイアウトが調整されます。

2 レイアウトの確認

(1) 自動調整されたレイアウトにおかしな部分がないか順番に見ていきましょう。

(2) PC エディタで追加したアイテムはモバイルで非表示にすることが可能です。逆に PC は非表示、モバイルだけに表示させるといったことは出来ません。非表示にしたいアイテムを選択し、右クリックのメニューから［非表示にする］をクリックします。

(3) PC 版サイトで装飾用に配置されていたラインなどが、モバイルレイアウトを崩す要因になることもあるので、その場合はそのアイテムを非表示設定にします。アイテムを選択した時に出てくるアイコンで簡単に非表示にさせることもできます。

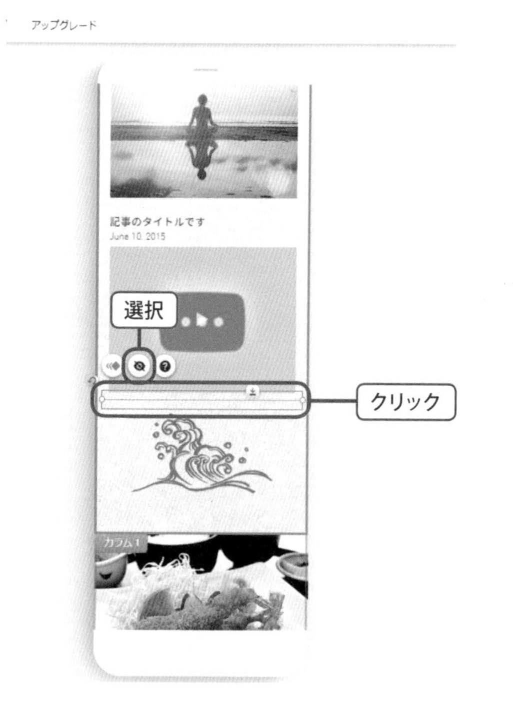

(4) 非表示にしたアイテムは非表示アイコンボタンから一覧で確認できます。[表示する] をクリックして再表示させることも出来ます。

チェック

モバイルレイアウトのプレビュー画面はあくまでもプレビューです。不要な空白が空いていたりすることもあるので、必ず実機での確認をしましょう。

第5章

アップグレード

独自ドメイン、広告削除、ストレージ増量、帯域幅の向上、ショッピングサイトの構築など、アップグレードによってさらにプロフェッショナルなサイト制作が可能です。ここではアップグレードの種類や登録の方法などに触れていきます。

プレミアムプラン

プレミアムプランは、ドメインの接続のみからショッピング機能を備えたｅコマースプランやVIPプランまで５種類。サイトの目的に合わせて選びましょう。
参照ページURL　http://ja.wix.com/upgrade/website

1 プレミアムプランの種類

	VIP	ｅコマース	無制限	コンボ	ドメイン接続
２年間プラン（１カ月あたり）	2,329円	1,504円	1,162円	770円	383円
年額プラン（１カ月あたり）	2,533円	1,641円	1,266円	841円	416円
月額プラン	3,100円	2,100円	1,700円	1,200円	700円
帯域幅	無制限	無制限	無制限	2GB	1GB
独自ドメインの接続	○	○	○	○	○
初年度ドメイン無料登録	○	○	○	○	
Wixの広告削除	○	○	○	○	
ファビコンを変更	○	○	○	○	
ネットショップ機能	○	○			
毎月10回のメルマガ作成	○				
サイトレビュー	○				

※無料アプリおよびドメイン無料登録は月額プランには含まれません。
※無料アプリの引換クーポンはプレミアムプラン購入から14日間有効です。

2 目的に合わせたプレミアムプランの選択

Wixには６つのプランがあります。①VIPプラン、②ｅコマースプラン、③無制限プラン、④コンボプラン、⑤ドメイン接続プラン、⑥フリープランです。ここではサイトの目的とプランの適性を見ていきます。

●ネットショップ・ECサイト
ネットショップ・ECサイトはVIPプランか、ｅコマースプランとなります。商品ギャラリーの追加やショッピングカートの追加はフリープランからも行えますが、実際に購入にいたるまでの動作はしません。制作自体はフリープランのまま行い、準備ができ次第、VIPプランかｅコマースプランへアップグレードすることをおすすめします。
●コーポレートサイト
無制限プランかコンボプランをおすすめします。Wixの広告削除はもちろんフリードメインも取得できます。ストレージは無制限プランで10GB、コンボプランで3GBです。容量の大きい画像を多く使用する場合やページ数が膨大な場合が無制限プランで、そうでなければコンボプランといったところです。帯域幅ですが、無制限プランはその名のとおり無制限でコンボプランでは2GBです。サイトの「帯域幅（バンドウィズ）」の広さ（狭さ）は、一度にサイトを閲覧できる訪問者数やサイトの閲覧速度に影響します。訪問数が多いサイトは無制限プラン、狭域ビジネスでアクセスがローカルな場合はコンボプランでも十分対応できます。この2つの差はサイト制作当初には見えてこない部分もあるので、サイトを運営していく中で「表示速度が遅い」「ストレージが足りない」などの現象が起きたら、コンボプランから無制限プランへのアップグレードを検討するカタチをとっても良いかと思います。また、あわせてカスタムメールも取得してサイトURLに合わせたアドレスも設定しておくことをおすすめします。「ちゃんとしている感」があり、好印象です。

●LP（ランディングページ）

ページ数にもよりますが、コンバージョンを目的としたLPであればストレージや帯域幅からコンボプランで十分対応できます。サイトにアクセスが集中して表示速度が遅くなる場合は、無制限プランへアップグレードしましょう。また、年額プランや月額プランでの費用対効果は自分でサーバー契約してファイルアップロードをする従来のやり方と比較するとコスト高が予想されるので、LPをWixでやるかどうかから検討したほうが良いでしょう。

●キャンペーンサイト

キャンペーン期間が半年以上ということはあまりないと思いますので、数ヶ月以内の一定期間のキャンペーンサイトであれば無制限プランまたはコンボプランの月額プランがおすすめです。

●ブランディングサイト

販売をしない、ショッピング機能を持たないブランドイメージに特化したものであれば無制限プランまたはコンボプランで対応します。Wix広告削除を行った上でブランドに関連した独自ドメインを設定しましょう。こちらもアクセス状況を見てプランを使い分けます。

●イントラサイト（社内サイト）

社内での情報共有に活かすカタチでサイト運営をするなら、フリープランでも十分でしょう。フリープランの良いトコロは、ドメインやサーバーなど維持管理費がないため、目的に合わせていくらでもサイトを作ることが可能なトコロです。また、部外者からの閲覧を避けたい場合は会員管理機能を利用してサイト公開に制限をかけることが可能です。ただ、大前提として社外秘のものや機密度が高くセキュリティが気になるものは、サイトに載せるのはやめておきましょう。

●ポートフォリオサイト

いわゆる作品や制作実績などを掲載するためのサイトですが、ほとんどの場合は個人のものが多いので、この場合はフリープランかコンボプランでの対応をおすすめします。キーになるのはドメインとストレージです。帯域幅は、そうそう影響はないと思います。

ドメイン接続プランについて、①取得済みのドメインが有力な場合、②複数ドメインの接続の場合はドメイン接続プランをおすすめします。Wixでは1つのサイトに対し最大3つまでドメイン接続が可能です。また、ドメインそのものの移管はできません。接続まで最大72時間かかります。

アップグレードの方法

プレミアムプランへのアップグレードの窓口は複数用意されています。アップグレードの登録、支払い情報などを紹介していきます。アップグレードで Wix 広告の削除、独自ドメインの利用、Google Analytics の使用が可能になります。

(1)［サイトを管理］から、アップグレードしたいサイトの［アップグレード］をクリックします。

(2) プランをラジオボタンで選択し、［選択する］をクリックします。

(3) 2年間か1年間、または月払いのいずれかを選択し、[プランを選択] をクリックします。

WiX

(4) 購入画面になるので、支払い情報を入力し [購入する] をクリックします。

ポイント

エディタ画面からもアップグレードが可能です。

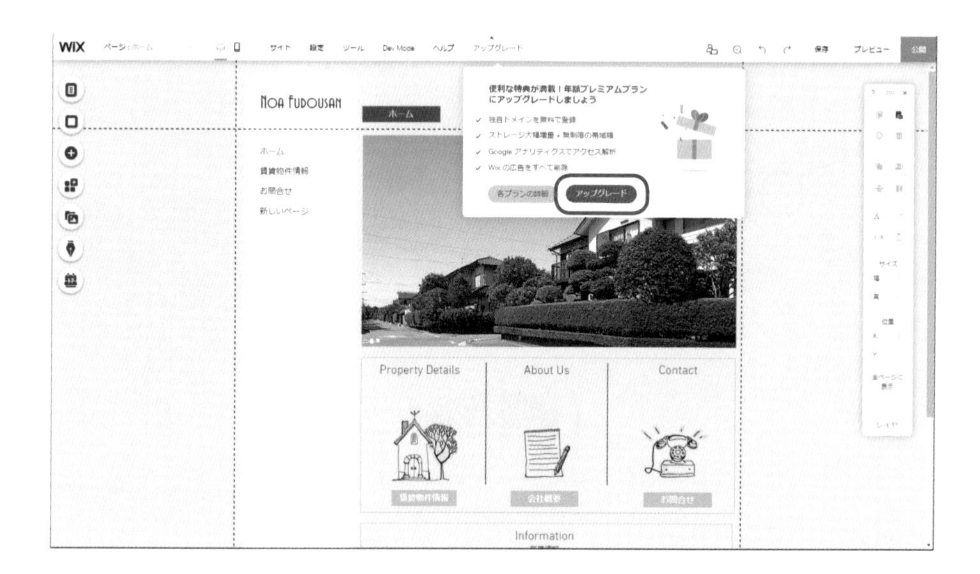

第6章

ドメインとメール

Wix サイトを 1 年以上のプレミアムプランへアップグレードすると、1 年間無料ドメインのクーポンが付いてきます。ここでは Wix で制作したサイトとドメインの接続を解説します。また Wix で取得したドメインを利用した G Suite とさくらインターネットでのメールのセットアップも解説していきます。

Wix からドメイン購入

フリープランではドメインに必ず wix.com と入る仕様になっていますが、独自ドメインを Wix から購入してセットアップすることも可能です。会社名や商品名など、サイトに関連した分かりやすいドメインをおすすめします。

1 ドメインの購入

(1) 独自ドメインを利用する場合は、事前にプレミアムプランにアップグレードする必要があります。

※年間以上のプレミアムプラン購入済みの場合は、1 年間の無料ドメインクーポンを使用できます。クーポン期間満了後のドメイン購入の価格は、様々な要因で若干変動しますが、目安は 1 年間で 2,000 円～ 4,000 円程度です。さらにカード会社への手数料が別途かかります。

(2) まず、マイサイトの［アカウント］アイコンへオンマウスし、［ドメイン］をクリックします。

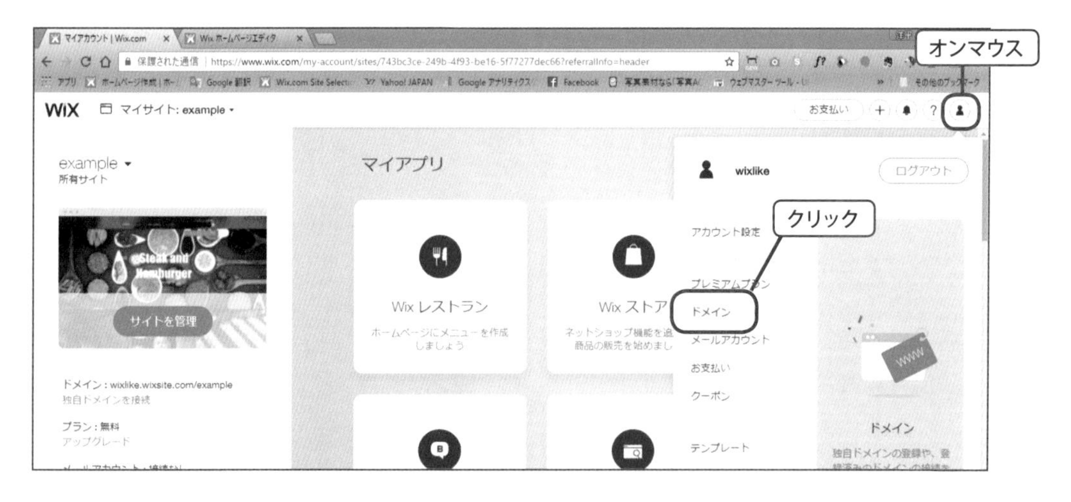

(3)［新しいドメインを購入］をクリックします。

(4) 取得したいドメインを入力して［検索］します。検索結果が表示されます。利用できない場合は、既にそのドメインが使われていることになるので、ドメインを変えて再検索しましょう。利用できる場合は、［登録する］をクリックします。

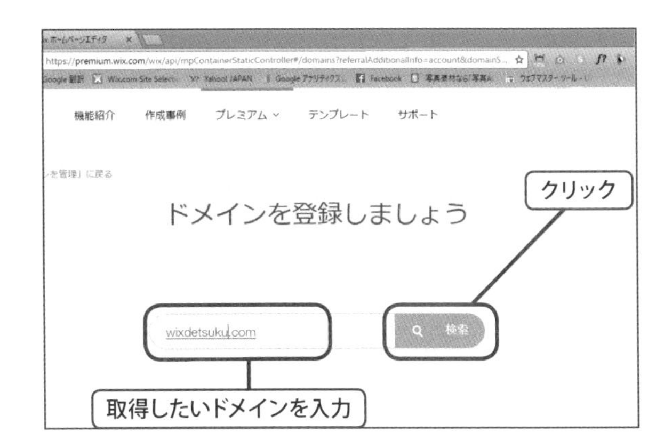

注意

Wix 無料ドメインクーポンは .com、.net、.org、.info、.biz、.rocks、.pictures、.club、.space、.co.uk、.xyz 拡張子でのみ取得可。
購入できるドメインは .agency、.biz、.center、.christmas、.club、.co、.co.uk、.com、.com.br 、.company、.design、.directory、.email、.expert、.gifts、.guru、.holiday、.info、.land、.london、.me、.mx、.net、.ninja、.online、.org、.party、.photography、.photos、.pictures、.rocks、.shop、.site、.solutions、.space、.store、.technology、.tips、.today、.tokyo、.top、.tv、.website、.wiki、.xyz

(5) 登録期間を選択し、［次へ］をクリックします。

(6) 登録者情報を入力します。併せて技術担当者情報、管理担当者情報も入力します。

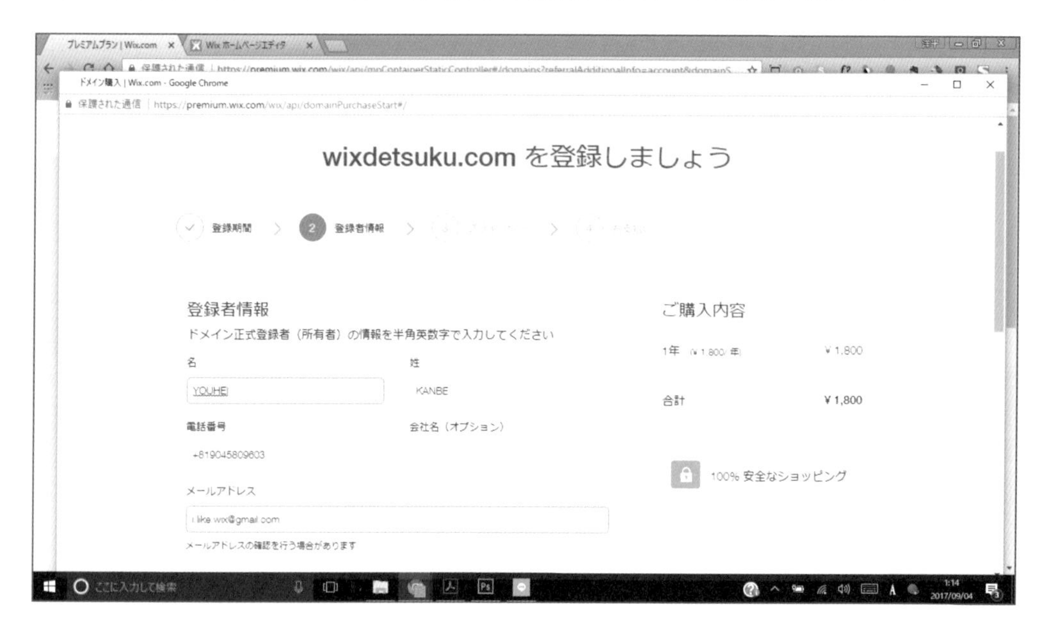

(7) プライバシー設定の画面では、［プライベート登録］か［パブリック登録］を選択します。選択したら［次へ］をクリックします。

※ co.uk はプライベート登録不可です。

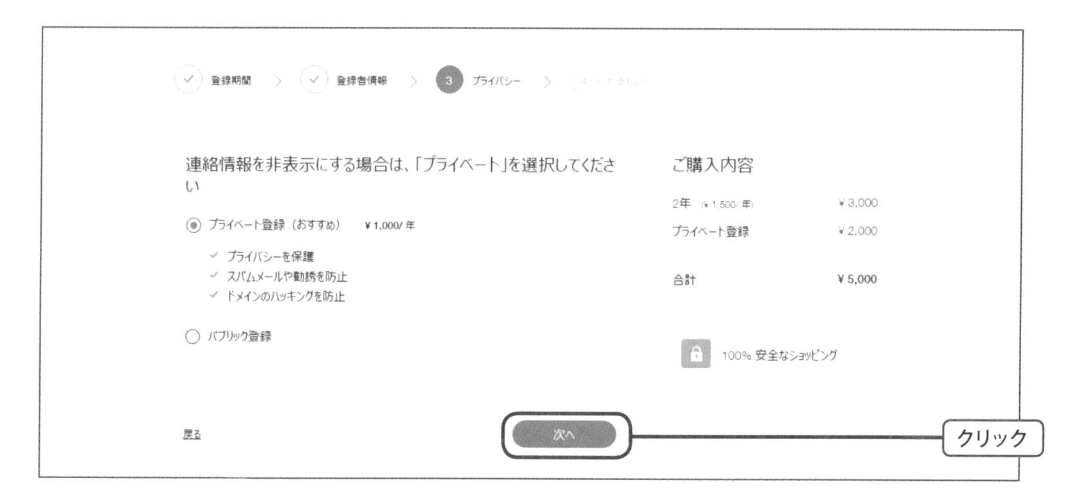

プライベートドメインとは
ドメイン名を監督する組織 Internet Corporation for Assigned Names and Numbers（ICANN）は、ドメイン保有者の名前、住所、メールアドレス、電話番号を公的な WHOIS データベースへ記載することが義務付けられています。プライベートドメインで登録すれば、個人情報は公開されません。そのため、スパム、詐欺行為、勧誘電話を防ぐことができます。

(8) 支払いの画面で、支払情報を入力し、最後に［購入する］をクリックすると購入完了の画面が開き、購入完了となります。

独自ドメインのセットアップ

Wix で購入したドメインとプレミアムプランにアップグレードした際に付いてくる 1 年間の無料ドメインクーポンのセットアップについて解説します。

1 ドメインのセットアップ

(1) Wix からドメインを購入した場合は購入完了の画面からの流れでドメインのセットアップが可能です。もしくはドメインの購入時と同様に、［アカウント］アイコンにオンマウスして［ドメインを管理］から「接続中のサイト」の［接続する］をクリックします。

(2) ドメインを接続するサイトを選択します。

(3)「接続中のサイト」にドメインが入っていれば接続は完了です。ブラウザに URL を入力して、接続されているか確認してみましょう。

G Suite カスタムメールアドレス

アップグレードで独自ドメインを取得し、Wix 経由で Google Apps のカスタムメールアドレスを取得します。

例えばサイトの URL を https://www.dekiso.com で設定した場合は、メールアドレスを info@dekiso.com で取得できます。この場合は G Suite (by Google) を利用したカスタムメールアドレスが利用できます。また、さくらのメールボックスや外部のメールサーバーを利用して同様に独自ドメインでメールアドレスを設定することも可能です。

1 G Suite (by Google) の購入とセットアップ

(1) マイサイトの画面で［アカウント］アイコンにオンマウスして［メールアカウント］をクリックします。

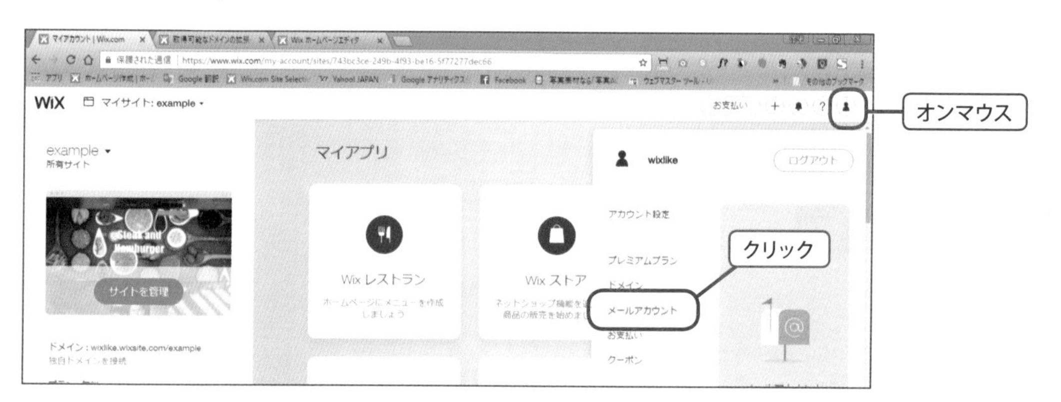

(2) カレンダーやドライブなどの Google アプリも利用できる G Suite の登録をおすすめします。［メールアカウントを作成する］をクリックしてください。

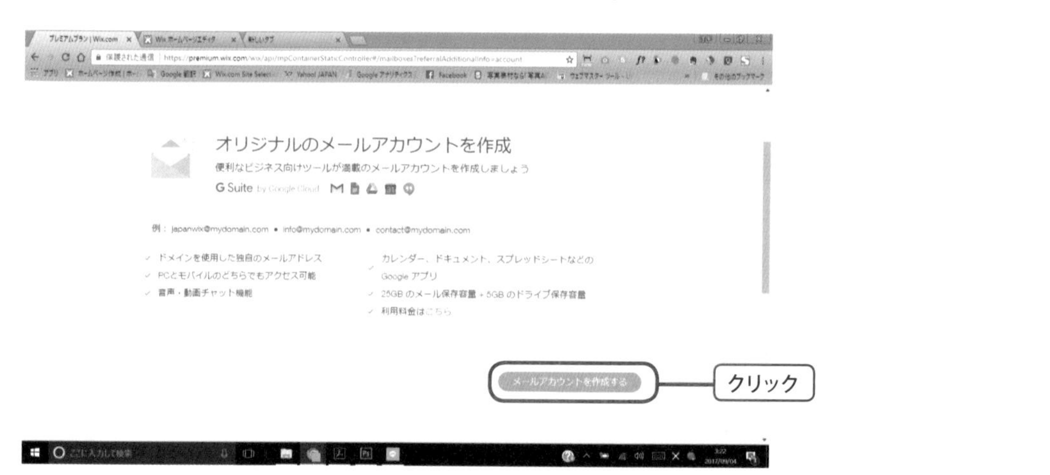

(3) 取得しているドメインが表示されます。メールとして利用したいドメインを選択します。

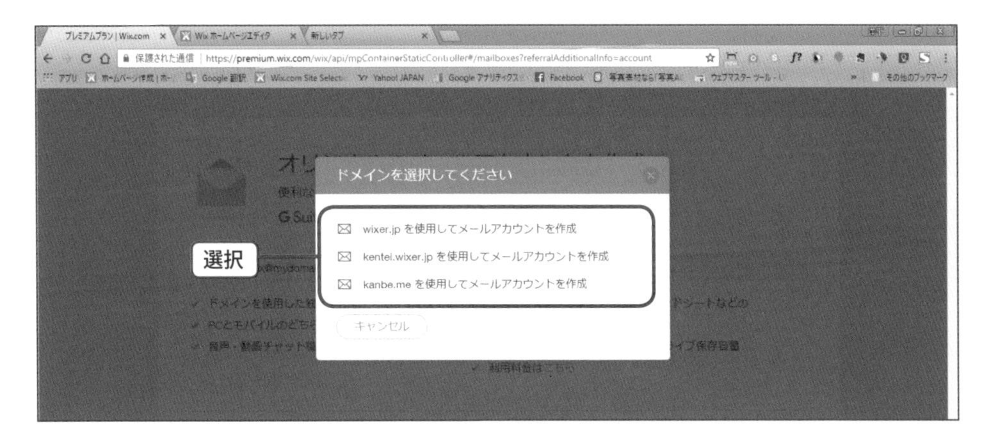

(4) 利用したいメールアカウントの数と利用期間を選択します。

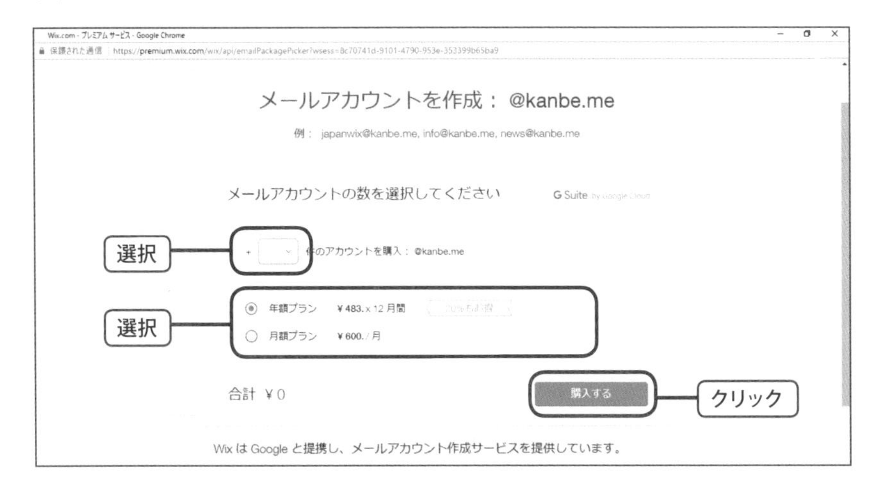

(5) 支払い情報を入力し、［購入する］をクリックします。

(6)［今すぐ設定する］をクリックします。

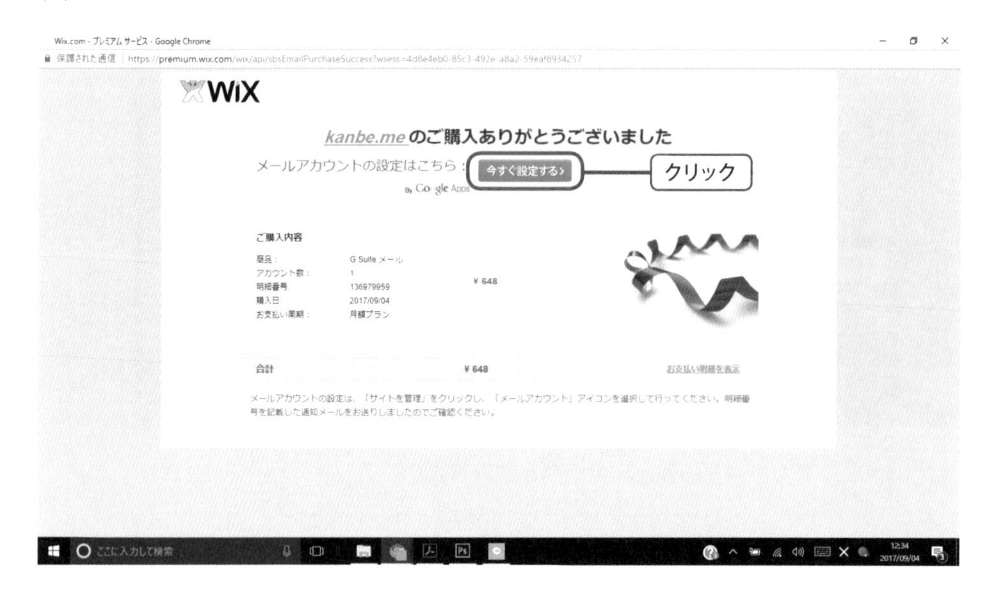

(7) メールアカウントの設定を行います。管理者ユーザーネームの欄がメールアドレスとなります。その他の情報を入力して［次へ］をクリック。

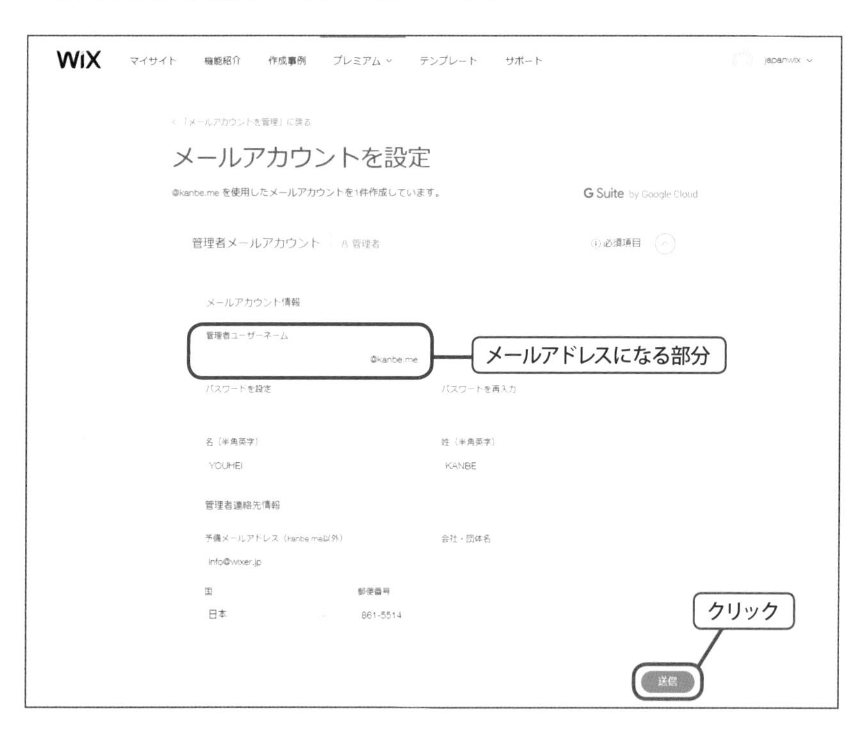

(8) 次の画面が表示されたらメールアドレスの作成は完了です。

(9) メールは Gmail にログインして使用できます。
https://mail.google.com

さくらインターネットのメールサーバーとの接続

前節で紹介した G Suite 以外のメールサーバーの設定を紹介します。Wix で購入したドメインをさくらインターネットのメールサーバーと接続します。
事前にさくらインターネットのメールボックスの契約をしておく必要があります。
参照サイト URL　http://www.sakura.ne.jp/mail/

1 ドメイン設定とメールアドレスの作成

(1) Wix で取得したドメインと同じドメインを持つメールアドレスを作成します。まずは、さくらインターネットの会員用コントロールパネルへログインし、さくらインターネット側で必要な設定を行います。

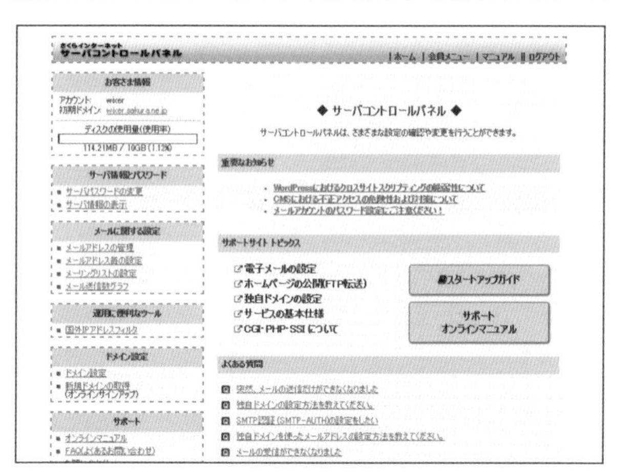

(2) 管理画面で［ドメイン設定］をクリックします。

(3) 次に［新しいドメインの追加］をクリックします。

(4)［5. 他社で取得したドメインを移管せずに使う・属性型 JP ドメインを使う（さくら管理も含む）］の中にある、［>> ドメインの追加へ進む］をクリックします。

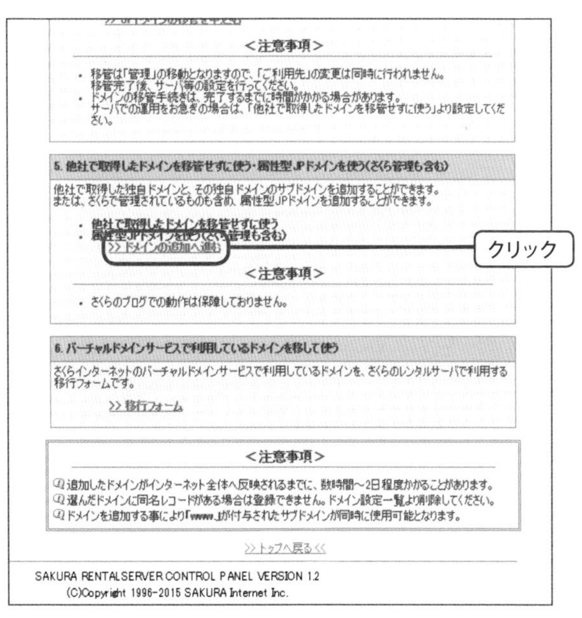

(5) 次の画面で［他社で取得した独自ドメインの追加・属性型 JP ドメインの追加（さくら管理も含む)］の項目の中の空白に取得したドメインを入力後に［送信する］ボタンをクリックし、次の画面の［ドメイン追加最終確認］でも［送信する］をクリックします。ここでドメインの登録は完了です。

2 MX レコードの設定

(1) さくらインターネットのメールを Wix に接続します。さくらインターネットの MX レコードは、さくらインターネットの会員用コントロールパネルの画面で、［サーバ情報の表示］をクリックし、［サーバ情報の表示 一覧］の画面で［サーバに関する情報］をクリックします。

(2)［サーバーに関する情報］の中で［ホスト名］の右側に記載しているアドレスをコピーします。次に Wix のマイサイトの画面に移ります。アカウントアイコンにオンマウスし、［ドメイン］をクリックします。

(3)「ドメインを管理」の画面で任意のドメインを展開。［メールアカウント］タブを選択し、［MX レコード］をクリックします。

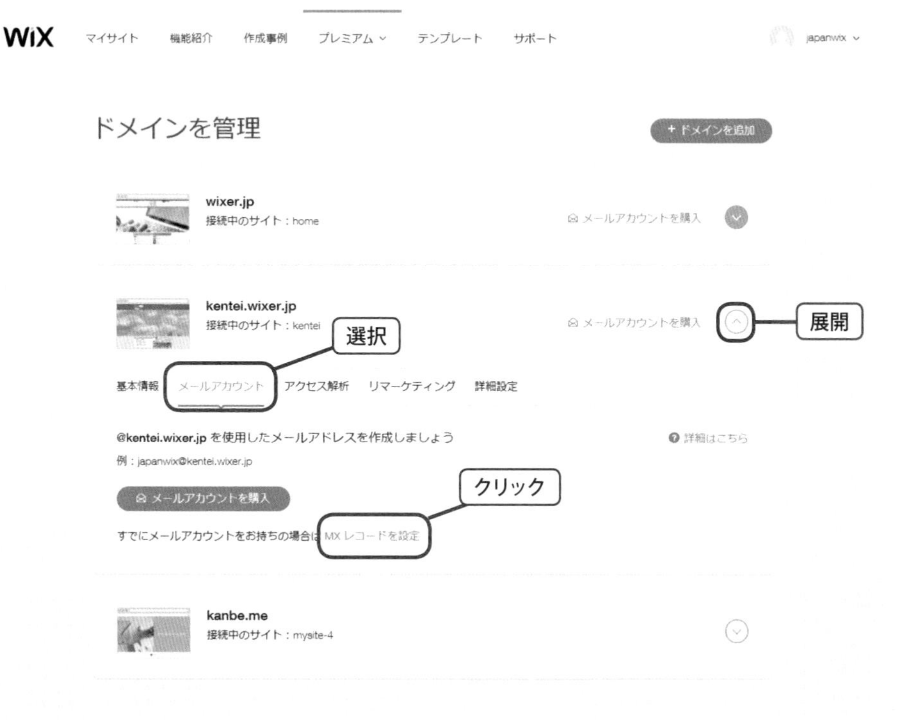

(4) MX レコードの設定ウィンドウでメールプロバイダから「その他」を選択し、MX レコードのポイント先にあらかじめコピーしておいたアドレスをペーストして［OK］します。

3 メールアドレスの作成

(1) ここまでで、ドメイン接続は完了したので、さくらインターネットのサーバーコントロールパネル側で、ドメインに紐づいたメールアドレスを作成します。再びさくらインターネットのサーバーコントロールパネルに戻り、［メールアドレスの管理］をクリックします。次の画面でメールアドレスとパスワードの設定を行い、最後に［追加］をクリックします。

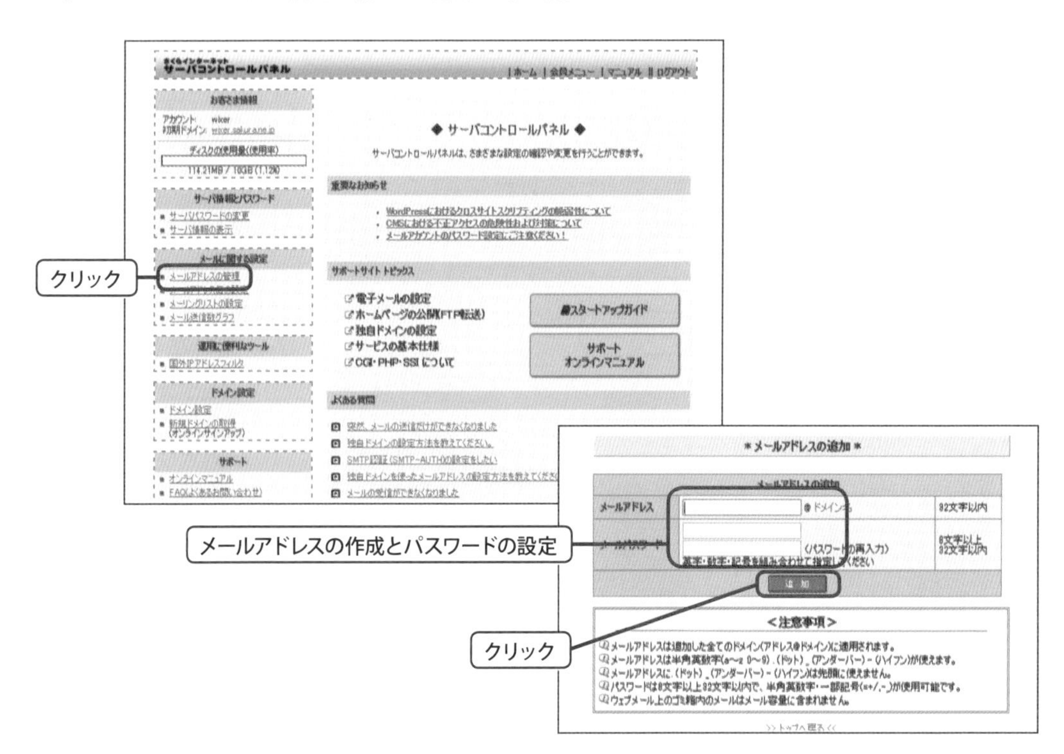

(2) ここまでで、作成したメールアドレスで送受信は可能になるはずですが、サーバーの状況によっては、設定が反映するのに時間がかかる場合もあります。

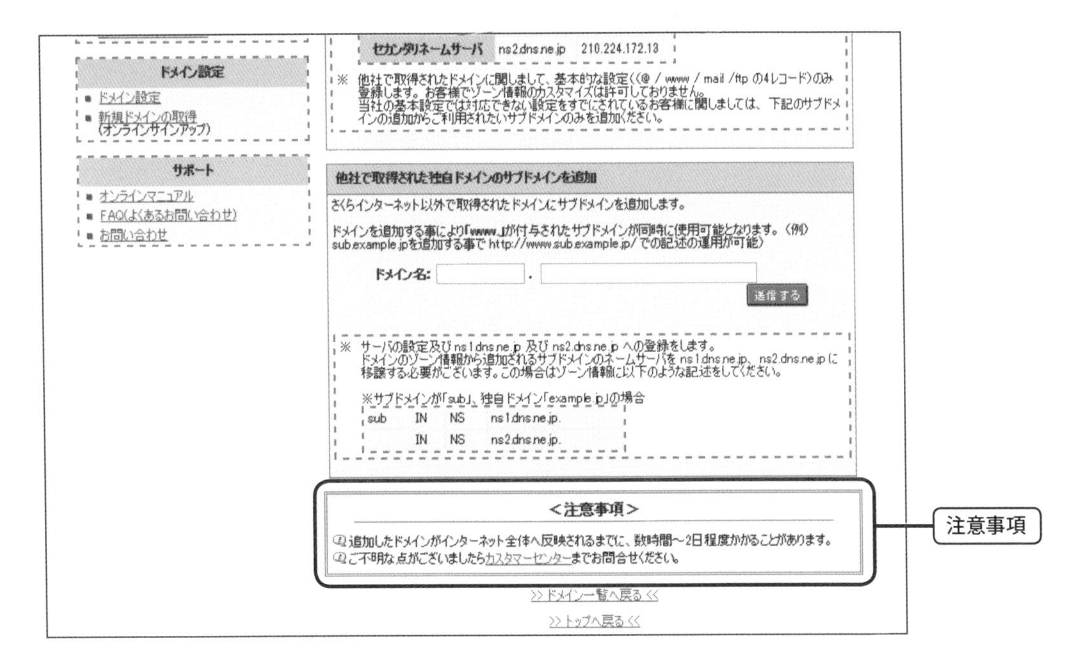

第7章

Wix ADIと Corvid by Wix

Wix ADI の概要

WixADI はレイアウトやカラーパターン、フォントの選択など人の手を介してしか行えなかったウェブデザインを人工デザイン知能が行い、ウェブ上にある情報を集約してウェブサイトを作ってくれるという革命的な機能です。
ADI サンプルサイト　https://daisuki1.wixsite.com/wix-adi
ADI 紹介動画（英語）　https://youtu.be/U1d4B94KMeM

1 WixADI で何ができるか？

- 世界初の、デザインができる人工知能です。人工知能（AI）ではなく、人工デザイン知能（Artificial Design Intelligence：ADI）と呼ばれています。

- 数千種類の業態に対応しており、セクション、ページ、レイアウト、テーマ、カラーセット、フォント、コピーなどについて、数十億通りのバリエーションを提供します。

- Wix ADI は、ユーザーの業態や住所などの情報に応じて、画像やテキスト、レイアウトを選択します。「自分にウェブデザインができるだろうか」というユーザーの不安を払拭します。

- Wix ADI は、ソーシャルメディアを含むウェブ全体から情報を自動で収集します。

- ユーザーは、Wix ADI が作成したウェブサイトをカスタマイズすることができます。レイアウトの変更や、コンテンツの追加などを簡単に行うことができます。

- Wix ADI はサイトの構成を理解して、ユーザーのニーズに応じてデザインを最適化することができます。例えば、サイト内の画像に含まれれる色を検知し、サイト全体のカラースキームを自動的に調整することが可能です。

2 WixADI の使い方

(1) マイサイトの［+ 新しいサイトを作成］をクリックします。次に作成したいサイトのカテゴリーを選択します。［ADI ではじめる］をクリックして開始します。
※以後の手順で情報が無い場合などはスキップすることが可能です。

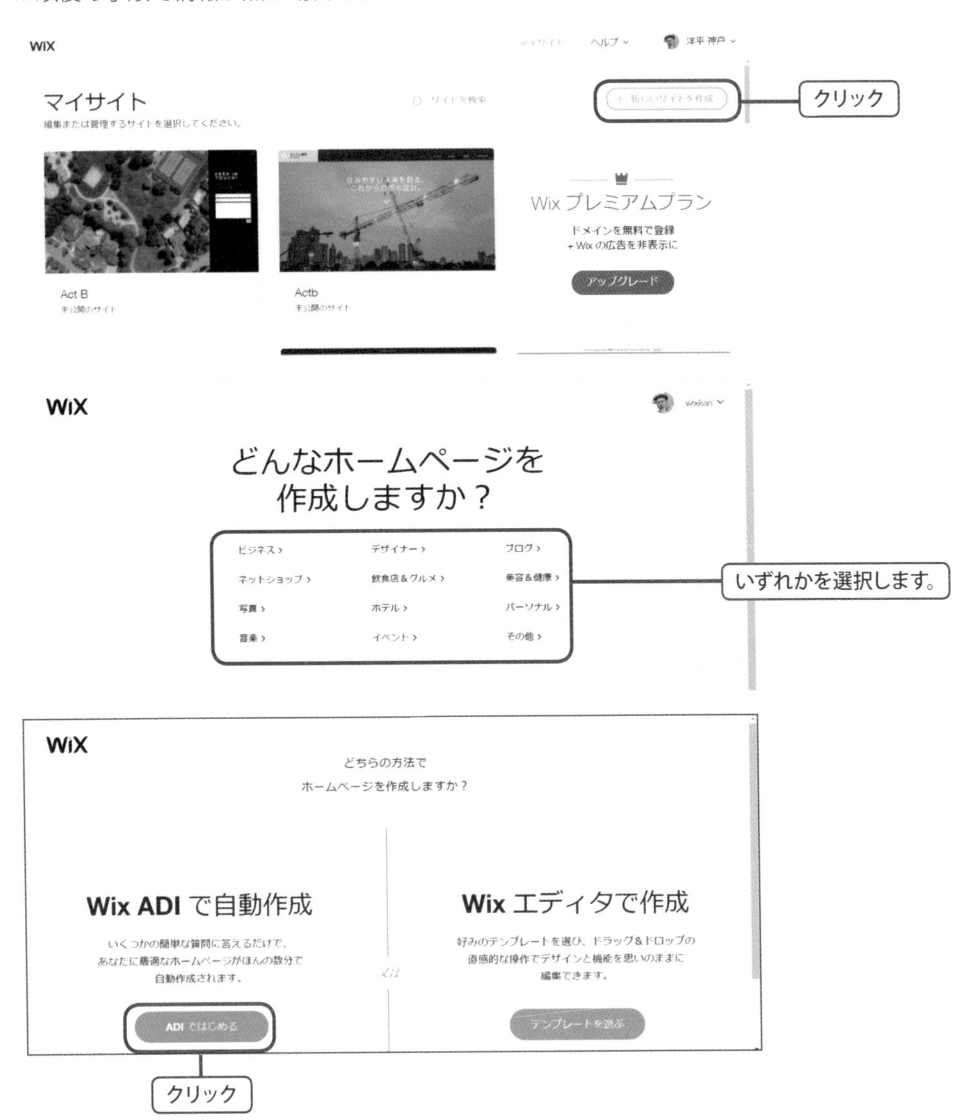

(2) 作成したいサイトをフリーワードで検索して［次へ］をクリックします。ビジネス名かサイト名を入力して更に［次へ］をクリック、追加したい機能をチェックして、［次へ］をクリックします。

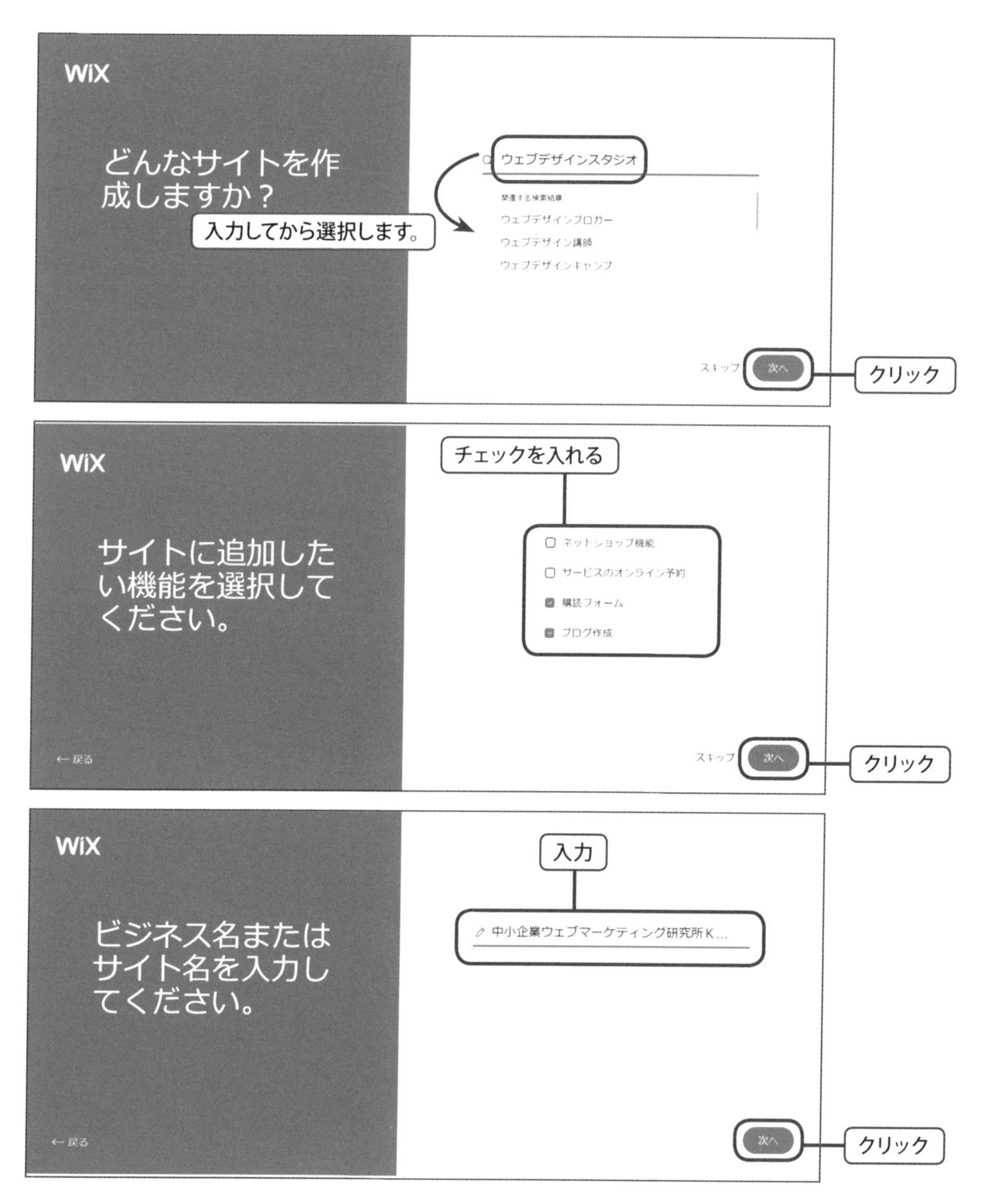

第7章　Wix ADIとCorvid by Wix

(3) 既存のサイトからコンテンツを流用したい場合は、その URL を入力して［次へ］をクリックし、ビジネスの住所を入力して［次へ］をクリック、次の画面では［次へ］をクリックして検索結果を［選択］します。

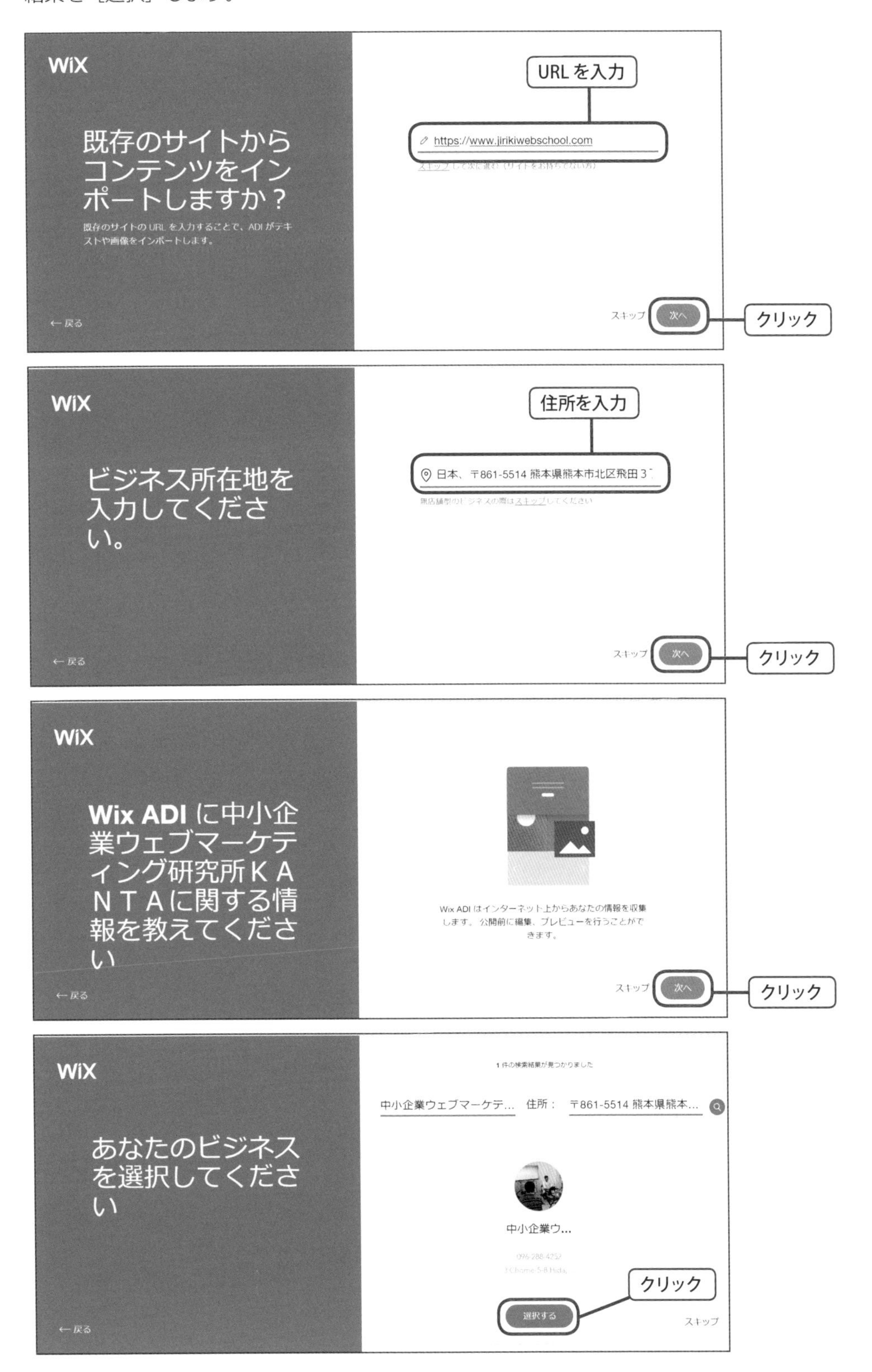

(4) デザインのスタイルを選択して［次へ］をクリックします。検索結果から獲られたロゴのカラーパレットを作成する場合は［パレットを作成］をクリックして使用する場合は［このカラーを使用］をクリックします。

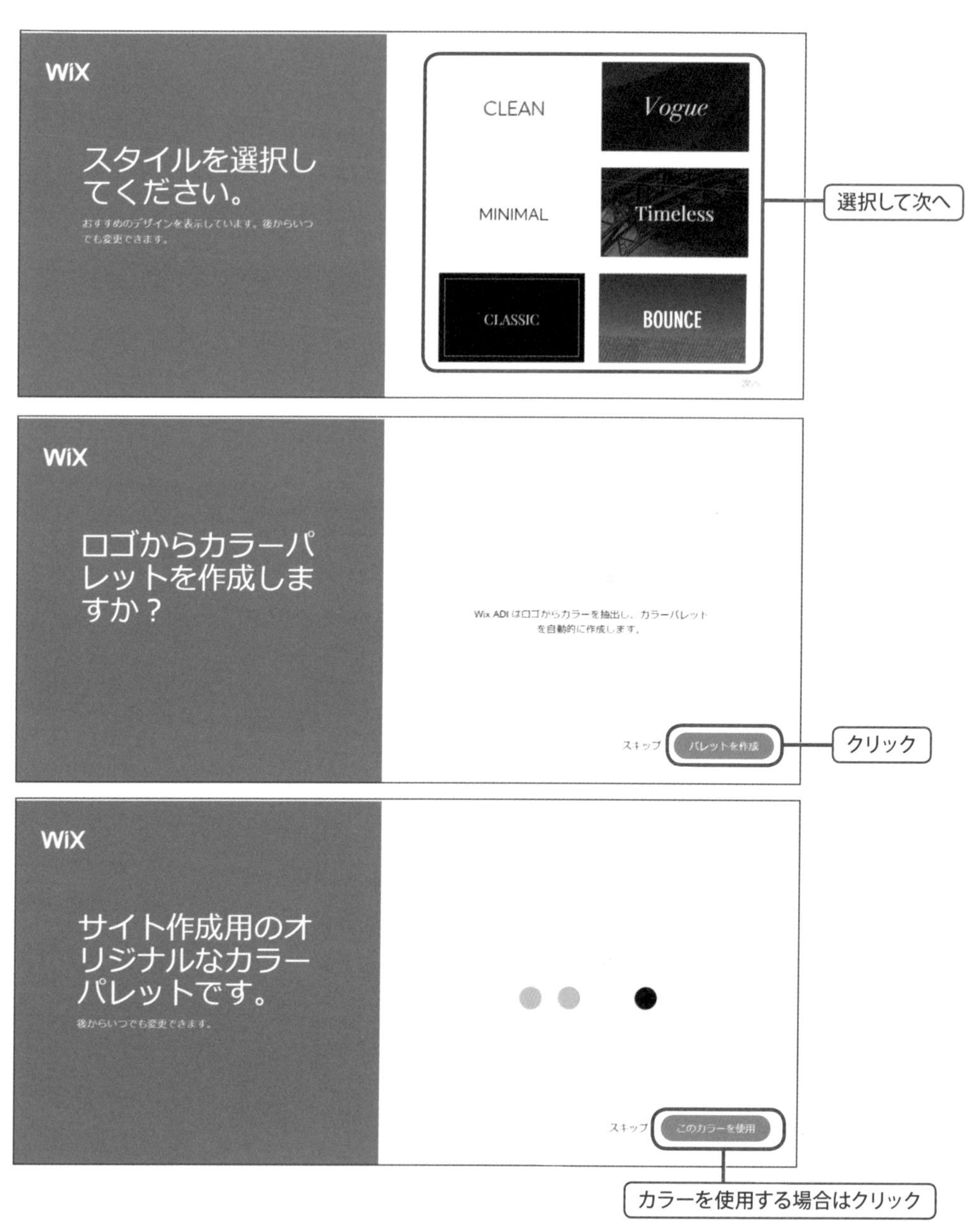

(5) Wix ADIが自動的にサイトを作成しはじめます。デザインを3パターン提案されるので［選択］して完成させます。

(6) 編集画面ではセクション毎にテキストやデザインの編集を行うことが可能です。

Corvid by Wix

Corvid by Wix（コルビッド・バイ・ウィックス）を利用することで、動的ページの作成、サイト訪問者の情報収集、データベースの情報抽出、訪問者の行動に沿って適応可能なサイトの作成、Wix と外部 API の連動、などが簡単にできるようになります。
参照動画（英語版のみ）URL：https://www.youtube.com/watch?v=Sh-OHHosvsc

1 Corvid by Wix について

Wix Code（ウィックスコード）と呼ばれる新機能のリリースが 2017 年 7 月に Wix.com より発表されました。（後に Corvid by Wix（コルビッド・バイ・ウィックス）に改名。以下、Corvid by Wix に統一。）Wix は基本的に HTML・CSS の知識など不要でホームページが作成できるツールではありますが、Corvid by Wix を利用することで、データや Wix 内のコンポーネントの動作のカスタマイズが可能になります。また、Corvid by Wix を一切利用せずとも、これまで通りにホームページを作成することも可能です。本書では Corvid by Wix で使える「データベースコレクション」「動的ページ」「カスタム入力フォーム」「カスタムインタラクション」「Wix Code API」の概要をご紹介します。

2 Corvid by Wix の概要確認

(1) Wixの公式ブログ記事、https://goo.gl/bQEcEqにてCorvid by Wixの概要を確認できます。

(2) 上記のブログ記事内に Corvid by Wix（旧 Wix Code）のデモンストレーション動画があります（英語のみ）。
Youtube 上の URL：https://www.youtube.com/watch?v=Sh-OHHosvsc

3 Corvid by Wix の用途

Corvid by Wix を使ってできることは大きく分けて以下の 5 つです。

●データベースコレクション
コンテンツやユーザーの情報をデータベース内に収集、保存し、サイト内での使用が可能です。

●動的ページ
単一のページレイアウトを作成して、データベースから毎回異なる情報を抽出して自動で表示させるなど、作成されたページには個別の URL が割り当てられ、SEO にも対応しています。

●カスタム入力フォーム
アプリケーション（申し込みフォーム）やアンケートなどの独自の入力フォームを作成し、サイト訪問者の情報を収集可能です。

●カスタムインタラクション
ボタンのクリックなど、訪問者が指定したアクションを行った際に表示されるインタラクティブ・コンテンツを追加。コンテンツにはスライド、トグル、ホバーなど目を引くアニメーションも追加可能です。

● API
少しの JavaScript と API でサイトの機能を拡張できます。基礎的なコーディング知識のみで使用できる内部 API に加え、外部 API の接続も簡単です。HTML･CSS なしで、全ての Wix コンポーネントのデータおよび動作をカスタマイズが可能です。

4 Corvid by Wix の利用方法

Corvid by Wix を利用するにはエディタの［コード］から［デベロッパーツールを有効にする］をクリックします。

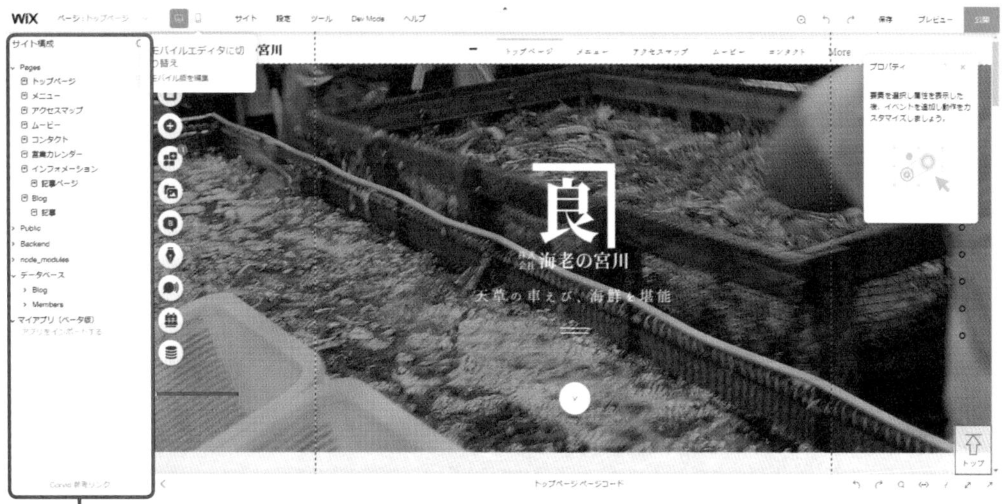

［サイト構成］のサイドバーが表示されます。表示されない場合は、ウィンドウの左端をドラッグすることで表示させます。［サイト構成］サイドバーの右端をドラッグすることで横幅の調整も可能です。

Corvid by Wix の 5 つの用途

訪問者の詳細、製品情報などを保存するためにコレクション（データベース）を使用し、動的ページを作成します。 サイトでこのデータを使用する方法と場所を選択し、追加、編集、表示できるユーザーを制御します。

1 データベースの作成と動的ページ

(1) データベースの作成には、エディタ画面左の［サイト構成］サイドバー内の「Database」右側の＋ボタンをクリックし「New Collection」をクリックします。

(2) 次に表示される画面で「作成をはじめる」をクリックします。

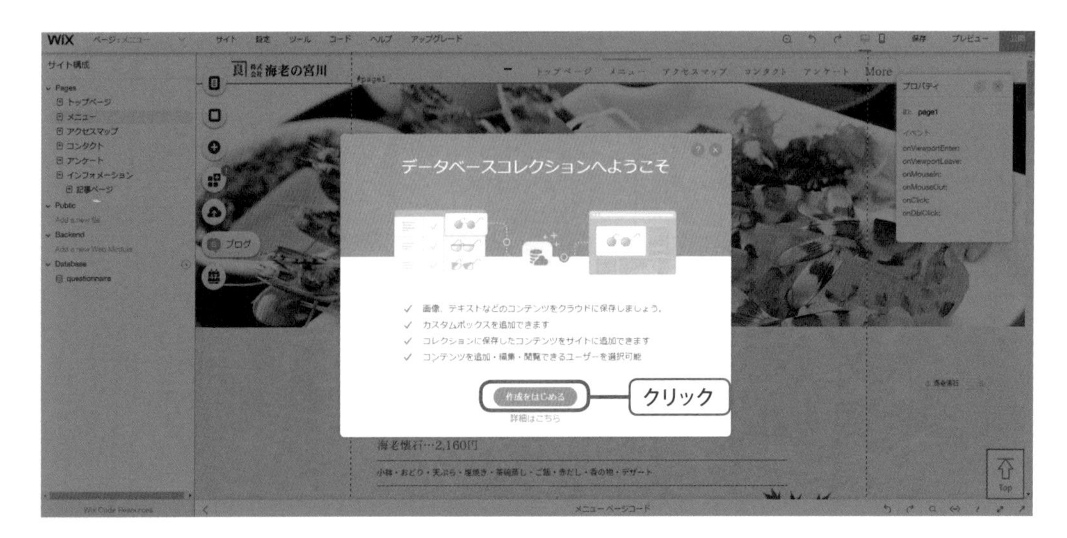

(3) これから作成するデータベースコレクションに名前を付けます（漢字・ひらがな・カタカナで名前は付けられません)。次に、データベースコレクションの用途を選択します。今回の例では「Menu」と名付けます。

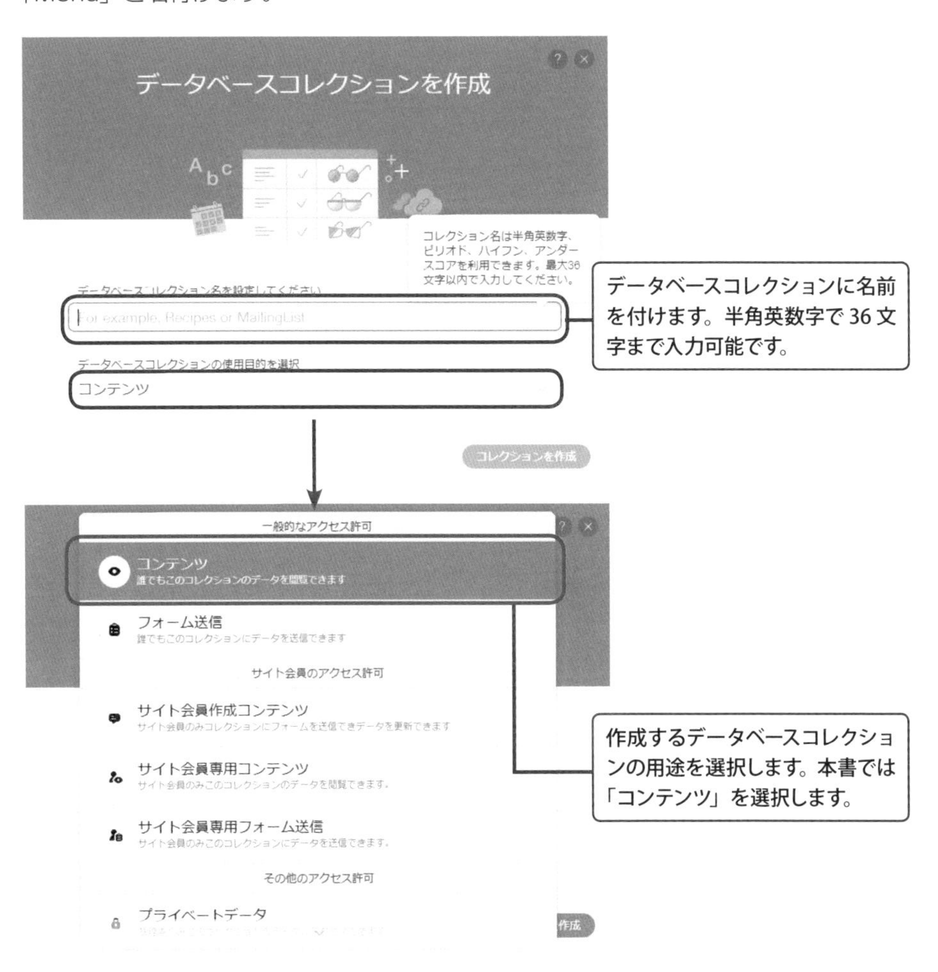

(4) 最後に「コレクションを作成」をクリックし、データ入力画面に遷移します。

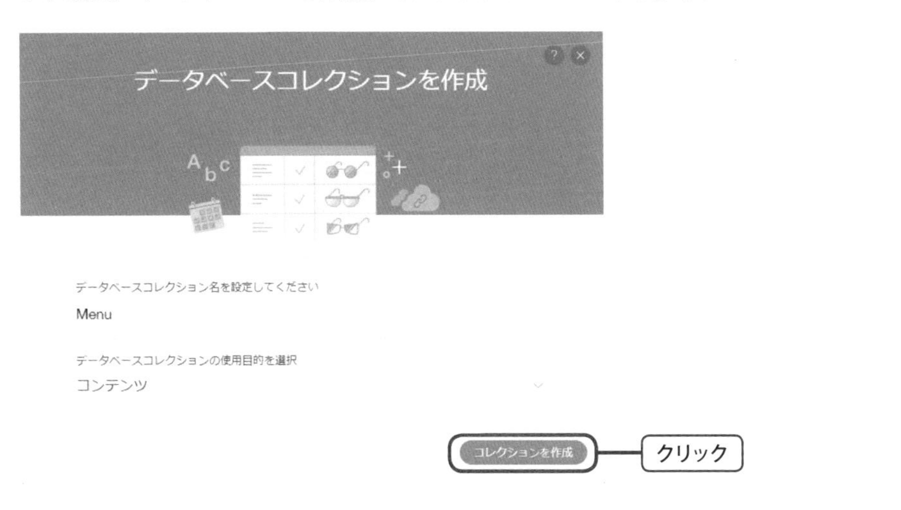

(5) ここでデータの入力を行います。この画面は「Sandbox」(サンドボックス)と呼びます。今回は Corvid by Wix を使って料理メニューのデータベースコレクションを作成します。

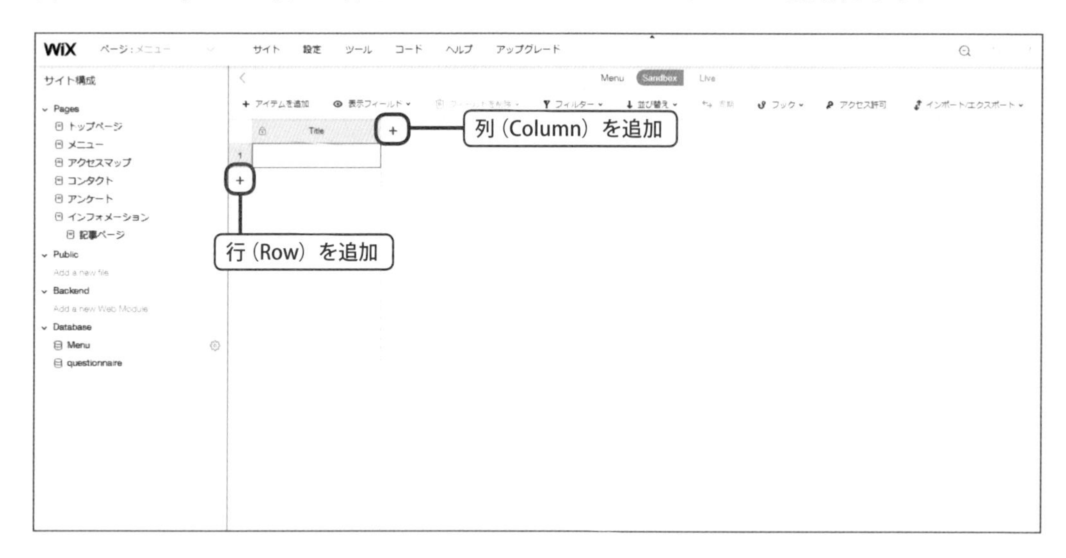

(6) カラムを全部で 4 つ作成し、それぞれに「フィールド名」(カラム名)をつけていきましょう。まず Title の [フィールド名] (カラム名) を変更してみましょう。Title の右側にマウスを合わせ、点が縦に 3 つ並んでいる部分をクリックします。次に [プロパティを管理] をクリックします。

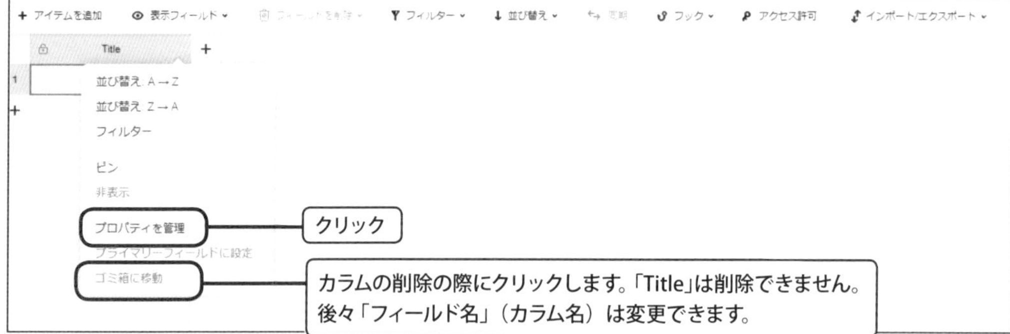

(7)「プライマリーフィールドを管理」の画面で［フィールド名］（カラム名）、［フィールドキー］（フィールド名）、「フィールドタイプ」（データタイプ）を設定します。

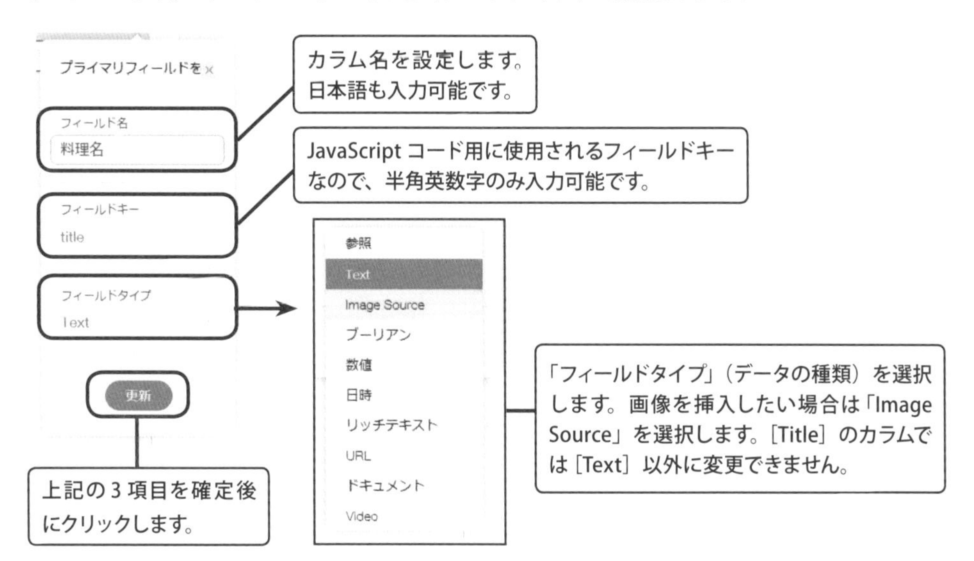

(8) 前述の解説をもとに、下記のような料理メニューのデータコレクションを完成させましょう。料理のジャンルや概要、価格、画像（画像は著作権に注意します。Wix のフリー画像を推奨）は任意のものを選択します。

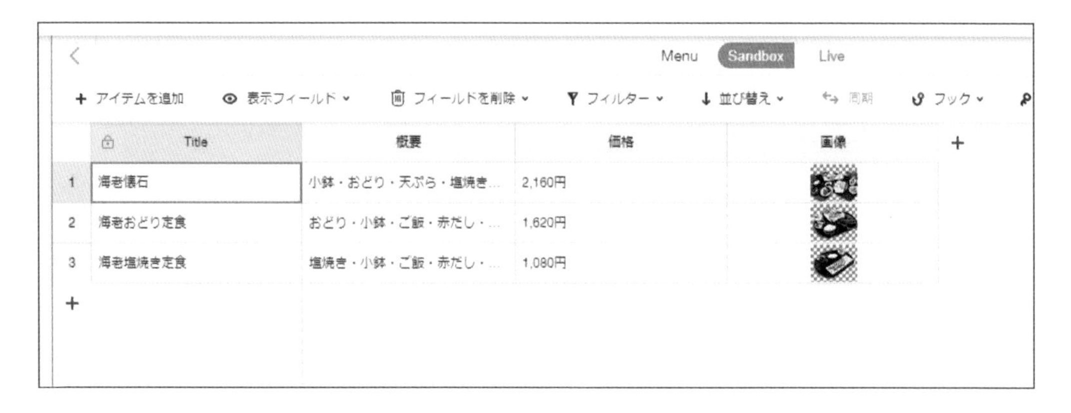

2 動的ページ（ダイナミックページ）の作成

(1) データベースコレクションが完成したら、画面左の［サイト構成］サイドバーの「Menu」（作成したデータコレクション名）の右側の歯車のアイコンをクリックし［動的ページの追加］をクリックします。

(2) 次に、最初に表示されるウィンドウで［作成をはじめる］をクリックし、2つ目に表示される画面で今回は［アイテムページ］をクリック、次に「ページを作成」をクリックします。ここで、URLの末尾部分はデータベース内のどのカラム名のデータを反映させるかを選択できます。

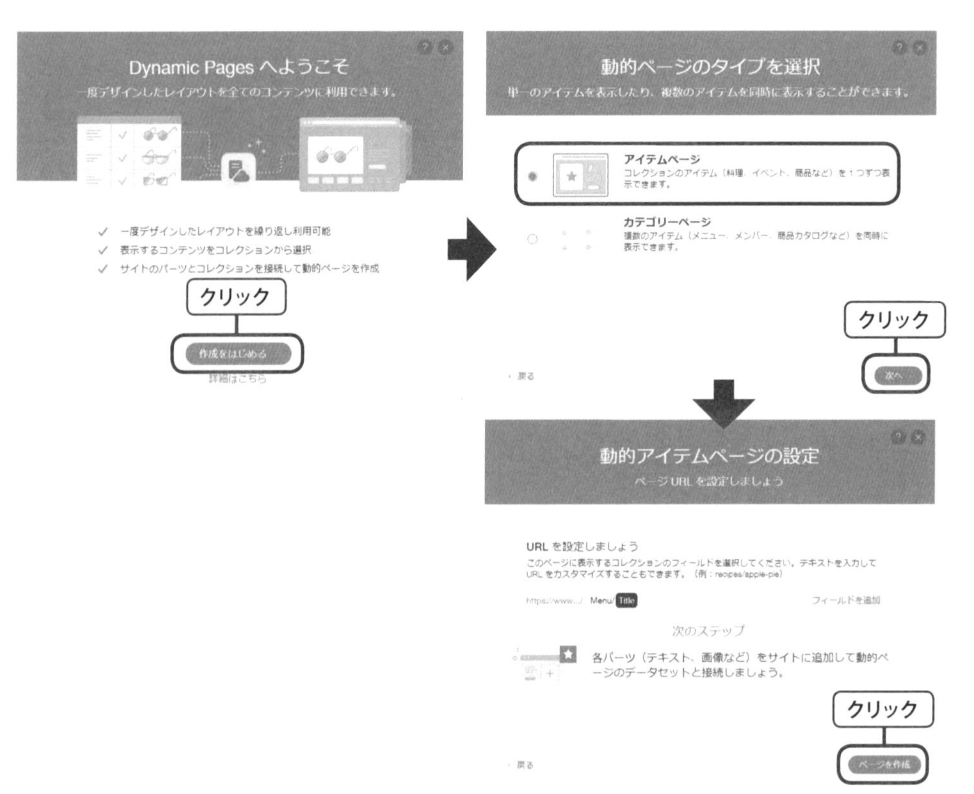

(3) ここで新たに動的ページが生成されます。「ページメニュー」および［サイト構成］サイドバーで確認できます。

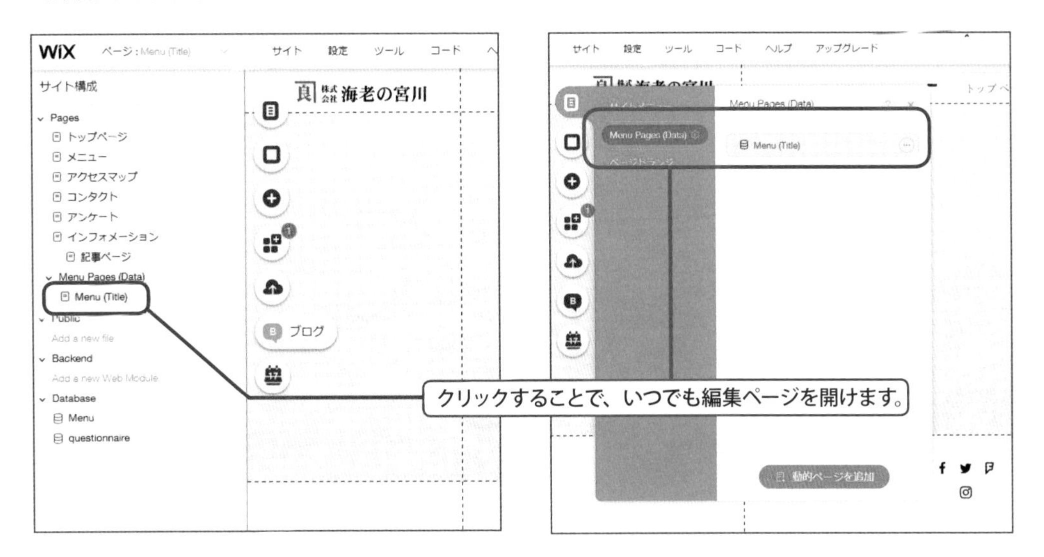

(4)［データセット管理］のアイコンが出現します。このアイコンをサイト閲覧者が見ることはありません。一度画面の隅に移動しておきましょう。

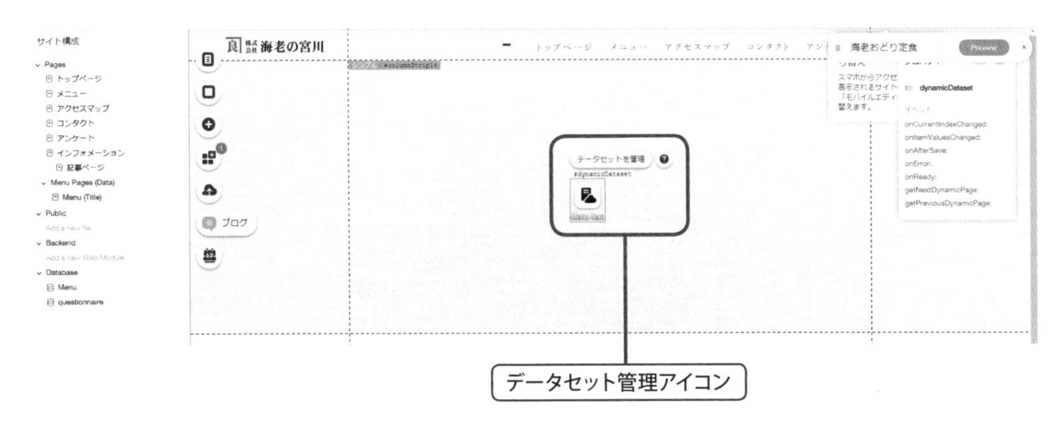

(5) 生成された動的ページに以下のようにテキスト（サイズと文字色は任意で Menu、料理名、詳細、価格）と画像を配置します。（画像は適当なものを選択してください。）更に、下部にボタンを設置し「テキストを編集」で「戻る」と設定しましょう。

(6) 配置したテキスト、画像をデータベースと接続します。例えば「料理名」のテキストをクリックで選択し表示されるアイコンの中で右側にある［データに接続］アイコンをクリックします。そこで表示される画面で［Connect a dataset］（接続するデータセット）の項目で［Menu Item］、［テキストの接続先］で［Text（テキスト）］を選択します。
同じ要領で、詳細、価格、画像を該当するデータと接続します。

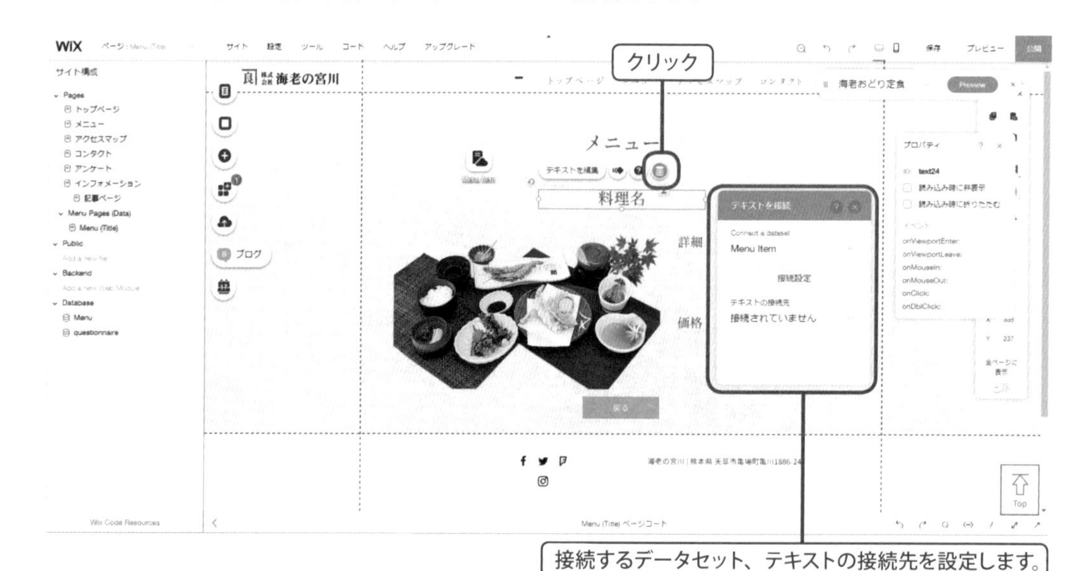

(7) 次にリストページの作成を行うため「メニュー＆ページ」で「＋ページを追加」から新規でページを作成します。ページ名を「メニューリスト」とし、「メニュー」ページの配下に移動しましょう。

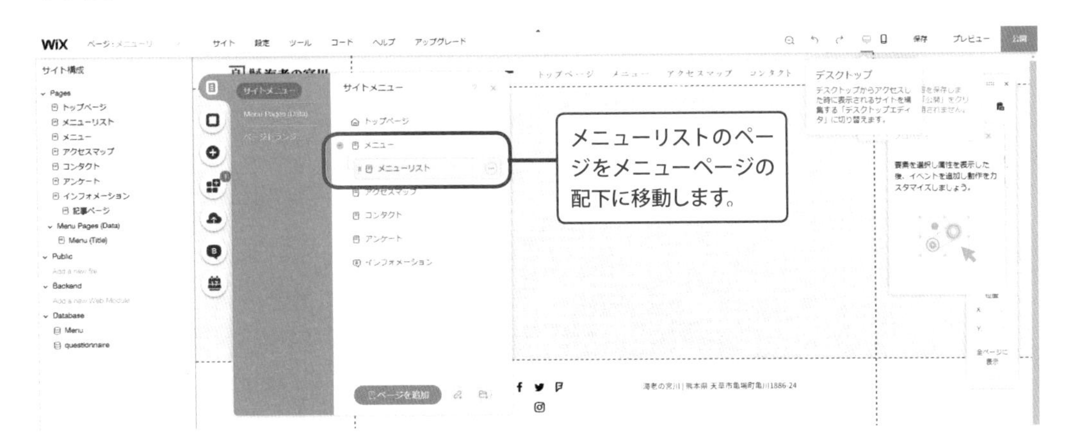

(8) 続いて、画面左の「+」（追加ボタン）から［リスト＆グリッド］を選択し、［テーブル（Table）］から任意の表を選択しページ上にドラッグします。

(9) ページ上に設置した表のデザインを変更可能です。テキストや背景のデザインを任意で変更しましょう。

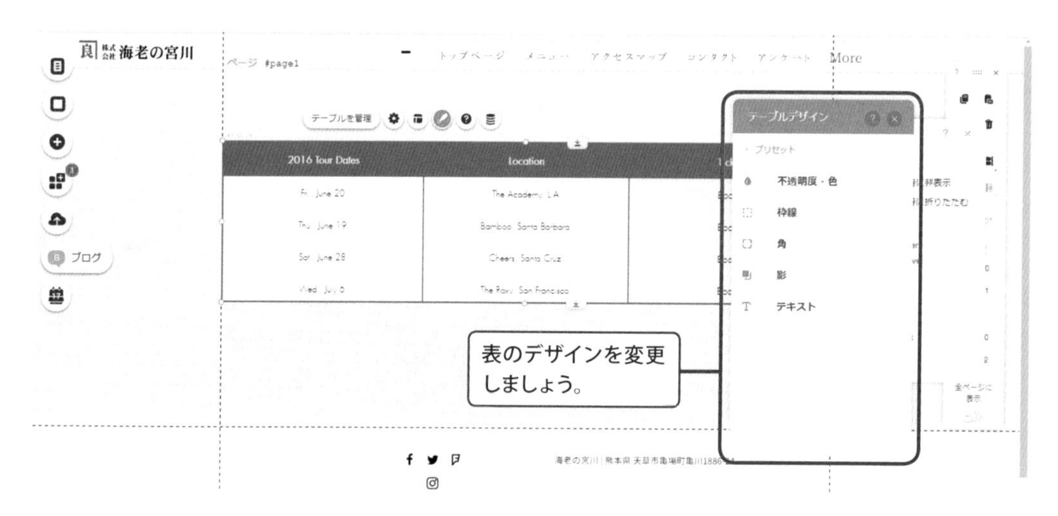

(10) 表をクリックで選択し［データに接続］アイコンをクリックします。そこで表示される［データセットを作成］ボタンをクリックします。

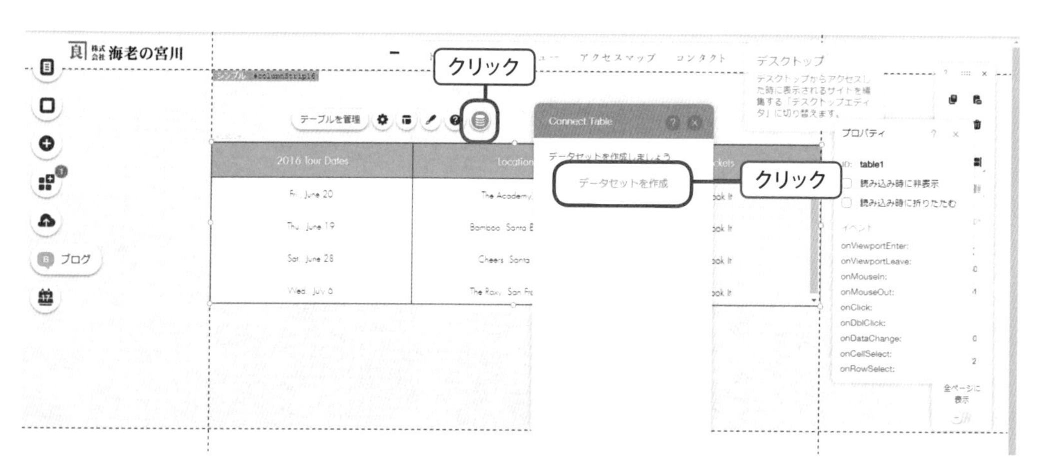

(11)［データセットを作成］ボタンをクリックすると表示される［データセットを作成］のウィンドウで「Choose a collection」（コレクションの選択）の項目のプルダウンで［Menu］（メニュー）を選択すると、次の［Dataset name］（データセットの名前）の項目で［Menu Dataset］と自動的に入力されます。ここで、［Create］（作成）ボタンをクリックします。ここでも「Menu Dataset」（メニューデータセット）のアイコンが表示されますが、画面の隅に移動させておきましょう。

(12) もう一度、表をクリックで選択し「Connect to data」(データ接続) アイコンをクリックします。次に「Connect Table」(表の接続) のウィンドウで、料理名、詳細、価格、画像の項目の中でリンクを作成したい項目にそれぞれリンク先を設定していきます。

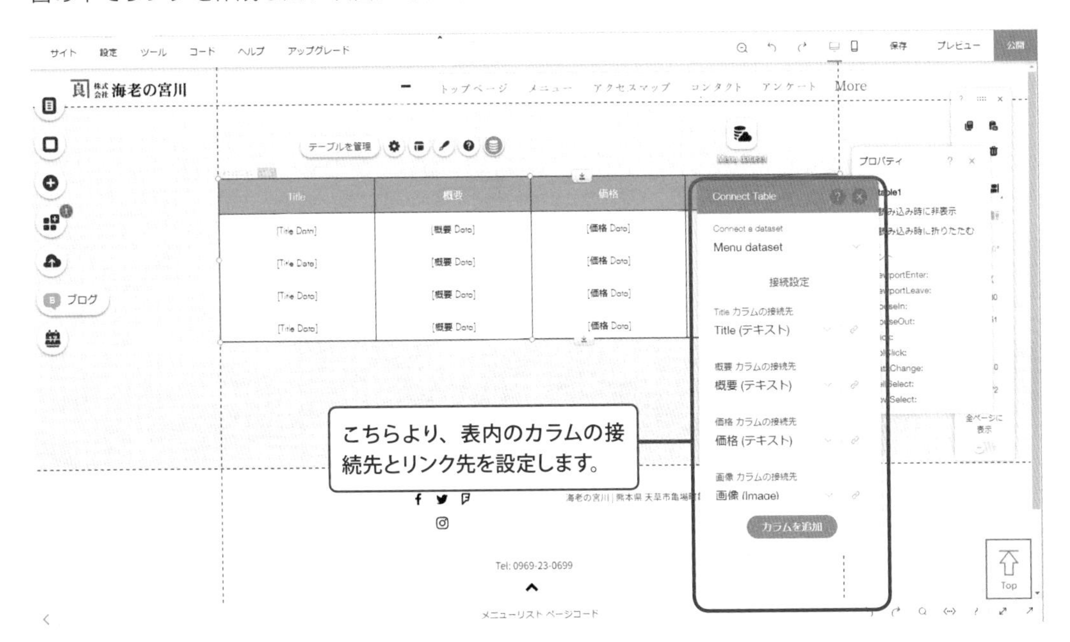

(13) ここでは､リンク先を｢Menu(Title)｣に設定します。詳細、価格、画像も同様にリンク先を「Menu (Title)」に設定します。

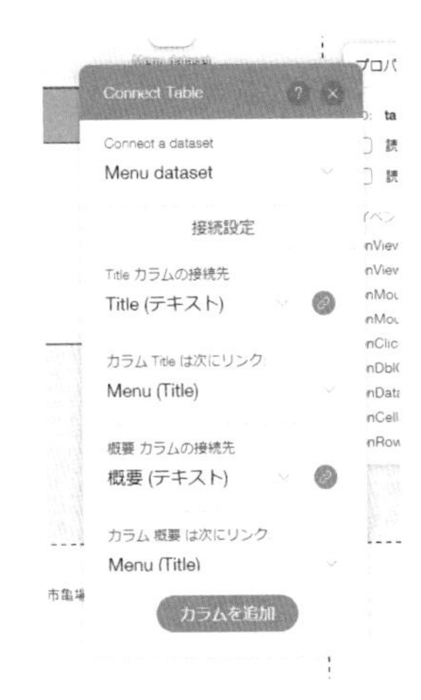

（14）再び、画面左の［サイト構成］サイドバー内の［Data］下部にある［Menu］（メニュー）をクリックし、データ入力画面に戻ります。（ここで一度、サイトの保存と公開を行いましょう。公開の状態は後で非公開に戻せます。）次に、画面右上の［ライブデータベースを編集］をクリックします。

（15）サンドボックスデータベースで作成したデータと全く同じ内容で、データを入力します。サンドボックスデータベースの画面にある、［同期］アイコンをクリックすることで、一括で入力することも可能です。

(16) 次に、サンドボックスデータベースのページに戻ってから、右上の「閉じる」ボタンをクリックしエディタに戻ります。

(17) Menu（料理名）のページに戻り、「戻る」ボタンのリンク先を「メニューリスト」のページに設定します。

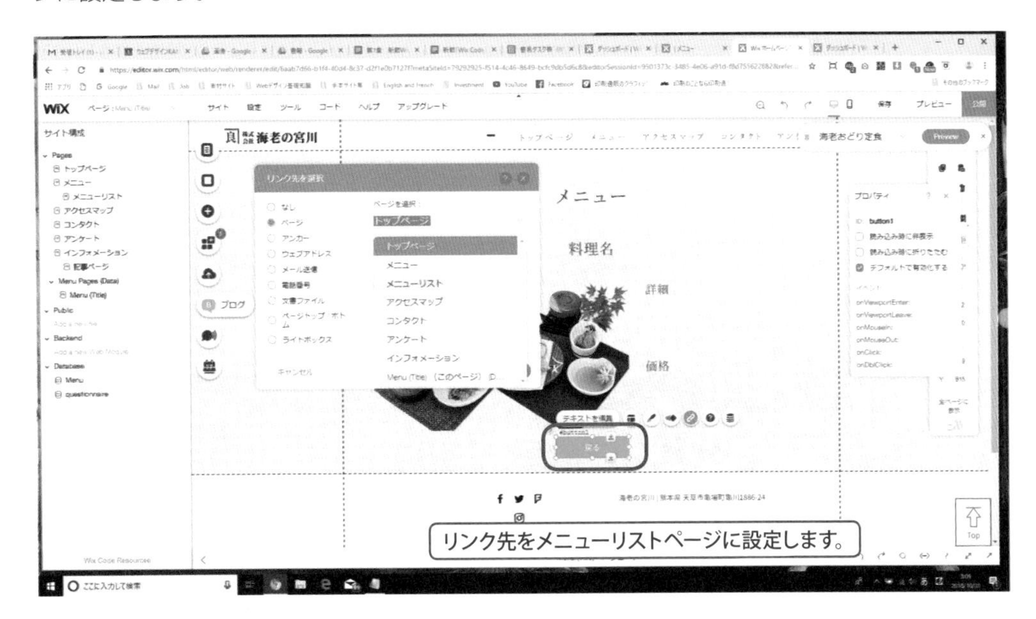

(18) ここまでで動的ページの作成は完了です。（ここでも念のために保存と公開をお勧めします。）試しに、プレビューかライブサイトを開き、メニューリストのページを確認してみましょう。

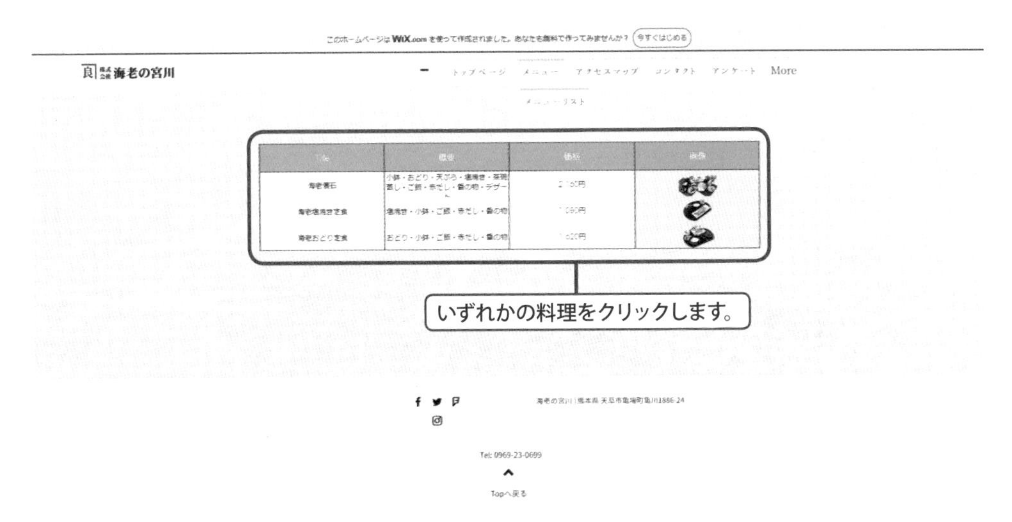

(19) メニューリストページで料理をクリックすると、その料理のページが表示されます。この様に、同じフォーマットでコンテンツが入れ替わるページを「動的ページ」と呼びます。

(20) 今回ご紹介した事例の場合、扱っているデータの量は大きくはありませんが、実際は Corvid by Wix のデータベースコレクションを利用することで、膨大なデータを管理しながら、ホームページに反映させることが可能となります。

3 カスタム入力フォーム

(1) カスタム入力フォームでは、コーディングを行うこともなく、フォームの作成、データのセクションごとの分割やクイズの出題が可能です。 更に閲覧者が入力したデータを収集し、それらを自動的にデータベースに保存、サイト内のどこでも使用できます。

トップページ　メニュー　アクセスマップ　コン

アンケートフォーム

年齢　年齢を入力して下さい

性別　○ 男性　○ 女性

その他　要望、その他感想などがありましたらお気...

送信する

4 アンケートフォームの項目作成

(1) まずテキストを配置し、入力フォームのアンケート項目を作成します。

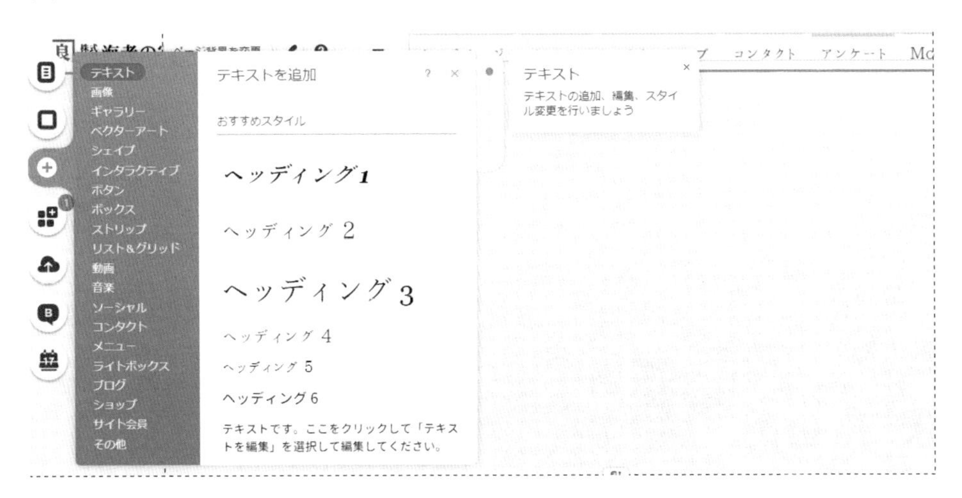

(2) アンケート項目の入力パーツを追加します。追加ボタンユーザー入力をクリックし、パーツの種類を選択します。

(3) 今回の例では、最初に［テキスト］を選択し、［ユーザー入力パーツ］をサイト内にドラッグし配置します。次に追加したパーツをクリックし、設定を行います。ここでは［プレースホルダー］にチェックを入れます。［プレースホルダーテキスト］では、入力者へ向けての指示を入力できます。今回の例では、年齢を入力してもらうように指示を入力しています。

(4) 続いては性別の選択パーツ［多岐選択］の［ラジオボタン］を追加します。

(5) 追加したパーツをクリックし［ボタンを管理］を開き、まずラベルの設定を行います。今回の例では「男性」「女性」の 2 つのラベルを作成します。［ラベルを編集］をクリックし、図のように「男性」「女性」にラベルを変え、3 つ目のラベルは削除します。ラベルの入力後に、［値を編集］をクリックし、今回の例では「男」「女」と入力してみましょう。この「値」とはデータベースに入力される内容になります。

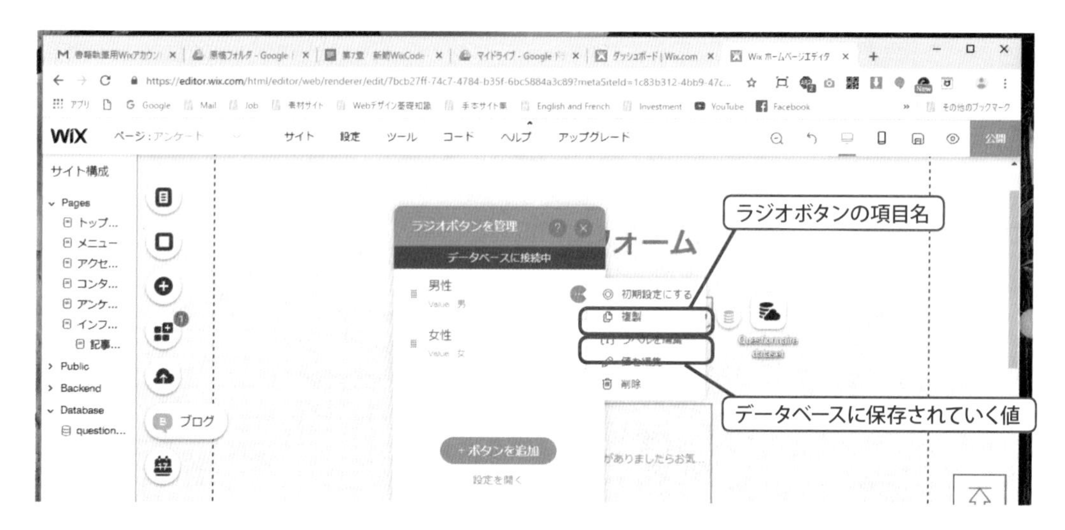

(6) 続いて［設定］からデフォルト設定はお好みに合わせて［なし］［指定したオプション］を選択し、必須項目にされるか否かを確定します。

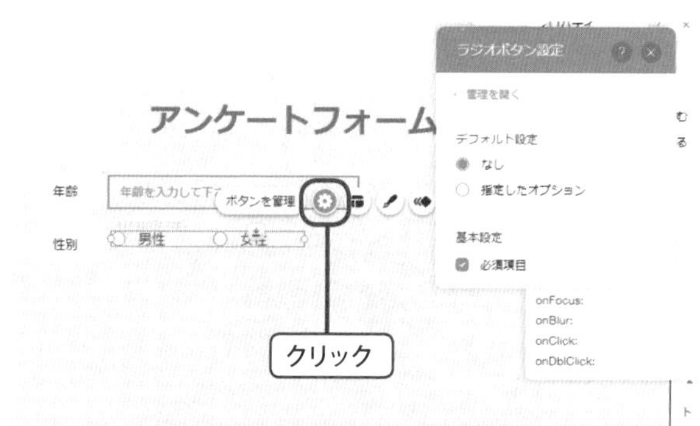

(7) その他の項目は、アンケート回答者が自由に入力する欄です。前述の年齢の項目と同様に作成します。

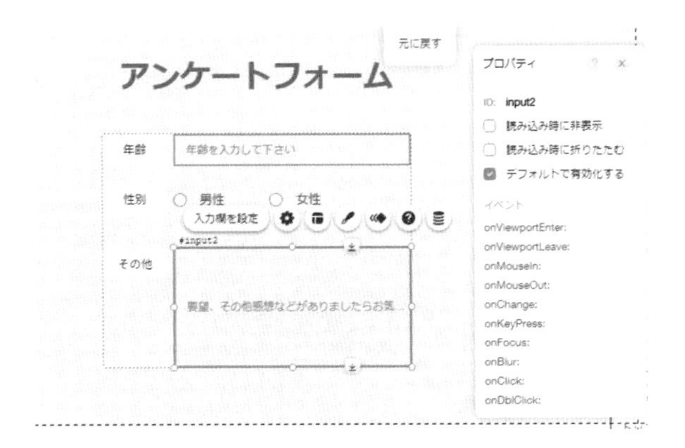

(8) 次にボタンを配置します。ここまで完了したらフォームの形は出来たことになります。

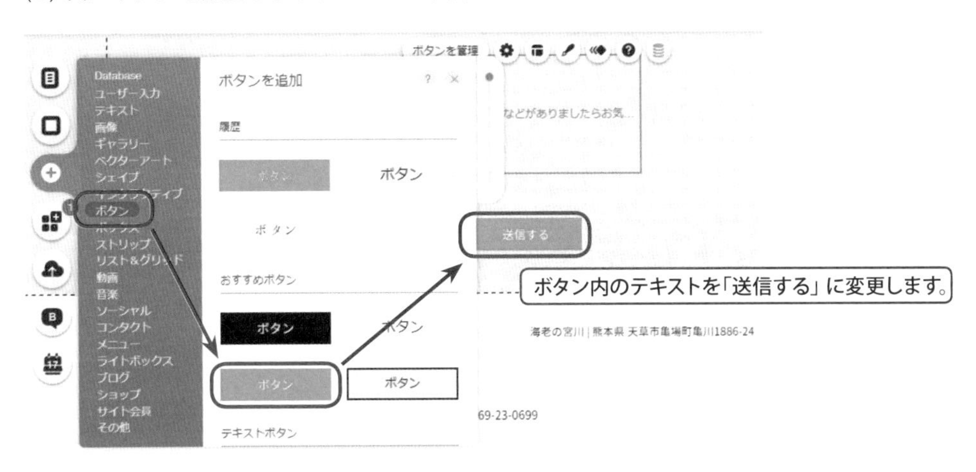

(9) コレクション（データベースコレクション）を作成します。データベースの作成方法は前述の「コレクション（データベースコレクション）」を参照してください。

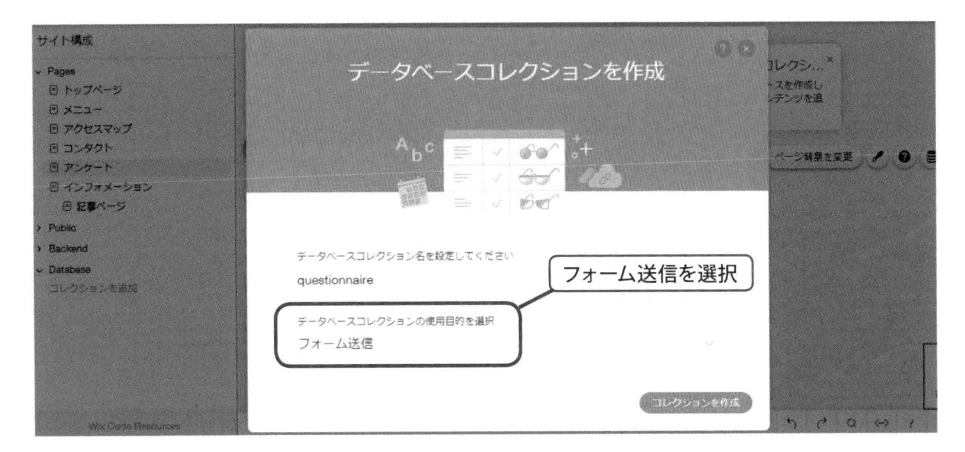

(10) データベースコレクションの名称は、例では「questionnaire」としています。次図の様に、コレクションの画面を開き、Title（初期値）、age、性別のフィールドを作成します（フィールドキーもそれぞれ分かりやすいように設定してください）。

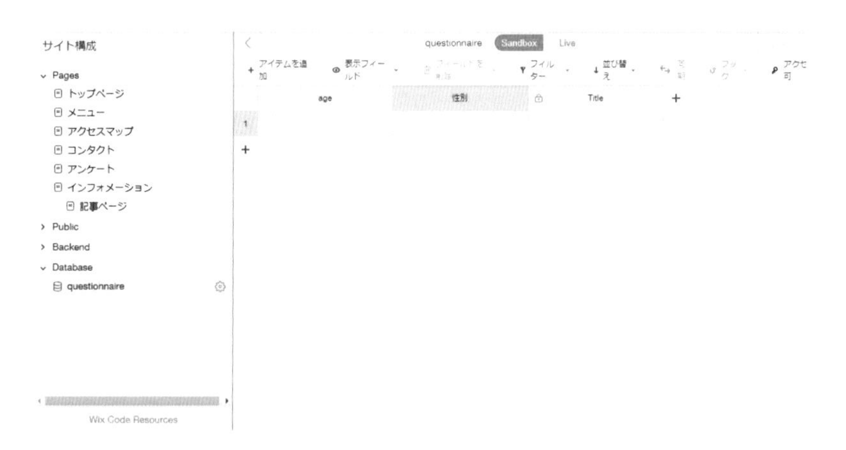

(11) ［データセット］を作成します。［データセット］の作成方法は前述の「コレクション（データベースコレクション）」を参照してください。

(12) 先ほど作成したアンケートフォームページに配置してある入力パーツに年齢（age）、性別（sex）、その他（Title）をデータセットに接続します。

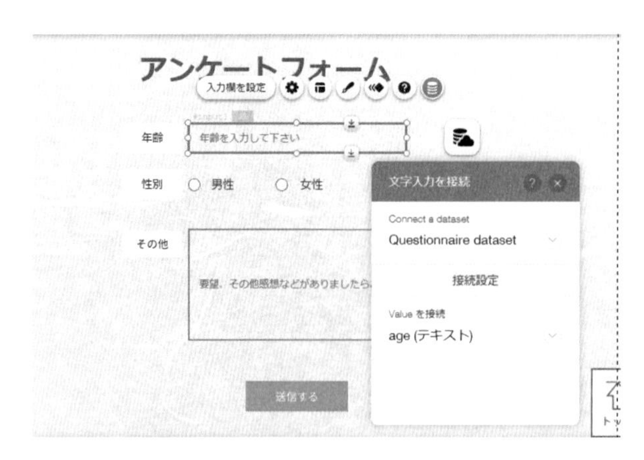

(13) 最後にボタンの設定を行います。[リンクの接続先] を submit (データベースに送信) にします。[Submit messages] の意味は、送信が成功した場合と失敗した場合にメッセージを表示させるかどうかの設定となります。今回の例では特に設定していません。[When successful, navigate to] は送信が成功した後でページの遷移を行うか行わないかの設定です。今回の例ではページ設定は [Stay on this page] でこのページにとどまるように設定しています。

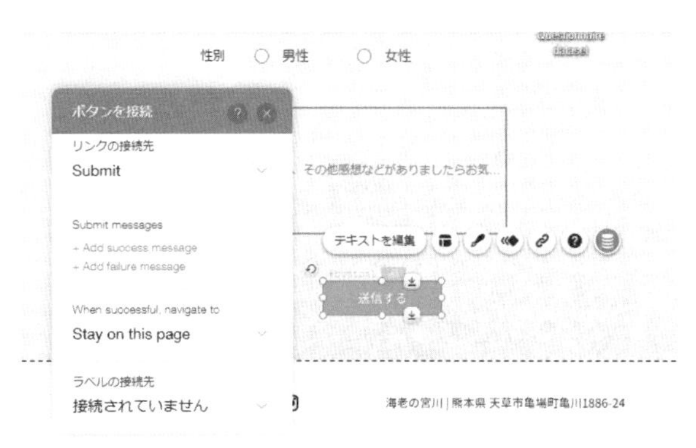

(14) ここまででアンケートフォームは完成です。実際にアンケートフォーム内で値が入力され送信ボタンが押されると、次図の様にデータベース内にデータが蓄積されていきます。

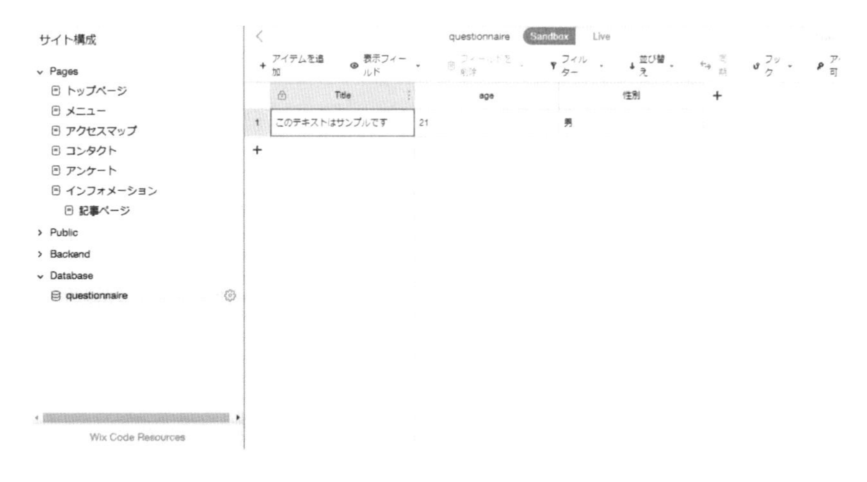

5 カスタムインタラクション

(1) ボタン、テキスト、ボックスなど、特定のパーツを訪問者がマウスでクリックやホバーした際に、表示されるコンテンツを追加します。コンテンツにはアニメーションの追加も可能です。

(2) それでは実際に、ストリップのカラムにマウスをホバーした際にボックスパーツが表示されるように、カスタムインタラクションを設定してみましょう。
次図では、ストリップの左カラムにボックスパーツとテキストパーツを配置し、ボックスパーツをクリックした際に表示される［プロパティツール］で、［読み込み時に非表示］になるように設定しています。

(3) 次に、左カラムにマウスをホバーさせた際に発生するイベントの設定をします。
次図のように、左カラムを選択し、[プロパティツール] に表示されている [イベント] 項目の [onMouseIn] にマウスをドラッグします。ドラッグすると [onMouseIn] の左に [+] マークが表示されるので、クリックしてください。

(4) [+] マークをクリックすると、エディターの最下部に Corvid by Wix を編集するエリアが自動で表示されるので、そのままエリアの何処でもいいのでクリックしてみましょう。
すると、次図のようにイベントのコードが追加されます。

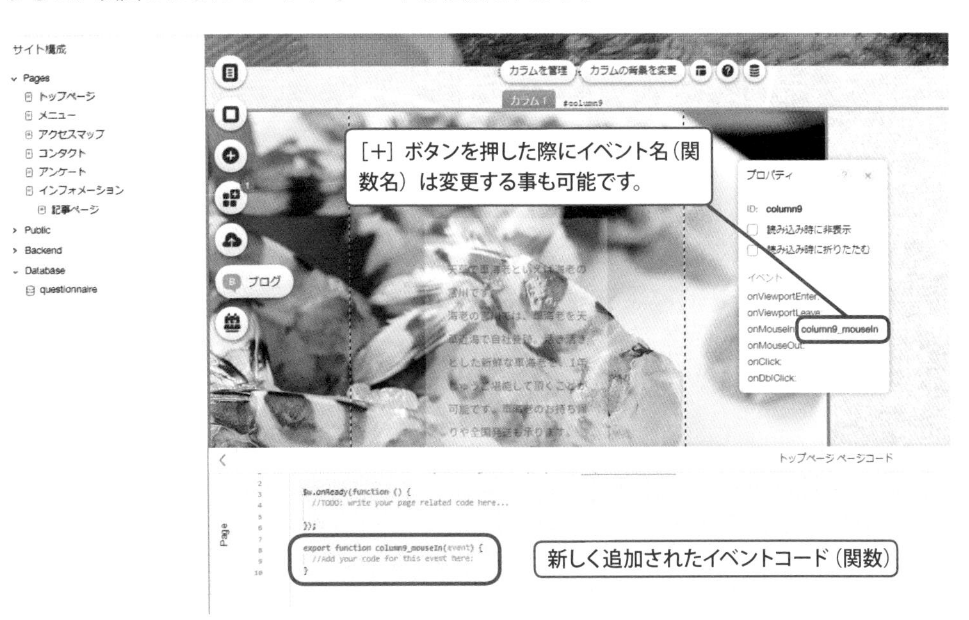

(5) 次に、イベントを設定したパーツにマウスをホバーした際に発生するイベントの内容を、追加されたイベントコードに Corvid by Wix で用意されている下記のコードを追加して、設定を行います。

```
  if( $w("#box8").hidden ) {
  $w("#box8").show("fade");
}
```

if 文を使用して［前述で配置したボックスが非表示の場合、アニメーションを使用して表示する］という命令文を記述しています。
(4) で追加したイベントコードが実行される（カラムにマウスをホバーさせる）と、この命令文も実行されます。
ここまで設定が完了したら、エディタのプレビューモードを起動し、カラムパーツにマウスをホバーさせた際にボックスパーツがアニメーションで表示されるか確認してみましょう。

(6) きちんと動作することが確認できたら、次に［マウスのホバーを外したら表示されているボックスが非表示状態に戻るイベント］を追加します。
(3) でイベントを追加した流れと同じように、左カラムを選択し、［プロパティツール］の［イベント］項目から、［onMouseOut］を選び、［+］ボタンをクリックして追加します。
Corvid by Wix エリアをクリックするとイベントコードが追加されるので、下記のコードを追加されたイベントコードに記述します。

```
  if( $w("#box8").isVisible ) {
  $w("#box8").hide("fade");
}
```

この if 文は、ボックスパーツが表示されている場合、アニメーションを使用して非表示にする。

という命令文になります。先程追加した［onMouseOut］のイベントコード（カラムからマウスを外す）が実行されると、この命令文も実行されます。

エディタのプレビューモードを起動し、マウスのホバーを外したらボックスパーツが非表示になれば完成です。

6 Corvid API

(1) 少しの JavaScript と Corvid API を使用し、様々な種類の Web サイトを構築できます。Corvid by Wix 内部の API では、データベースを参照してフロントエンドでコレクションの中身を操作したり、セッションデータを永続的に取り扱うことも可能です。
また、外部の webAPI との接続も［wix-fetch］などの API を使うことで、比較的簡単に行うことができます。

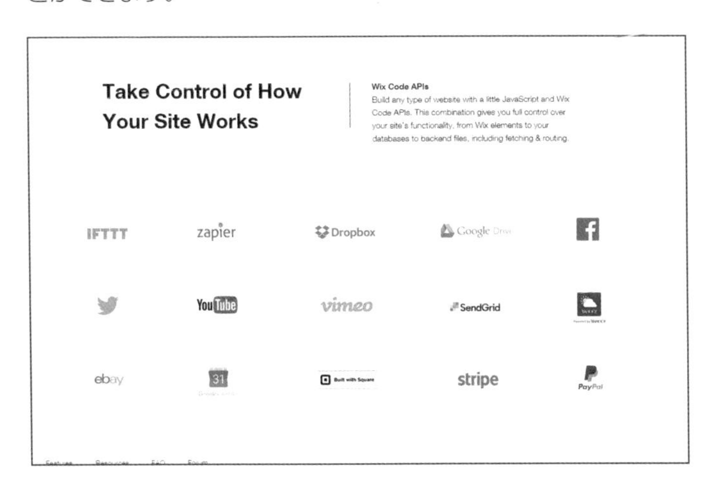

(2) HTTPS を使用して外部ネットワークからリソースを取得する方法として、wixfetch（ウィックスフェッチ）を使う方法があります。

次図では、Corvid API で wixfetchAPI を使い、GoogleMap が提供するジオコーディング API(住所から座標に変更する機能）を使用することで、Wix 内の GoogleMap アプリケーションに座標を設定して動的にマップに表示される内容を変更しています。

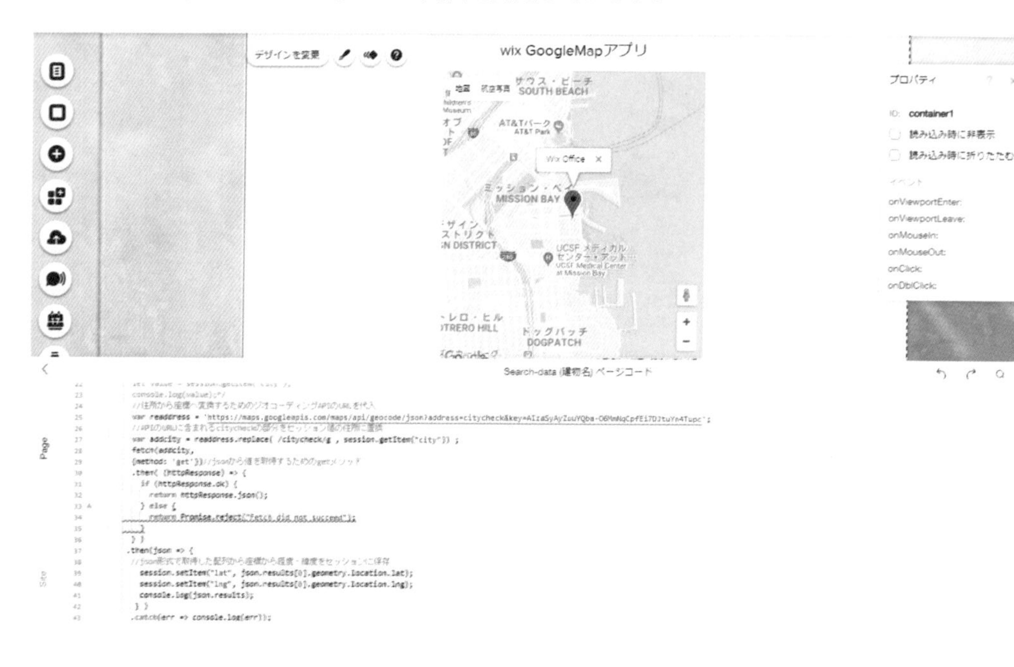

プログラミングの経験がある方を対象に簡単に説明を行いたいと思います。

```
  //住所から座標へ変換するためのジオコーディング API の URL を代入
  var readdress = 'https://maps.googleapis.com/maps/api/geocode/json?addre
ss=citycheck&key=AIzaSyAyZuuYQba-O6MmNqCpfEi7DJtuYn4Tupc';
  //API の URL に含まれる citycheck の部分をセッション値の住所に置換
  var addcity = readdress.replace( /citycheck/g , session.getItem("city"))
;
  fetch(addcity,
  {method: 'get'})//値を取得するための get メソッド
  .then( (httpResponse) => {
    if (httpResponse.ok) {
      return httpResponse.json();
    } else {
      return Promise.reject("Fetch did not succeed");
    }
  } )
 .then(json => {
```

```
  //json形式で取得した配列から座標から経度・緯度をセッションに保存
    session.setItem("lat", json.results[0].geometry.location.lat);
    session.setItem("lng", json.results[0].geometry.location.lng);
    console.log(json.results);
  } )
 .catch(err => console.log(err));
```

この例では、セッションに保存されている所在地情報を、ジオコーディング API の URL の citycheck に置換して代入し、fetch 関数を使用して住所から変換された座標情報を取得します。取得した JSON ファイルの配列から座標情報を別のセッションに保存し、GoogleMap のアプリケーションの座標情報に設定を行っています。

このように、Corvid by Wix から提供されている API を使用し、外部の webAPI を活用することで、

サイトの構築に役立てることができます。

API に関する詳しい情報は、https://www.wix.com/corvid/reference/ の公式リファレンスを参照ください。

索　引

か

さ

た

な

は

ま

や

ら

初心者でも今すぐ使える！
Wixでホームページ制作 2020年版

2014年2月10日　初版第1刷発行
2020年5月20日　第4版第1刷発行

監　修　神戸 洋平／柳澤　輝
著　者　一般社団法人日本ワークパフォーマンス協会（大石 仁彦／大窪 亮太／梶原 稔／神川 ちなみ／川松 弘和／須田 浩巳／千葉 奈奈／中野 理恵／増田 幹男／柳澤 輝／山田 元／山手 美和）
写真提供　ピクスタ
発行人　石塚 勝敏
発　行　株式会社 カットシステム
〒169-0073 東京都新宿区百人町4-9-7　新宿ユーエストビル8F
TEL（03)5348-3850　FAX（03)5348-3851
URL　http://www.cutt.co.jp/
振替　00130-6-17174
印　刷　シナノ書籍印刷 株式会社

本書に関するご意見、ご質問は小社出版部宛まで文書か、sales@cutt.co.jp 宛にe-mailでお送りください。電話によるお問い合わせはご遠慮ください。また、本書の内容を超えるご質問にはお答えできませんので、あらかじめご了承ください。

Cover design　Y.Yamaguchi

Printed in Japan　ISBN978-4-87783-480-7